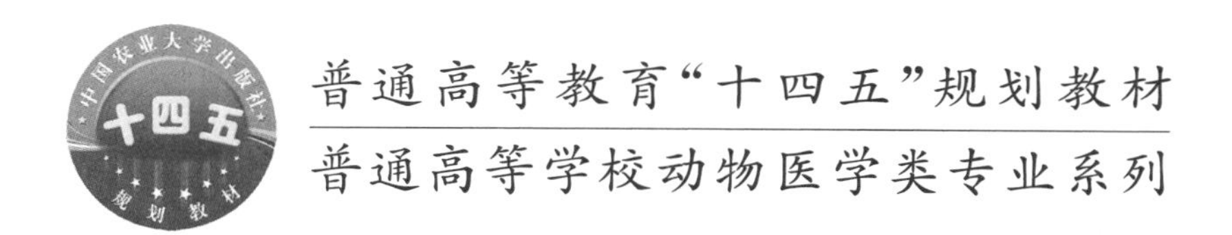

兽医病理解剖学实验教程

周向梅　主编

中国农业大学出版社
·北京·

内容简介

本实验教程分别从局部血液循环障碍(充血、淤血、缺血、梗死、出血,血栓、水肿),细胞对伤害的应答(变性,坏死,病理性物质沉着),组织修复、代偿与适应,炎症(变质性炎,渗出性炎,增生性炎),肿瘤,心血管系统病理学,呼吸系统病理学,消化系统病理学,泌尿系统病理学,神经系统病理学,免疫系统病理学16个实验出发,配以丰富的标本和组织切片病理变化图片,对各章节对应的病理变化进行详细的介绍。本教程可配合《兽医病理学》(周向梅、赵德明主编)第4版教材使用,重点突出、图片清晰,提供了各种病理变化最直观和形象的认识。其可用于巩固理论知识学习以及临床疾病诊断。

本教程可供兽医专业、畜牧兽医专业本科学生使用,也可用作兽医教学科研人员、研究生、临床兽医工作者或畜禽饲养者的参考书。

图书在版编目(CIP)数据

兽医病理解剖学实验教程 / 周向梅主编. --北京:中国农业大学出版社,2022.4
ISBN 978-7-5655-2723-4

Ⅰ.①兽…　Ⅱ.①周…　Ⅲ.①兽医学-病理解剖学-实验-高等学校-教材　Ⅳ.①S852.31-33

中国版本图书馆CIP数据核字(2022)第027768号

书　　名　兽医病理解剖学实验教程
作　　者　周向梅　主编

策　　划　张　程　　**责任编辑**　张　程
封面设计　郑　川
出版发行　中国农业大学出版社
社　　址　北京市海淀区圆明园西路2号　　**邮政编码**　100193
电　　话　发行部 010-62733489,1190　　读者服务部 010-62732336
编辑部 010-62732617,2618　　出　版　部 010-62733440
网　　址　http://www.caupress.cn　　**E-mail**　cbsszs@cau.edu.cn
经　　销　新华书店
印　　刷　北京鑫丰华彩印有限公司
版　　次　2022年4月第1版　　2022年4月第1次印刷
规　　格　185 mm×260 mm　　16开本　　13.5印张　　330千字
定　　价　59.00元

图书如有质量问题本社发行部负责调换

编写人员

主　编　周向梅

副主编　杨利峰　王金玲

编　者　（按姓氏笔画排序）

王金玲（内蒙古农业大学）
王桂花（山东农业大学）
田纪景（中国农业大学）
朱　婷（福建农林大学）
刘天龙（中国农业大学）
杨利峰（中国农业大学）
吴玉臣（河南牧业经济学院）
宋银娟（中国农业科学院兰州兽医研究所）
陈明勇（中国农业大学）
苑方重（河北农业大学）
周向梅（中国农业大学）
胡艳欣（中国农业大学）
康静静（河南牧业经济学院）

前　　言

兽医病理学是兽医学科中实践性很强的一门专业基础课，其中兽医病理解剖学主要从器官、组织细胞形态结构变化来研究疾病的发生原因、发生机制和转归规律，为疾病的诊断和防治提供科学的理论基础。兽医病理解剖学实验课程主要通过观察大体标本和组织切片，从形态学的变化来佐证理论课程的内容，从而形成直观形象的认识，为阐明疾病发生原因和机制奠定基础，因此，兽医病理解剖学实验课是重要的实践课程。本实验教程分别从局部血液循环障碍（充血、淤血、缺血、梗死、出血，血栓、水肿），细胞对伤害的应答（变性，坏死，病理性物质沉着），组织修复、代偿与适应，炎症（变质性炎，渗出性炎，增生性炎），肿瘤，心血管系统病理学，呼吸系统病理学，消化系统病理学，泌尿系统病理学，神经系统病理学，免疫系统病理学 16 个实验，通过丰富的标本和切片从大体病理变化、组织学病理变化两个方面对各章节对应的病理变化进行详细的介绍。这些标本和切片展示的都是选自常见临床疾病中重要的病理变化，为掌握理论知识提供直观而形象的认识，促进理论知识的巩固和掌握。另外，通过学习和掌握这些来自生产实践的病变，既能帮助临床疾病的诊断，起到取于实践、高于实践的效果，又能达到举一反三的目标。

本教程中所使用的很多标本和组织切片都是中国农业大学病理教研组老一辈教育工作者在生产实践活动中积累的珍贵素材，其中很多的病变在现实工作中很难遇到或者不好收集，因此，本教程凝结了几代人的心血，是病理教研组几十年来工作的总结。在此，对病理教研组老一辈教育工作者在此过程中付出的心血，深表谢意和敬意！

在中国农业大学出版社的大力支持下，本教程配套的线上课程平台已完成建设工作，使用教程的学员均可通过二维码实时链接至线上课程平台，浏览相关数字资源。因此，通过线上平台可以浏览与本教程相关的学习素材，充分彰显了新形态教程先进和发展的理念。

在本教程的修订过程中，编者虽着力于使其内容充实、新颖，重点突出，图像清晰，但因编者水平有限，书中难免有不足之处，诚恳广大读者批评指正！

编　者

2022 年 1 月 6 日

目　录

绪　论

一、兽医病理解剖学实验课程学习中应掌握的原则

兽医病理学是兽医学科中实践性很强的一门专业基础课，其中兽医病理解剖学主要从器官、组织细胞形态结构变化来研究疾病的发生原因、发生机制和转归规律，为疾病的诊断和防治提供科学的理论基础。兽医病理解剖学实验课程主要通过观察大体标本和组织切片，从形态学的变化来佐证理论课程的内容，形成直观形象的认识，从而为阐明疾病发生原因和机制奠定基础，因此，兽医病理解剖学实验课是重要的实践课程。而也充分体现了辩证唯物主义哲学思想在疾病诊断和防治中的运用，所以要求学生在学习过程中要掌握以下原则。

1.要避免用静止、固定的观点看问题

实验课所观察到的大体标本或组织切片都是疾病发展过程中某一阶段的一个侧面，在观察过程中，要注意与发展中的疾病和病理过程有机联系起来，形成一个动态的整体概念。

2.要正确认识形态与功能、代谢变化的关系

实验课所观察到的形态学的变化必然引起器官或组织功能、代谢的变化，而有时组织细胞的代谢变化可能不会引起肉眼下或光镜下的形态学变化。因此，在学习中要与理论知识相联系，将形态变化与功能、代谢变化进行有机关联，这对于阐明疾病的发生原因和机制具有重要作用。

3.要正确认识局部与整体的辩证关系

任何疾病都是完整机体的复杂反应。既有局部表现又可出现全身反应，而各组织、器官和致病因素作用部位的病理变化均是全身性疾病的局部表现。局部病变可通过神经和体液途径影响全身功能状态，而机体的全身功能状态也可影响局部病变的发展。二者在疾病过程中相互影响、相互制约。正确认识疾病过程中局部和整体的关系对于采取正确的医疗措施具有重要的意义。

4.要正确认识内因与外因的辩证关系

引起疾病发生的内外因素很多。在有的情况下，这些因素协同作用引起动物疾病的发生，因此，在分析疾病发生的原因时，应当避免只重视外界因素而忽视机体的内因，只注意某一因素的单独作用而忽视多种因素的综合作用。只有这样，才能正确地认识疾病的病因，为疾病的诊断和防治提供有力的证据。

二、兽医病理解剖实验课程学习方法

(一)大体标本的观察方法

1.首先确定为何种器官、组织。注意其表面、切面的一般状态、结构特点，胃肠道应辨别浆

膜面和黏膜面的病理变化。

2. 观察脏器的体积和形状，是否有肿大或缩小。

3. 观察脏器外表面和切面的色泽、质地以及有无病灶。

4. 观察病灶具体位置、数目、分布（弥散、局灶或单个）、大小、形状、颜色及与周围组织的反应状态（有无包膜、是否压迫或破坏周围组织等）。

5. 应注意有腔体的器官其内腔是否扩大、狭窄或阻塞，腔壁是否增厚或变薄，有无内容物及其性状、特点等。

实验课所观察的大体标本多由10%福尔马林溶液固定。固定后的标本的大小、色泽、质地与新鲜标本有所不同。固定后的标本的体积缩小变硬，颜色变浅、变灰，出血区则多变成黑褐色，所以观察时要加以区别来记忆。

（二）病理组织切片的观察方法

在观察切片组织标本时，应先用肉眼或放大镜检查组织切片，初步确认器官组织、病变部位，而后用低倍镜全面观察，再调节到高倍镜观察细胞的形态变化。

1. 低倍镜全面观察组织切片，了解病变组织的全貌以及病变部位以外的状态特点。

2. 高倍镜观察病变组织的形态及病变的细微结构。将要观察的部位调至视野中央，换高倍镜观察。为了对比，要反复观察病变部位与非病变部位特点，低倍镜和高倍镜交替使用，并对各种病变做定量、定性和定位的观察。

实验课中使用的病理切片绝大多数为石蜡切片。在切片中，有些正常成分或病理成分需要特殊染色方法显示，在本教程中将做相关说明，未加注明的切片均是苏木精-伊红染色（HE）的染色切片。插图中的不同比例尺数值代表了物镜的不同放大倍数，100 μm、50 μm、20 μm、10 μm分别表示物镜的放大倍数为10×、20×、40×和100×。

三、采图和实验报告

病理报告是完成病理解剖学实验课内容的重要组成部分。它是学生通过观察病理组织切片，对组织结构异常以及细胞异常变化的观察和描述，也是最基本的技能之一。因此，在观察病理组织切片病变后，对观察到的病变进行标准、准确的描述，是将来做好疾病诊断的重要基础。学生在采图时要采集低倍和高倍的病变部位，低倍镜下描述组织结构、排列方式等的异常，高倍镜描述细胞排列、细胞组成以及细胞形态等的异常。在一定情况下，要用特定的方框或指示标注出病变的位置，总之，要准确、全面如实地注解和记录病变特点。

实验一

局部血液循环障碍
——充血、淤血、缺血、梗死、出血

【学习提要】

血液循环是指血液在心血管系统中周而复始流动的过程。血液循环障碍是指机体的心血管系统受到损害，血容量或血液性状发生改变，导致血液运行发生异常，从而影响到器官和组织的代谢、机能、形态结构出现一系列病理变化的现象。血液循环障碍根据其发生原因与波及的范围不同，可分为全身性血液循环障碍和局部性血液循环障碍 2 类。全身性血液循环障碍是由心血管系统的机能紊乱（如心功能不全、休克等）或血液性状改变（如弥散性血管内凝血）等而引起的波及全身各器官、组织的血液循环障碍。局部性血液循环障碍是指某些病因作用于机体局部而引起的个别器官或局部组织发生的血液循环障碍，包括局部组织器官含血量的变化（充血、淤血、缺血、梗死）、血管壁的损伤或通透性改变（出血、水肿）、血液性状的改变（血栓及栓塞）3 个主要方面。

动脉性充血（arterial hyperemia）是指小动脉和毛细血管扩张，血流加快，局部组织内动脉血含量增多的现象，又称主动性充血（active hyperemia），简称充血（hyperemia）。根据其发生的原因和机理可分为生理性充血和病理性充血 2 种。生理性充血是机体为适应器官和组织生理活动和代谢增强需要而发生的充血，如采食时胃肠道黏膜表现充血和劳役时肌肉发生充血等现象；病理性充血是在各种致病因素作用下发生的充血，如炎性充血、侧支性充血、减压后充血或贫血后充血。

充血的病理变化：眼观可见发生充血的器官、组织色泽鲜红，体积增大，当充血位于体表时，血管有明显的搏动感；镜检可见小动脉和毛细血管扩张，管腔内充满红细胞，充血多见于炎症过程中，故充血局部也可见炎性细胞、渗出液、出血和实质细胞变性坏死等病理变化。充血多为一时性的病理过程，原因消除后即可恢复正常。

淤血（congestion）是静脉血回流受阻，血液淤积在小静脉和毛细血管内，局部组织或器官的静脉血含量增多的现象，又称静脉性充血（venous hyperemia）或被动性充血（passive hyperemia）。淤血可分为局部性淤血和全身性淤血。局部性淤血主要由静脉受压（如肠套叠、肠扭转时，肠系膜静脉受压迫，造成相应的肠系膜和肠壁血管扩张淤血）或静脉管腔阻塞（如静脉内血栓形成、栓塞或静脉管壁增厚等，均可造成静脉管腔狭窄或阻塞，引起相应部位淤血）引起。全身性淤血主要由心脏机能不全或胸膜腔内压增高引起。心包炎、心肌炎或心瓣膜病等引起的心力衰竭，胸膜炎、纤维素性肺炎等引起胸腔积液及胸内压力增高，均可造成静脉回流受阻，而发生全身性静脉淤血。

淤血的病理变化：眼观可见淤血的器官、组织体积增大，呈暗红色或蓝紫色，局部温度降低，淤血的可视黏膜及无毛皮肤呈暗红色或蓝紫色，这种症状称为发绀（cyanosis）；镜检可见淤血组织中的小静脉和毛细血管扩张，血管内充盈大量红细胞。

缺血（ischemia）是指局部组织或器官血液供应不足或完全断绝。引起缺血的常见原因有动脉管腔狭窄和阻塞、动脉痉挛或动脉受压。

缺血的病理变化：局部缺血的器官或组织，因失去血液而多呈现该组织原有的色彩，如肺脏和肾脏呈灰白色，肝脏呈褐色，皮肤与黏膜呈苍白色。缺血组织体积缩小，被膜皱缩，机能减退，局部温度降低，切面少血或无血。局部贫血的结局和对机体的影响取决于缺血的程度、持续时间、受累组织对缺氧的耐受性和侧支循环情况。轻度短期缺血，组织病变轻微（实质细胞萎缩、变性）或无变化。长期而严重的缺血的组织可发生坏死，如肾缺血性梗死、脑梗死等。缺血发生在重要器官，范围又较大（如大片心肌或脑的缺血或坏死），常导致动物死亡。

梗死（infarct）是指局部组织或器官因动脉血流断绝而引起的坏死。任何可引起血管腔闭塞并导致局部缺血的原因，都可以引起梗死，如动脉血栓、动脉栓塞、血管受压和动脉持续痉挛。根据梗死灶颜色和含血量，梗死可分为白色梗死（white infarct）和红色梗死（red infarct）。白色梗死，又称为贫血性梗死（anemic infarct），易发生在组织结构较致密、侧支循环不丰富的器官，如肾、脾、脑等。红色梗死，又称为出血性梗死（hemorrhagic infarct），多发生于血管吻合支较多、组织结构疏松的器官，如肺、肠等器官。梗死的病理变化：局部组织坏死。白色梗死的病灶眼观呈灰白色，其形状与器官的血管分布有关，如肾白色梗死灶切面常呈三角形，大小不一；镜检可见梗死灶内的肾小管上皮细胞核崩解、消失，胞质呈颗粒状，但组织轮廓尚能辨认。红色梗死的病灶眼观呈紫红色，体积稍肿大，质地硬实，其他变化与贫血性梗死的情况基本相同。镜检，除有组织细胞凝固性坏死外，在梗死区内充满大量的红细胞。

出血（hemorrhage）是指血液（主要为红细胞）流出心脏或血管之外的现象。血液流至体外称为外出血（external hemorrhage），流入组织间隙或体腔内，则称为内出血（internal hemorrhage）。内出血会形成血肿（hematoma）、淤点（petechia）、瘀斑（ecchymosis）、积血（hematocele）、出血性浸润（blood infiltration）和出血性素质（hemorrhagic diathesis）。出血灶边界明显，早期颜色呈鲜红色，后期呈暗红色、蓝紫色或棕黄色；镜检红细胞在血管之外散在或弥散分布。

一、目的要求

1. 掌握充血、淤血、缺血、梗死、出血的形态特点。

2. 了解上述各种局部血液循环障碍（充血、淤血、缺血、梗死、出血）发生的原因、机制以及对机体的影响。

二、实验内容

（一）肉眼标本

1. 猪肝淤血（固定标本）（图 1-1-1）

肝脏稍肿大，切面多血，红黄相间，组织见中央静脉和叶下静脉扩张淤血，形似中药槟榔片的花纹结构。

2. 绵羊肝淤血(图 1-1-2)

标本取自患病死亡的绵羊。肝脏肿大,被膜紧张,边缘钝圆,整个肝脏呈黑红色,因水肿而表面湿润有光泽。

图 1-1-1　猪肝淤血(固定标本)

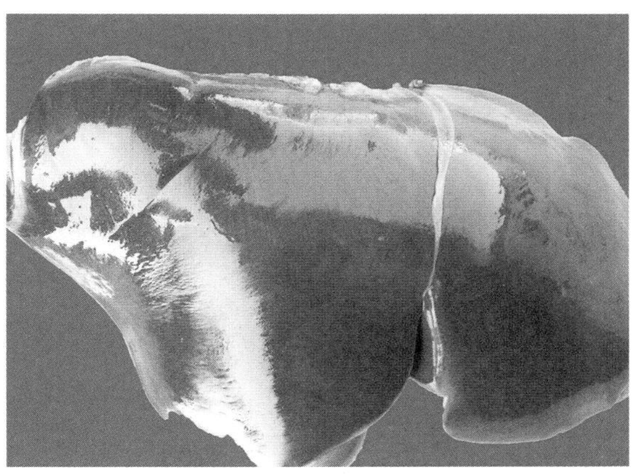

图 1-1-2　绵羊急性肝淤血

3. 慢性肝淤血(图 1-1-3)

标本取自患肠毒血症而死亡的山羊,肝脏切面呈红黄相间的纹理,似槟榔的切面。仔细观察可见肝小叶脂肪变性区号黄色,慢性淤血区呈暗红色,红黄相间,如槟榔的花纹。

4. 肺淤血(图 1-1-4)

标本取自因氰化物中毒而急性死亡的成年绵羊。肺膨大,呈暗红色,表面富有光泽。

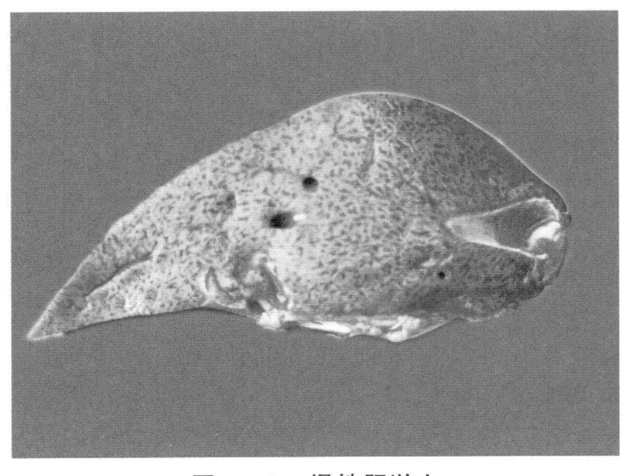

图 1-1-3　慢性肝淤血

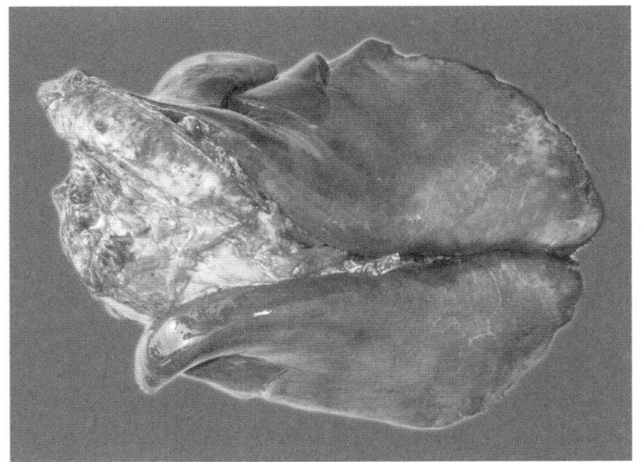

图 1-1-4　肺淤血

5. 猪瘟膀胱黏膜出血(固定标本)(图 1-1-5)

整个膀胱已经翻转暴露,黏膜表面可见多个暗紫红色隆起的小丘状血肿,膀胱壁增厚,尤其黏膜层明显增厚。

6. 猪瘟淋巴结出血(图 1-1-6)

标本取自因猪瘟死亡的猪。两侧下颌淋巴结明显肿大,呈红色(右)或黑红色(左)。切面小叶结构清楚,小叶周边呈暗红色,形似大理石斑纹。

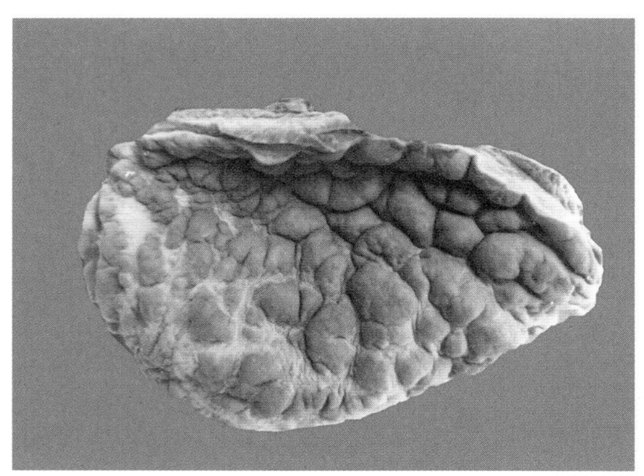

图 1-1-5　猪瘟膀胱黏膜出血
(固定标本)

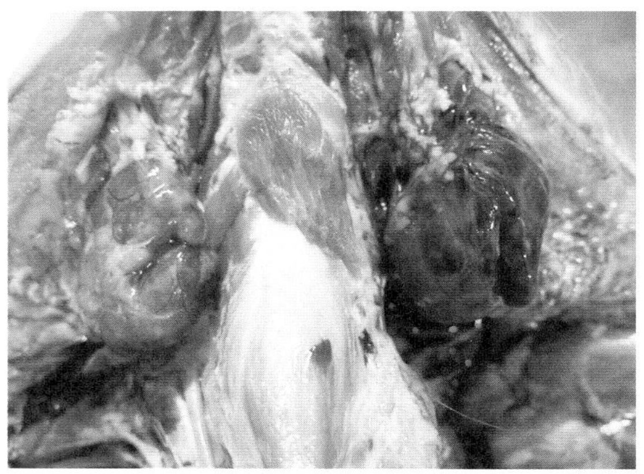

图 1-1-6　猪瘟淋巴结出血

7. 猪瘟心外膜出血(固定标本)(图 1-1-7)

心耳、心冠状沟、心纵沟脂肪和浆膜上散在针头大的红点和大片红斑,边界不规整。

8. 猪瘟肾出血(固定标本)(图 1-1-8)

肾包膜下、切面的皮质部均散在针头大紫红点,肾盂黏膜弥漫性紫红色。

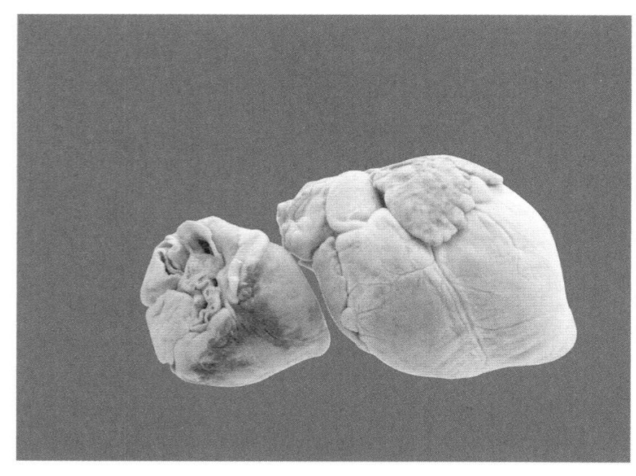

图 1-1-7　猪瘟心外膜出血
(固定标本)

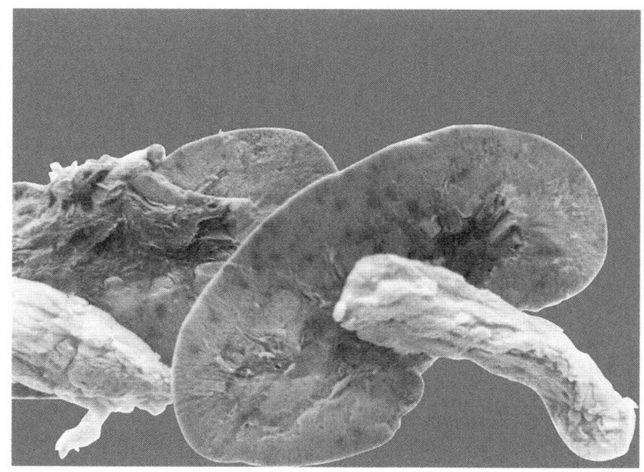

图 1-1-8　猪瘟肾出血
(固定标本)

9. 猪瘟脾出血性梗死(图 1-1-9)

标本取自急性单纯性猪瘟死亡的猪。脾脏轻度肿大,边缘可见黑红色的坏死灶(红色梗死)。

10. 马小肠梗死(固定标本)(图 1-1-10)

前肠系膜动脉血栓引起小肠约 30 cm 长的坏死,肠黏膜污绿色,表面光滑肿胀,皱褶减少。其与健康肠段交界区的黏膜充血,呈粉红色、肿胀,皱褶增粗,肠黏膜增厚,表面高低不平,附有黏液。

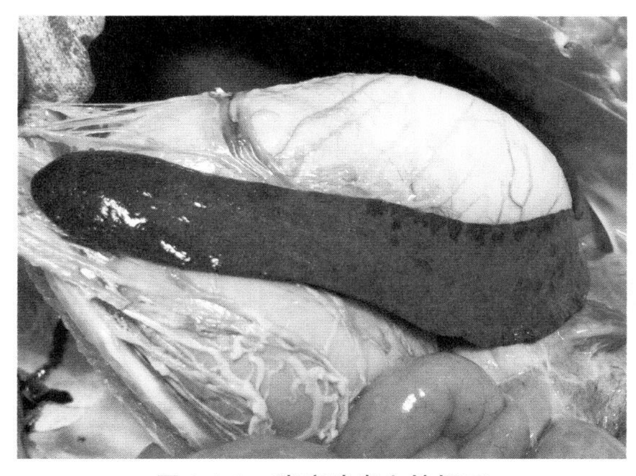
图 1-1-9　猪瘟脾出血性梗死

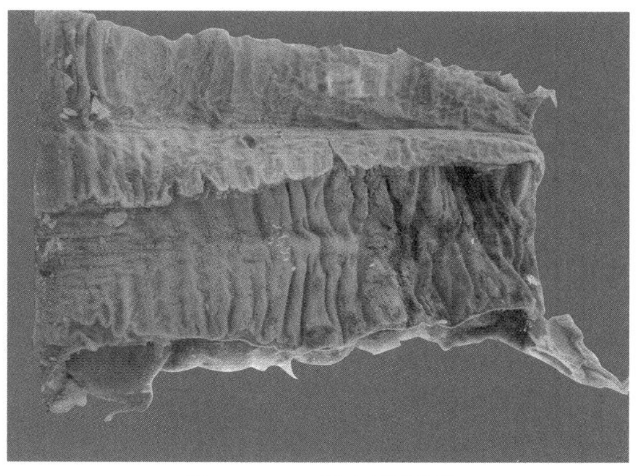
图 1-1-10　马小肠梗死
（固定标本）

（二）组织切片

1. 猪丹毒皮肤充血（图 1-2-1 至图 1-2-3）

皮肤正常组织结构：皮肤一般包括表皮、真皮和皮下组织 3 层。表皮是皮肤的最外层，由角质化的复层扁平上皮构成，表皮自内向外可分为基底细胞层、棘细胞层、颗粒层、透明层和角质层。真皮是表皮下的一层致密结缔组织，含有多量的胶原纤维和弹性纤维，细胞成分较少。真皮一般分为浅层的乳头层和深层的网状层。皮下组织由疏松结缔组织构成。

显微镜下可见表皮变化不明显，真皮乳头层小动脉和毛细血管扩张，充盈红细胞。血管周围白细胞浸润（含多量的嗜酸性粒细胞），组织结构疏松水肿。

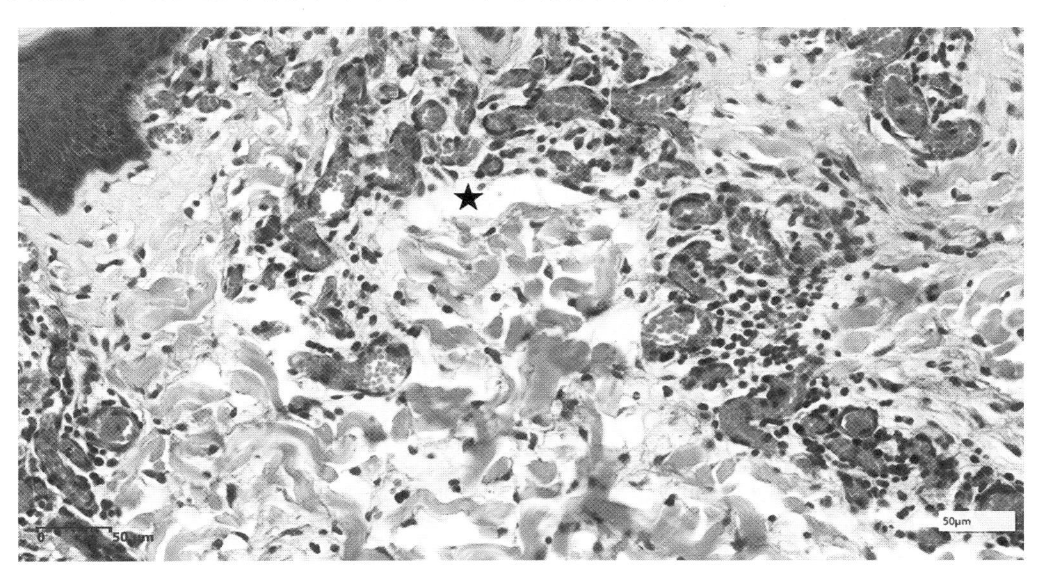

图 1-2-1　真皮层水肿（星号所示）、血管充血、血管周围白细胞浸润

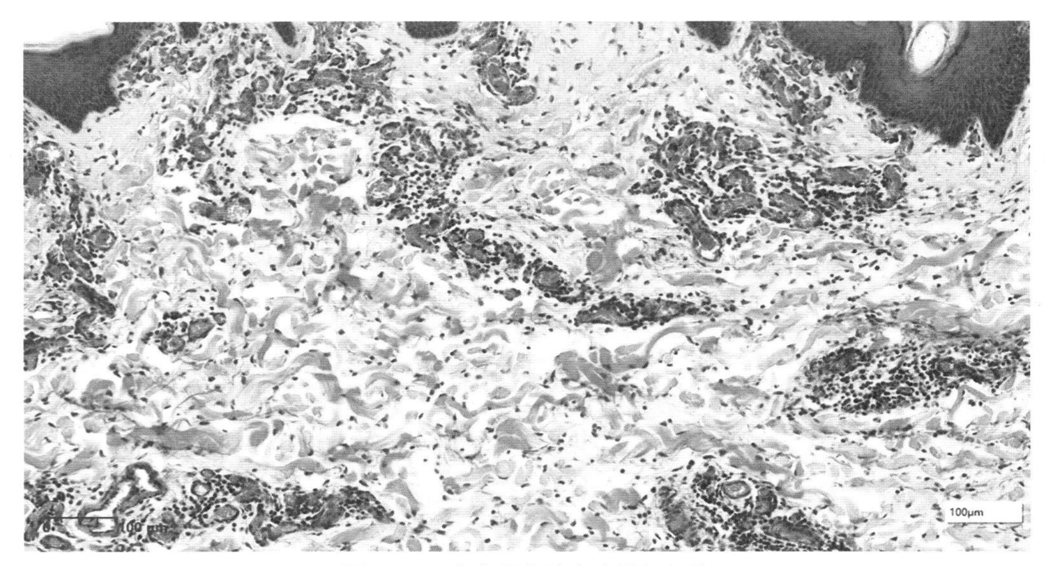

图 1-2-2　真皮层血管内充满红细胞

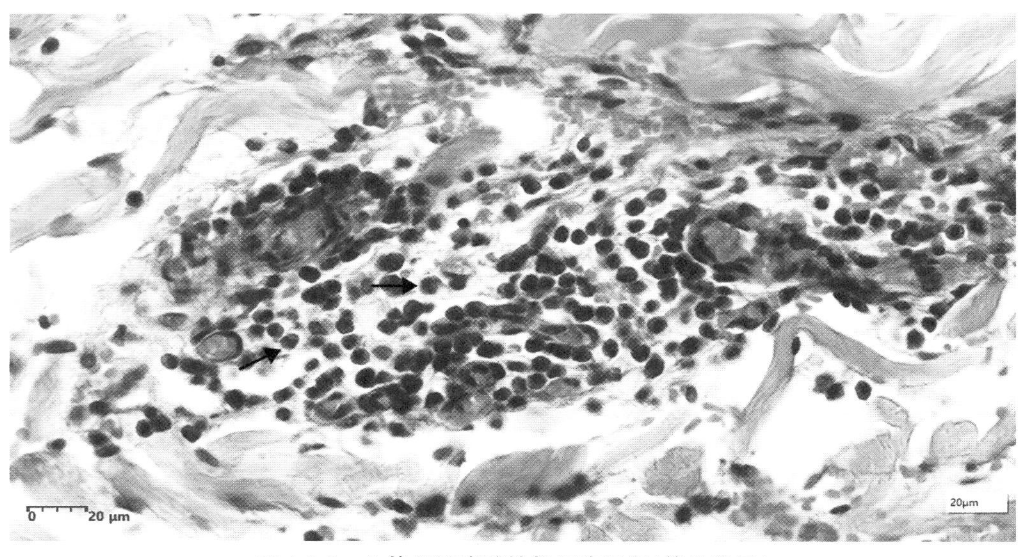

图 1-2-3　血管周围嗜酸性粒细胞浸润(箭头所示)

2.猪肝淤血(图 1-2-4 至图 1-2-6)

肝脏组织结构:肝脏浆膜下的结缔组织深入到肝实质把肝脏分为许多小叶。肝小叶是肝脏的组织结构单位。肝细胞以中央静脉为中心,向四周呈放射状排列。窦状隙是肝细胞之间的血窦,肝细胞与窦状隙之间的间隙为狄氏隙。肝小叶间的结缔组织内的小叶间动脉、小叶间静脉、小叶间胆管和小叶间淋巴管相伴而行,合称为门管,门管所在的区域叫作门管区。

显微镜下可见各小叶中央静脉及中央区窦状隙高度扩张,充盈大量红细胞。叶下静脉及小叶间静脉等血管均扩张并充盈红细胞。小叶边缘区窦状隙也扩张,充盈红细胞,但淤血程度不如中央区明显。中央区的肝索细胞体积较周边区小(即萎缩),肝索细胞与窦周隙之间出现空白间隙(又称狄氏隙扩张水肿)。

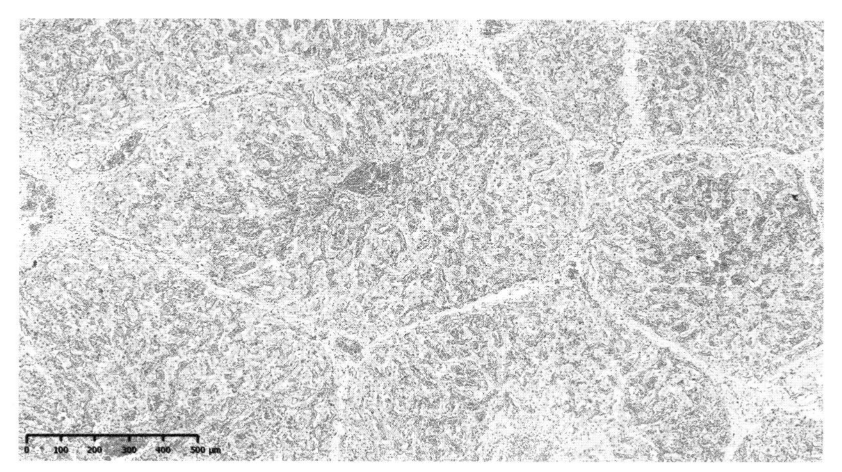

图 1-2-4　肝小叶中央区淤血明显

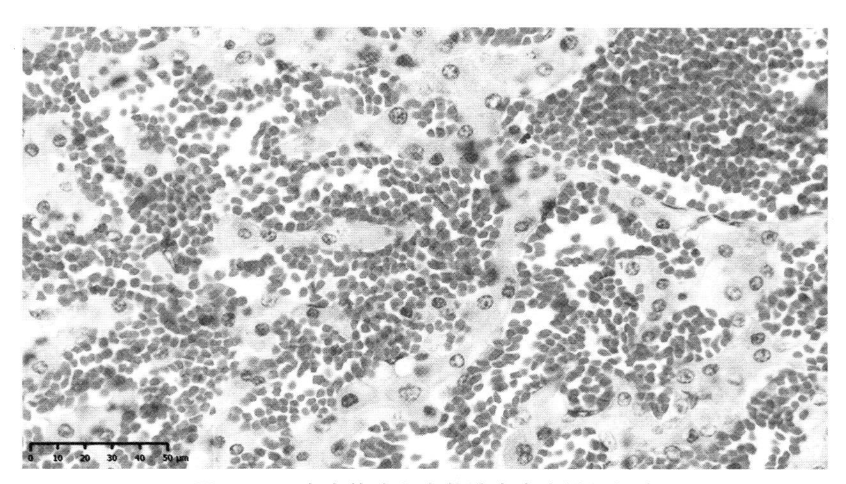

图 1-2-5　中央静脉和窦状隙内含大量红细胞

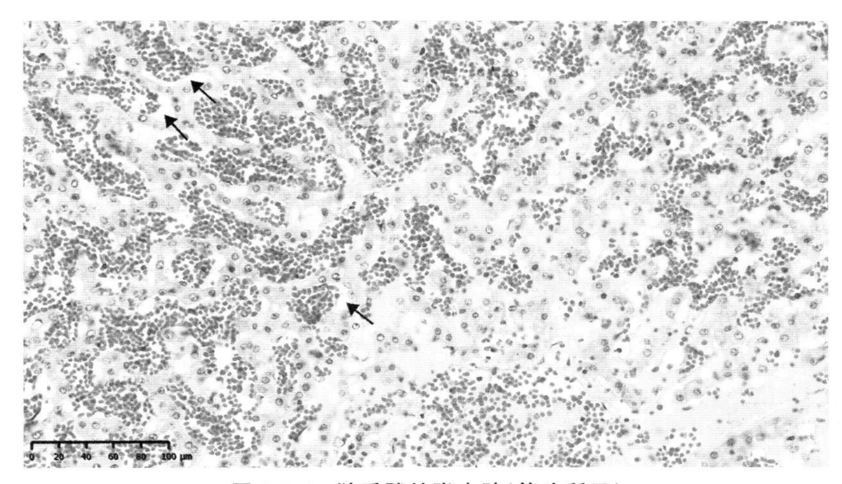

图 1-2-6　狄氏隙扩张水肿(箭头所示)

3. 牛淋巴结充血、出血(图 1-2-7 至图 1-2-10)

牛淋巴结组织结构:淋巴结实质可分为皮质和髓质。皮质分布在淋巴结的外周部分,由淋巴小结、副皮质区和皮质淋巴窦构成。髓质位于淋巴结的中央部分,由髓索和髓质淋巴窦组成。

显微镜下可见皮质:毛细血管扩张,充盈红细胞;局灶性出血;淋巴窦增宽。

显微镜下可见髓质:小动脉和毛细血管扩张,充盈红细胞;淋巴窦增宽,弥散分布有大量的网状细胞、巨噬细胞和少量的红细胞。髓索淋巴细胞之间也散布有红细胞。

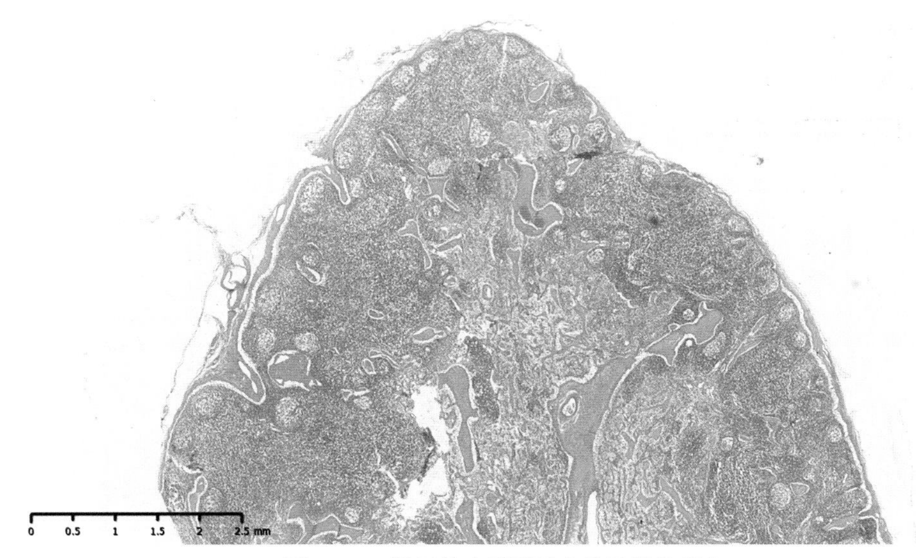

图 1-2-7 淋巴结皮质可见多处局灶性出血

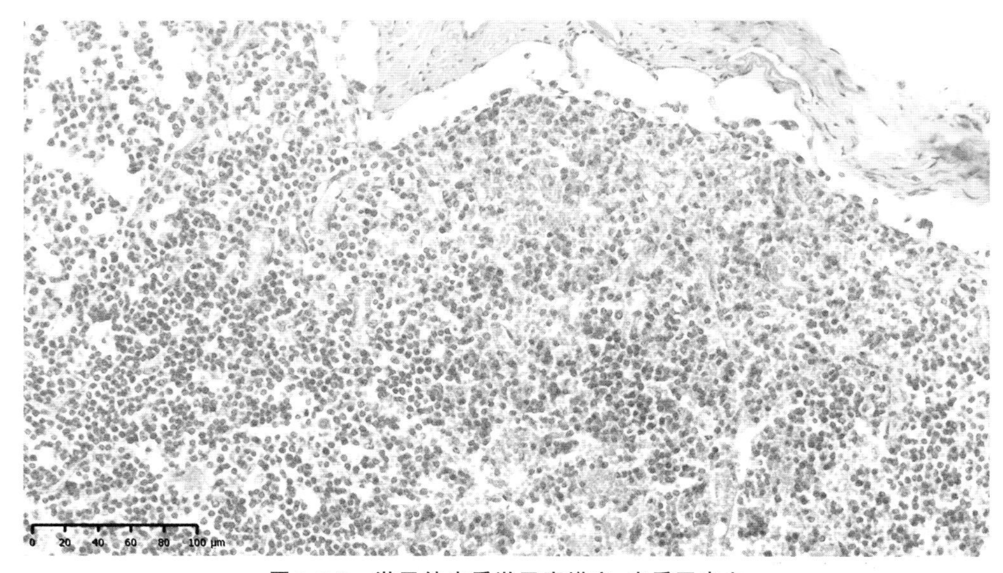

图 1-2-8 淋巴结皮质淋巴窦增宽、皮质区出血

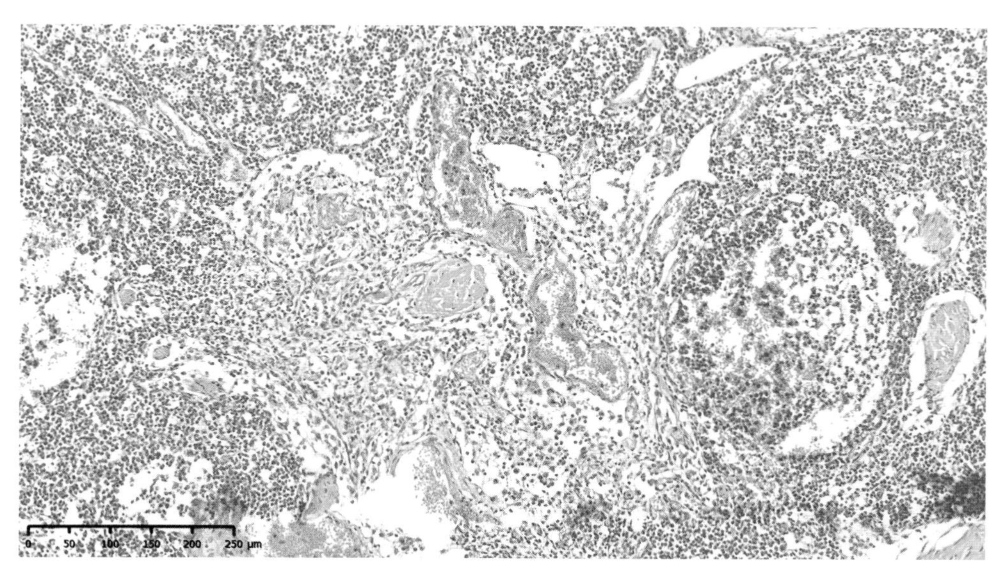

图 1-2-9　淋巴结髓质血管充血

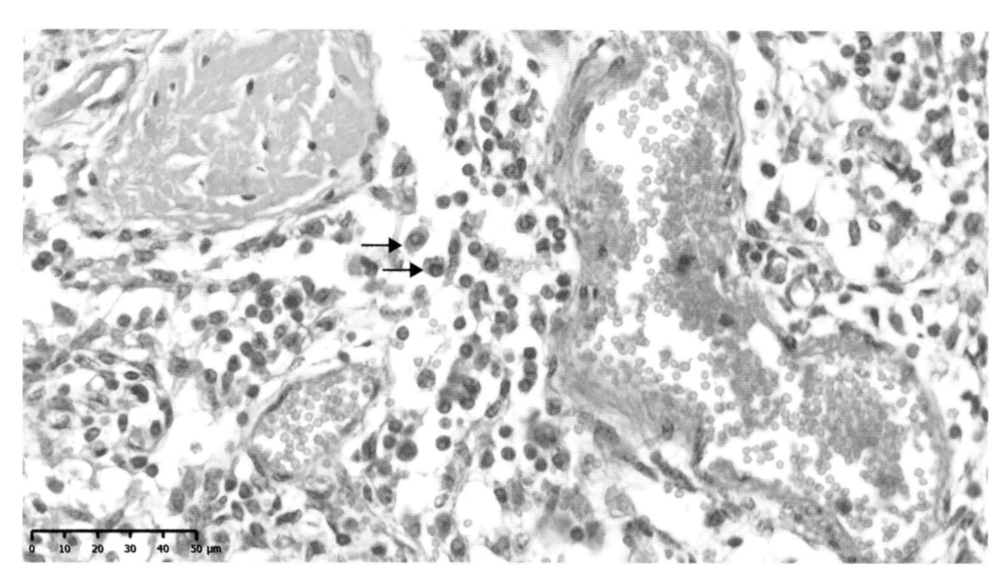

图 1-2-10　淋巴结髓质血管充血、淋巴窦分布有巨噬细胞(箭头所示)

4. 大脑白质点状出血(图 1-2-11 至图 1-2-13)

正常大脑组织结构:大脑半球由表层的皮质和深层的髓质组成。表层的皮质分为界限不是十分清楚的 4 层结构,即分子层、小锥体细胞层、大锥体细胞层和多形细胞层。在上述 4 层结构中,神经胶质细胞都存在。

大脑白质血管周围出血,血管结构不清楚,有的血管结构破坏、红细胞进入血管周围间隙或脑实质,也有的血管充血,周围水肿。

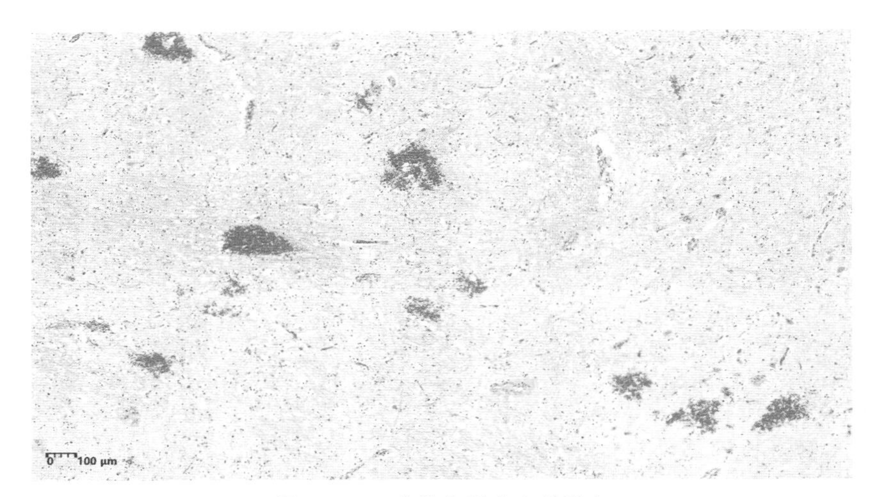

图 1-2-11 大脑白质内点状出血

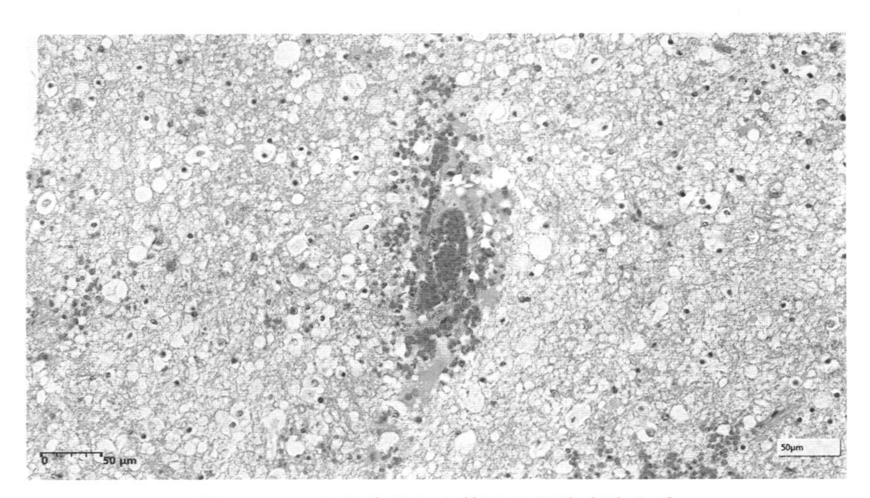

图 1-2-12 红细胞进入血管周围间隙或脑实质

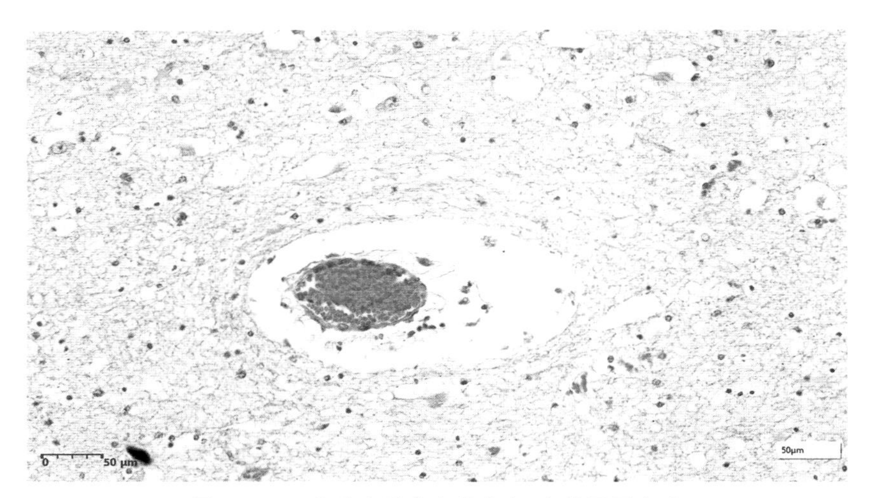

图 1-2-13 大脑白质内血管充血、血管周围水肿

5. 大白鼠肝破裂(图 1-2-14 至图 1-2-16)

肝表面覆以血凝块。

肝实质破裂,积有血凝块,血凝块与周围肝小叶窦状隙相通。

破裂口周围肝实质结构被破坏,肝索紊乱,部分肝索细胞呈孤岛状,浸于血液中。

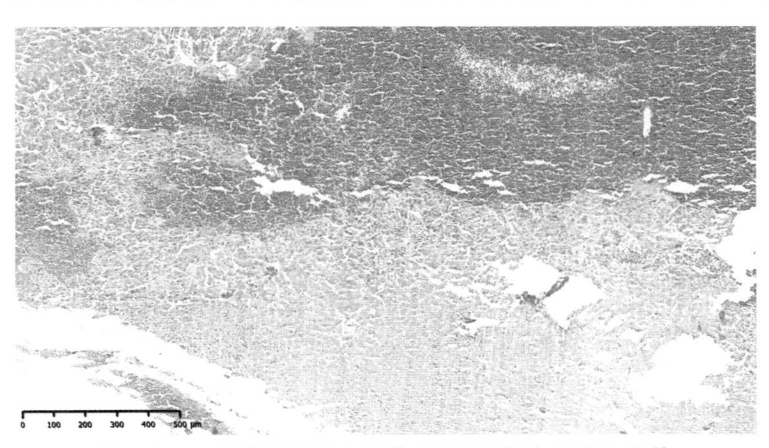

图 1-2-14　肝表面附有血凝块、肝实质破裂、积有血凝块

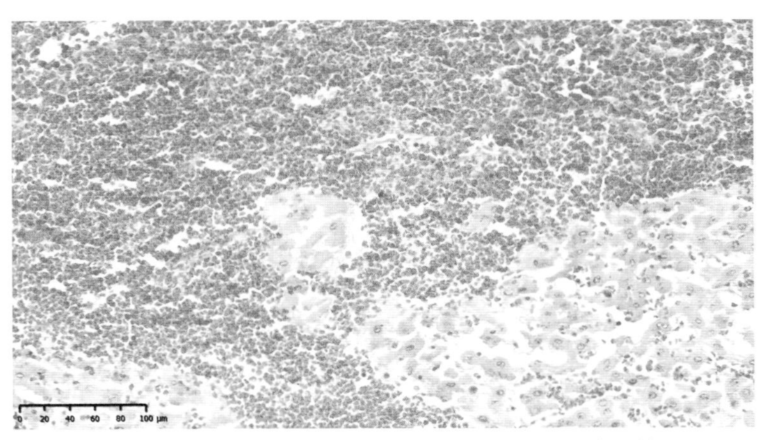

图 1-2-15　肝血凝块中可见孤岛状分布的肝细胞团块

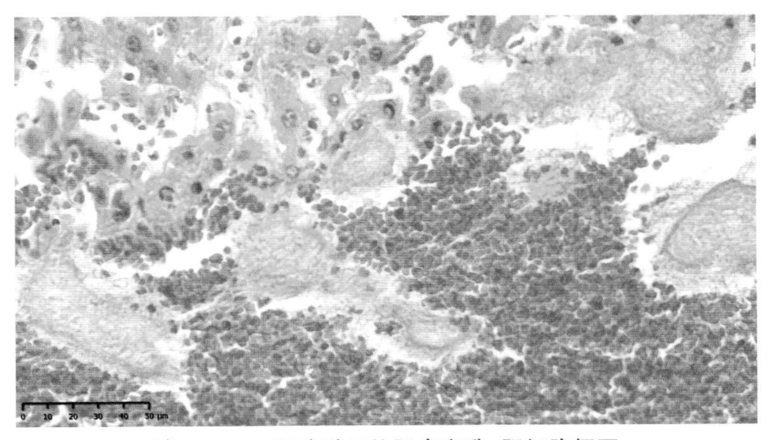

图 1-2-16　肝破裂口处肝索紊乱、肝细胞坏死

6. 犬脾梗死(图 1-2-17、图 1-2-18)

脾脏组织结构:脾脏的实质称为脾髓,包括白髓和红髓。红髓由脾索和脾窦组成,脾索是淋巴组织索,脾窦分布在脾索之间。白髓穿插在红髓之间,由淋巴组织环绕中央动脉而成。

梗死区分界清楚,梗死灶内细胞核破碎,组织结构模糊,红染、轮廓清楚,突出表面。梗死区周围组织充血、出血。

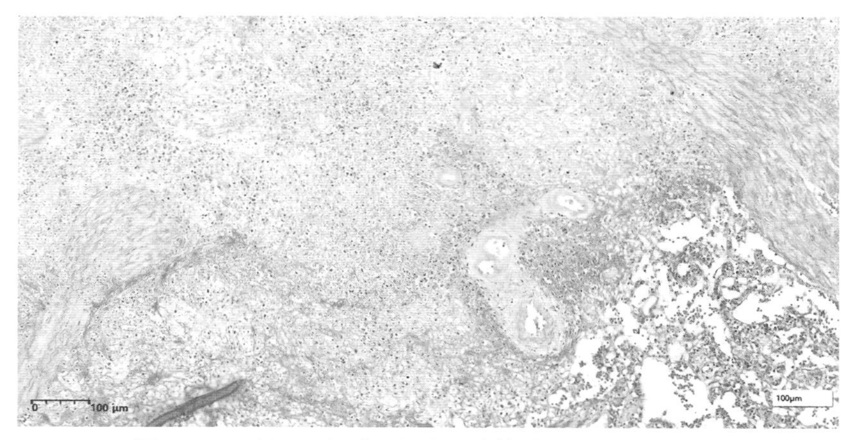

图 1-2-17　梗死区与脾组织分界清楚,梗死组织结构模糊

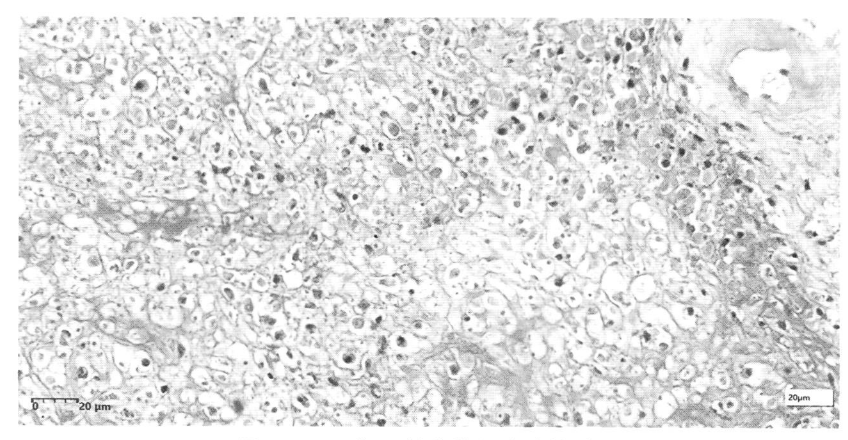

图 1-2-18　梗死灶内的细胞胞核破碎

思考题:

在猪肝淤血组织病变中,

1. 为什么中央静脉和中央区窦状隙扩张明显?

2. 为什么中央区肝索细胞萎缩?

三、绘图作业

1. 猪肝淤血。

2. 犬脾梗死。

实验二

局部血液循环障碍
——血栓、水肿

【学习提要】

血栓形成(thrombosis)是指在活体心脏或血管内血液凝固或血液中某些成分析出并凝集形成固体团块的过程。在这个过程中所形成的固体团块称为血栓(thrombus)。血栓形成的3个条件是心血管内膜损伤、血流状态改变和血液凝固性增高,这3个方面的因素往往是同时存在并相互影响、共同作用的。血栓可发生在心脏、动脉、静脉及微血管中。静脉血栓在形成过程中可形成白色血栓(pale thrombus)、混合血栓(mixed thrombus)和红色血栓(red thrombus)。白色血栓又叫血小板血栓(platelet thrombus),是血栓的起始点,故又称血栓头。混合血栓是由白色血栓形成的珊瑚状血小板小梁网罗白细胞和大量红细胞形成,呈现红白相间的层状结构,是血栓头的延续,构成血栓的主体,故又称血栓体。随着血管内混合血栓形成并逐渐增大,血流更为缓慢,当血管腔完全阻塞后,局部血流停止,血液发生凝固,形成条索状血凝块,即为红色血栓,构成血栓的尾部。除了上述3种形态的血栓,还有一种在微循环血管(主要指毛细血管、血窦及微静脉)内形成的一种均质无结构并有玻璃样光泽的微型血栓,称为透明血栓(hyaline thrombus)。此血栓只有在显微镜下才能看到,又称为微血栓(microthrombus),镜检毛细血管内充满网状的纤维蛋白(纤维蛋白性血栓)或为嗜酸性、均质半透明物质。透明血栓主要由纤维蛋白构成,最常发生于肺、脑、肾和皮肤的毛细血管。血栓形成后的结局有如下几种可能性:血栓的软化、溶解和吸收,血栓的机化与再通以及血栓的钙化。

水肿(edema)是指等渗性体液在组织间隙积聚过多。体腔内过多体液的积聚称为积水(hydrops),如心包积水、胸腔积水、腹腔积水、脑积水、阴囊积水。水肿不是独立的病理过程,而是许多疾病都可出现的一种重要的病理过程。水肿的发生和血管内外液体交换失衡以及球-管失衡导致的钠、水在体内潴留有关。

一、目的要求

1. 掌握血栓及水肿的形态特点。
2. 了解血栓及水肿的发生原因、机制以及对机体的影响。

二、实验内容

(一)肉眼标本

1. 牛肺动脉血栓(固定标本)(图 2-1-1)

肺支气管动脉见 4 cm×0.8 cm 血栓,近心端为灰白色的血栓头,中间为红白不均相间的血栓体,远心端红色的血栓尾堵塞整个血管腔。

2. 血栓形成(图 2-1-2)

成年绵羊化脓性肝静脉炎,继而导致血栓形成而死亡。肝静脉严重扩张,管腔内充满浓稠的黄绿色脓液和硬固的血栓。

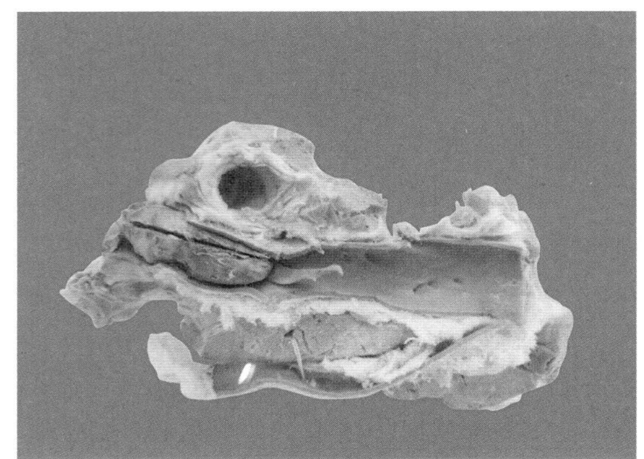

图 2-1-1 牛肺动脉血栓(固定标本)

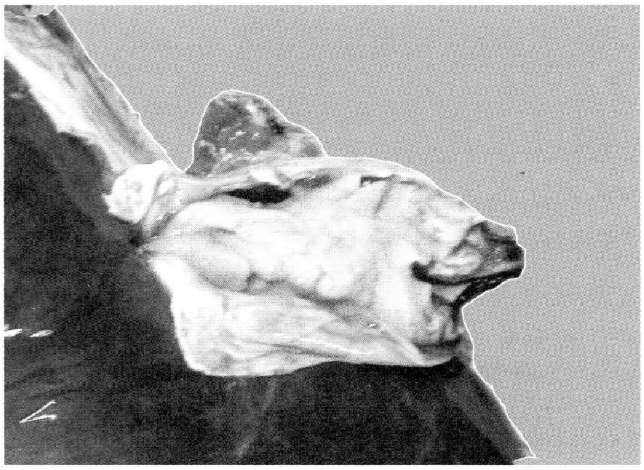

图 2-1-2 血栓形成

3. 猪心二尖瓣白色血栓(固定标本)(图 2-1-3)

左心二尖瓣的心房面上有白色菜花样的血栓形成。

4. 胃黏膜下水肿(固定标本)(图 2-1-4)

胃黏膜表面光滑,中央暗灰色为充血区,断面黏膜下层增厚 10~20 倍,为疏松胶冻样水肿液充积。

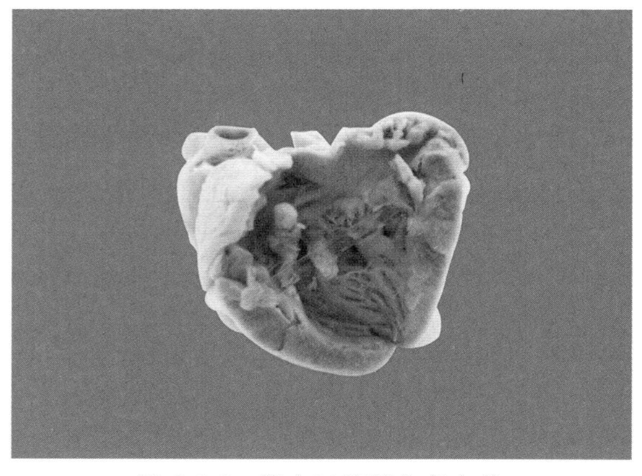

图 2-1-3 猪心二尖瓣白色血栓(固定标本)

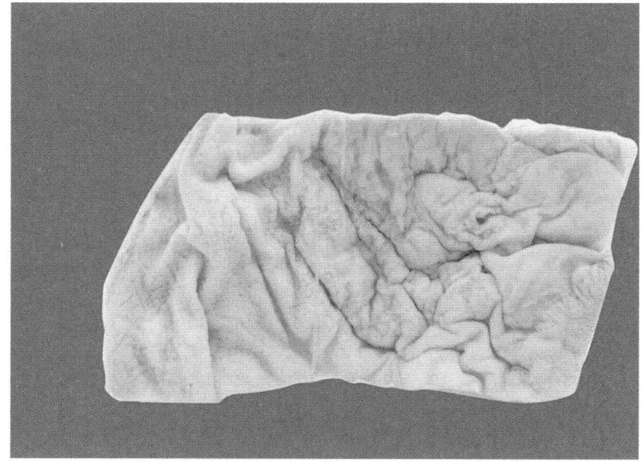

图 2-1-4 胃黏膜下水肿(固定标本)

5. 猪结肠浆膜下水肿(固定标本)(图 2-1-5)

结肠浆膜下脂肪周围可见半透明胶冻样水肿液充积。肠黏膜水肿，表面光滑，皱褶增粗，肠壁增厚，尤其黏膜下层明显增厚。

6. 猪支原体肺水肿(固定标本)(图 2-1-6)

肺副叶小叶间质增宽，充积灰白色蛋白液，肺实质呈半透明样，质度韧实，切面多汁。

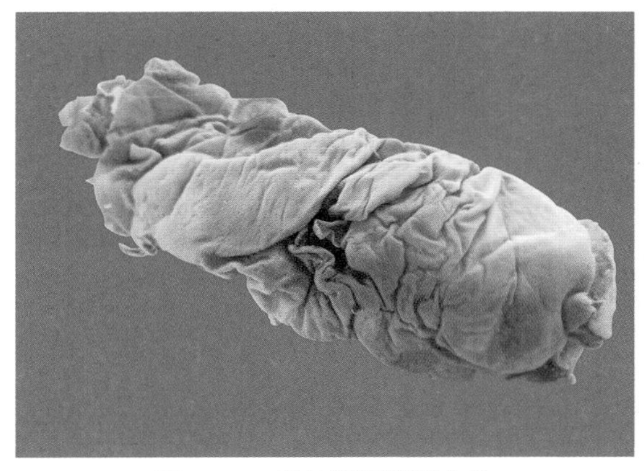

图 2-1-5　猪结肠浆膜下水肿(固定标本)

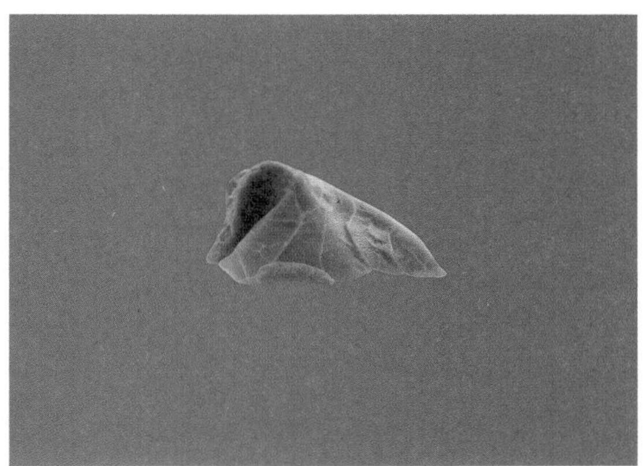

图 2-1-6　猪支原体肺水肿(固定标本)

7. 犀牛结肠寄生虫性营养不良性水肿(固定标本)(图 2-1-7)

结肠黏膜多皱，呈半透明样，表面光滑闪亮、黏膜下增厚 10～15 倍，充积半透明水样胶冻液。

8. 肠系膜下水肿(图 2-1-8)

标本取自患创伤性心包炎而死亡的种公牛。心性水肿导致空肠肠系膜水肿增厚呈胶冻状，空肠浆膜也水肿增厚。

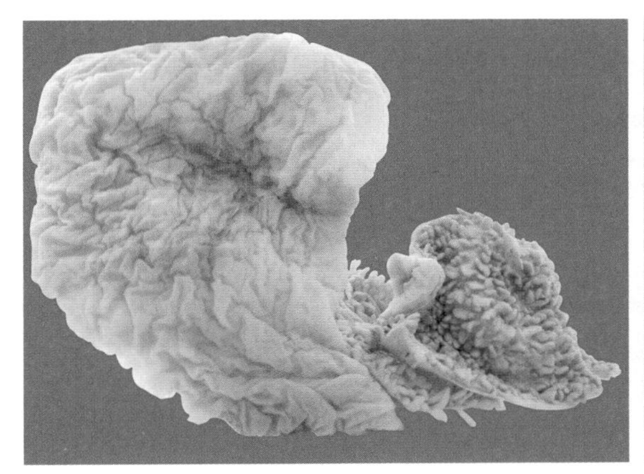

图 2-1-7　犀牛结肠寄生虫性营养不良性水肿(固定标本)

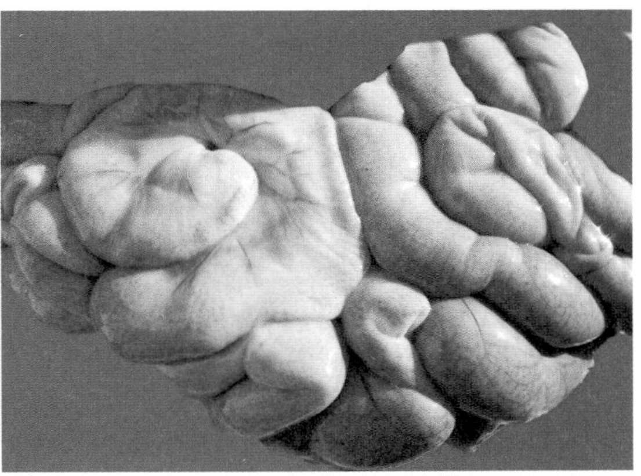

图 2-1-8　肠系膜下水肿

9. 骨骼肌水肿(图 2-1-9)

标本取自患口蹄疫后过度输液治疗而死亡的 7 月龄肉牛。左臀部肌肉切面因严重水肿使肌肉分离,肌间充满厚层的无色胶冻样渗出物。

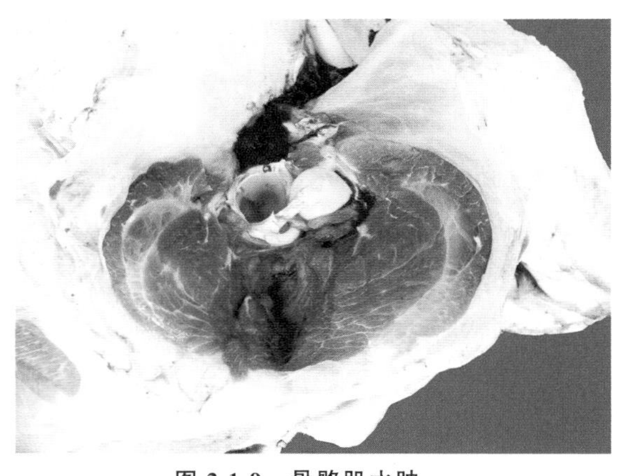

图 2-1-9 骨骼肌水肿

(二)组织切片

1. 骡肾弥散性血管内凝血(图 2-2-1 至图 2-2-4)

肾脏组织结构:肾实质分为皮质和髓质。肾实质主要由许多弯曲的肾小管组成,肾小管间有少量的间质组织。肾小管的起始端叫肾小囊,与毛细血管网共同形成肾小体,肾小体主要分布于皮质内。

重点观察肾小球毛细血管丛弥散性血管内凝血和髓质间质血管中的微血栓。

显微镜下:肾小球毛细血管扩张,毛细血管腔中红细胞粘集。髓质间质部分扩张的血管腔中见红染、均质透明血栓的特点。

肾小管上皮细胞变性、脱落。

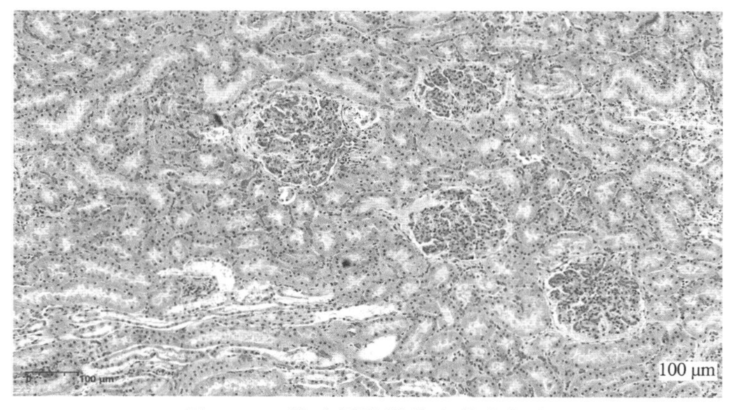

图 2-2-1 肾皮质弥散性血管内凝血

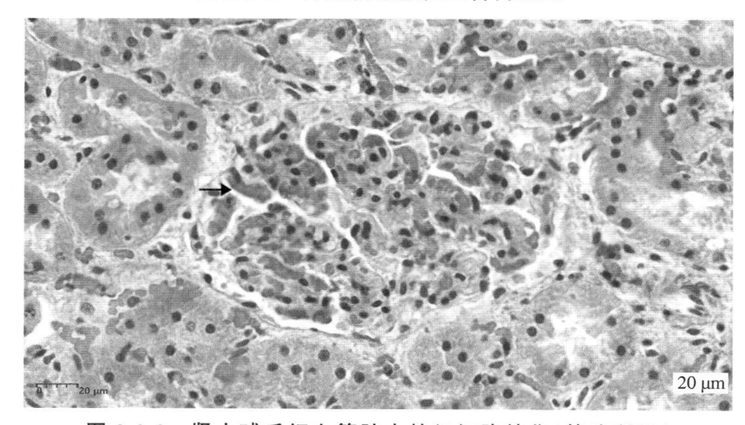

图 2-2-2 肾小球毛细血管腔中的红细胞粘集(箭头所示)

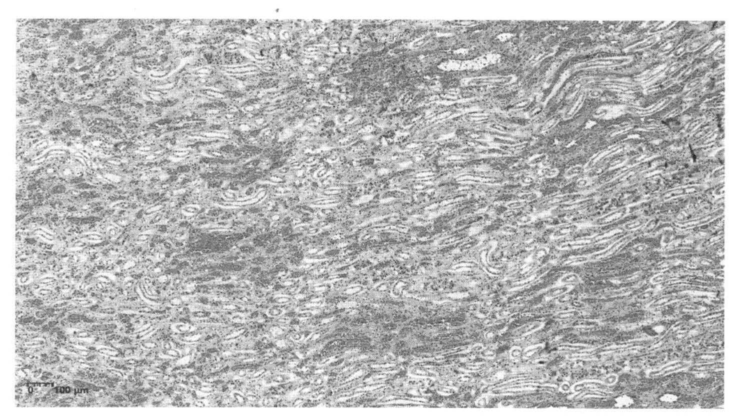

图 2-2-3 肾髓质血管淤血

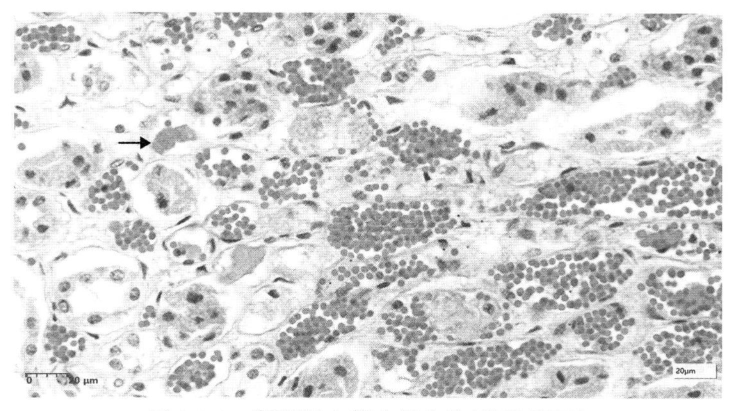

图 2-2-4 肾髓质血管内微血栓(箭头所示)

2.马动脉血栓及机化——混合血栓(图 2-2-5、图 2-2-6)

动脉组织结构:动脉分内膜、中膜和外膜 3 部分。内膜表面为扁平内皮细胞,大动脉的中膜除平滑肌外,还富含弹性纤维、胶原纤维和成纤维细胞等。外膜较薄,含有丰富的胶原纤维。

观察要点:由血小板、纤维蛋白组成的白色血栓呈均质粉红色颗粒状,结构不清楚,不可见明显的细胞成分。

凝血部位红细胞已溶解,呈深红色着染。钙化部位呈蓝染。

图 2-2-5 动脉内可见混合血栓

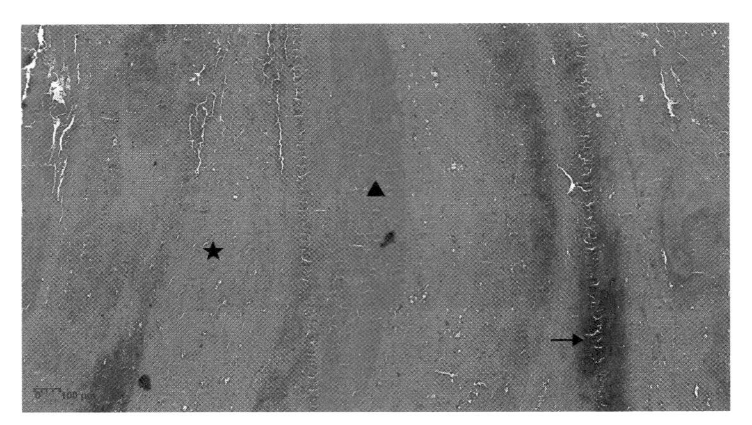

图 2-2-6　白色血栓(星号所示)、凝血部位(三角形所示)、钙化(箭头所示)

3. 猪结肠水肿(图 2-2-7 至图 2-2-9)

结肠组织结构:肠壁分为黏膜层、黏膜下层、肌层、浆膜层。其中,黏膜层又分为黏膜上皮、固有膜和黏膜肌层。黏膜下层由疏松结缔组织构成。

黏膜固有层肠腺上皮脱离基底膜,结缔组织纤维互相分离,组织间隙增大。黏膜下层明显水肿,结缔组织纤维排列疏松,组织间隙显著加大,淋巴管高度扩张。

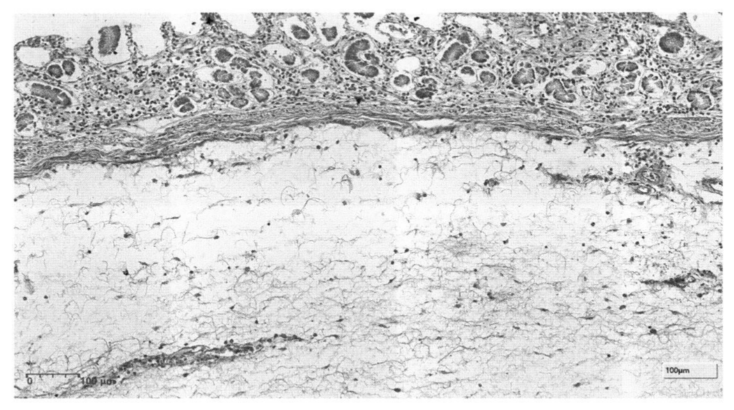

图 2-2-7　结肠黏膜下层明显水肿

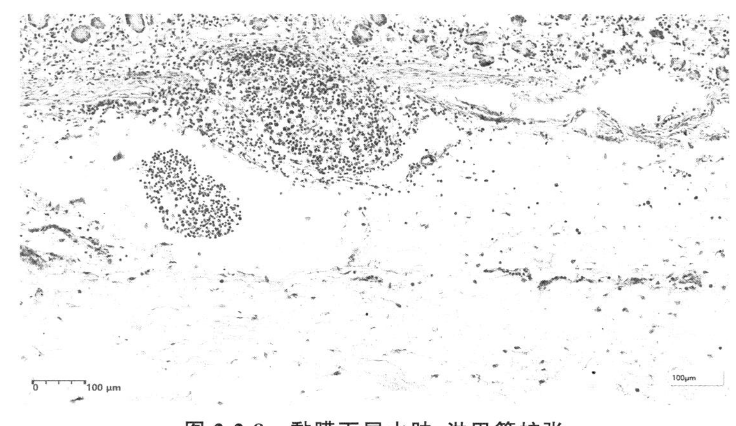

图 2-2-8　黏膜下层水肿、淋巴管扩张

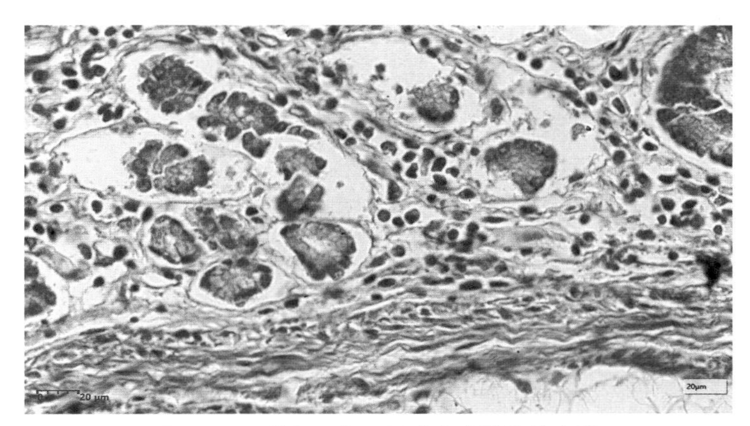

图 2-2-9 结肠固有层肠腺上皮脱离基底膜

4. 马肠炭疽炎性水肿(图 2-2-10 至图 2-2-15)

重点观察黏膜下层。黏膜下层组织疏松,水肿液呈粉红色,细丝状,并见多量中性粒细胞浸润,胞质中含有棕色色素颗粒(含铁血黄素沉着)。血管扩张充血,管壁疏松并见出血。淋巴管扩张,淋巴栓形成,并见大量的灰色菌丛。肌层间质和黏膜下也见炎性水肿。

黏膜层呈纤维素性、坏死性肠炎。

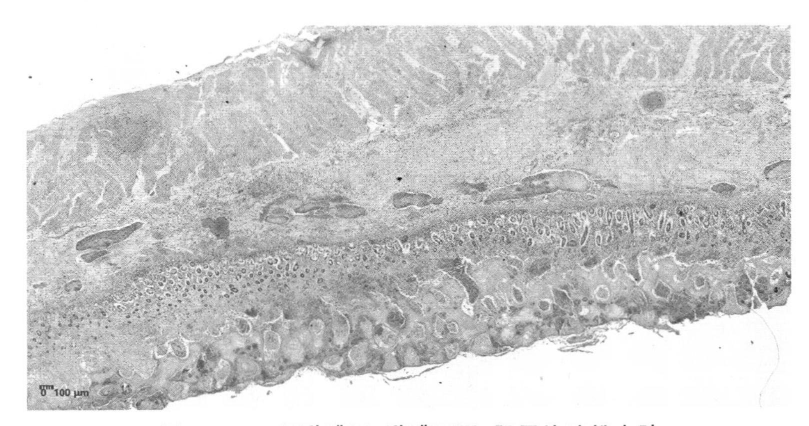

图 2-2-10 肠黏膜层、黏膜下层、肌层均疏松水肿

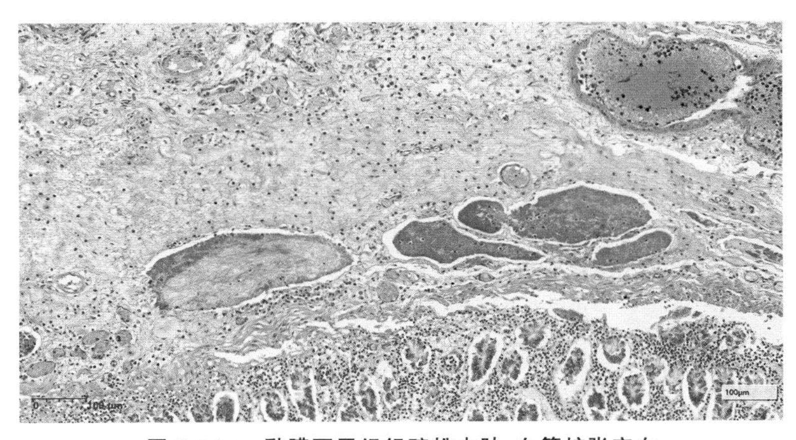

图 2-2-11 黏膜下层组织疏松水肿、血管扩张充血

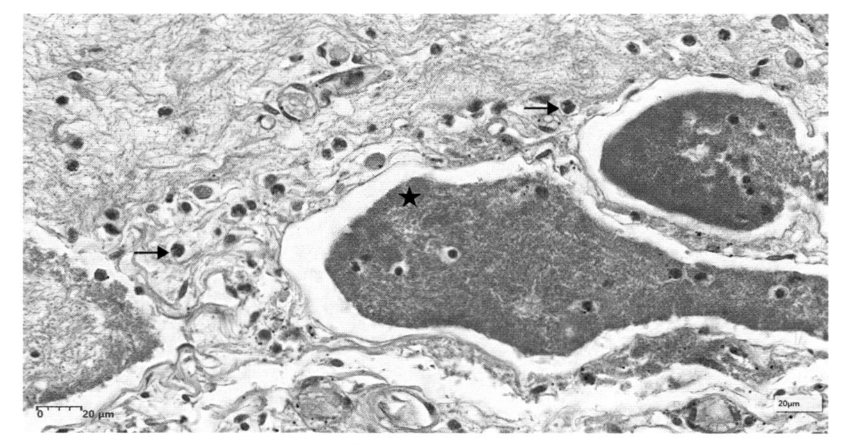

图 2-2-12　黏膜下层可见菌丛(星号所示)和
胞质内含有棕色色素颗粒的中性粒细胞(箭头所示)

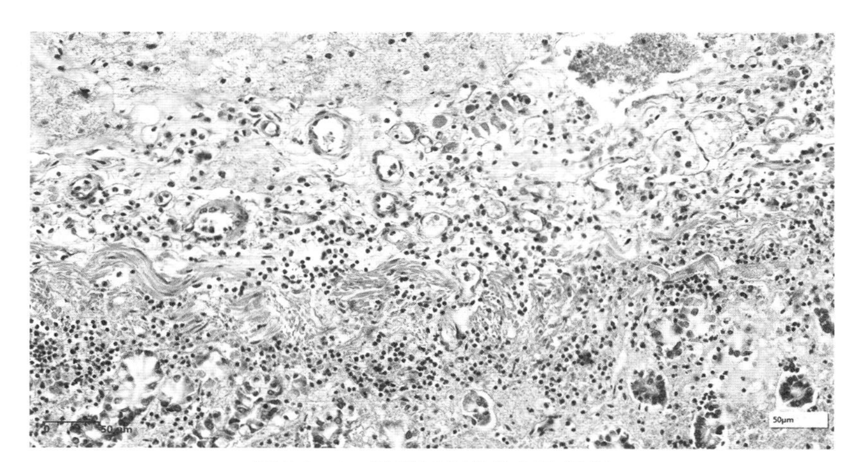

图 2-2-13　黏膜下层炎性细胞浸润

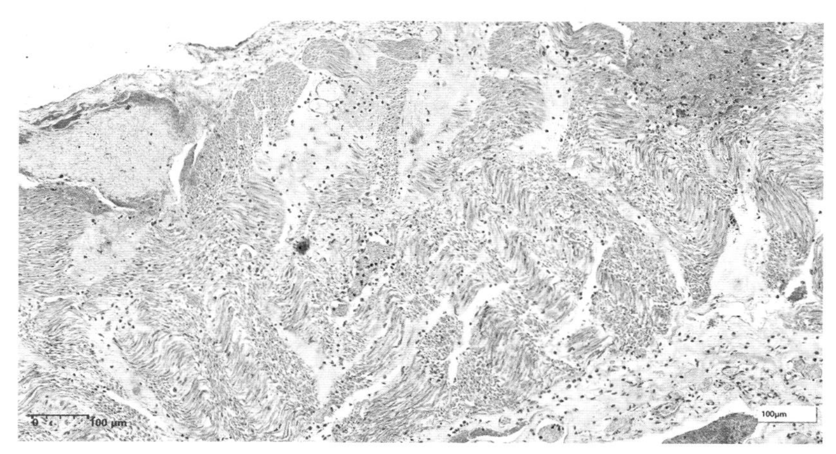

图 2-2-14　肌层炎性水肿

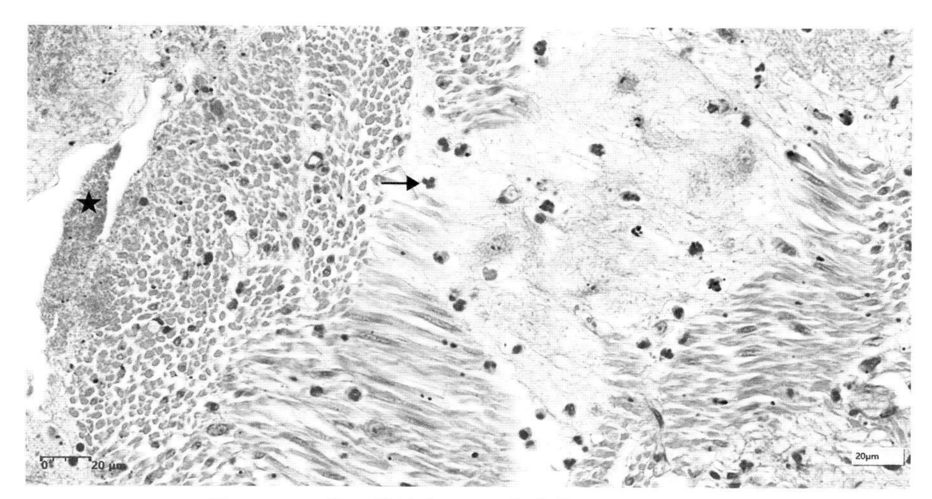

图 2-2-15　淋巴管扩张，可见蓝染菌丛（星号所示）；
肌层炎性水肿间，可见中性粒细胞浸润（箭头所示）

5. 犊牛肺炎性水肿（图 2-2-16 至图 2-2-18）

肺正常组织结构：肺分为导管部和呼吸部。肺的导管部包括主支气管入肺后在肺内沿结缔组织反复分支形成的各级支气管，据支气管的直径大小一般可分为小支气管、细支气管、终末细支气管和呼吸性细支气管。肺的呼吸部包括呼吸性细支气管、肺泡管、肺泡囊、肺泡 4 个部分。

各肺小叶病变一致。肺泡腔中充满水肿液，细胞成分增多，在肺泡腔中或贴附在肺泡壁上可见红染团块或条索。细支气管管腔扩张，上皮脱落。血管扩张，管壁极疏松，内皮脱落。被膜下和小叶间质水肿增宽，淋巴管扩张，淋巴栓形成。

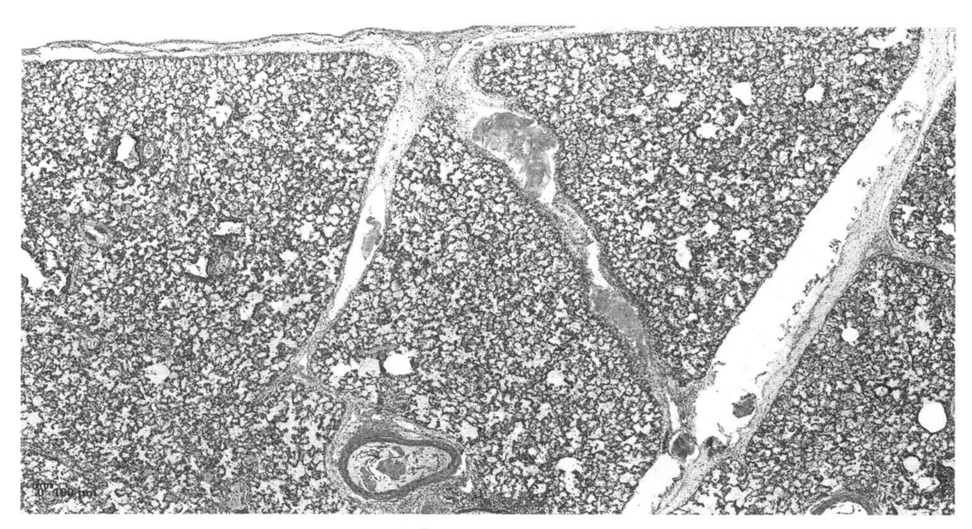

图 2-2-16　被膜下和肺小叶间质水肿、增宽

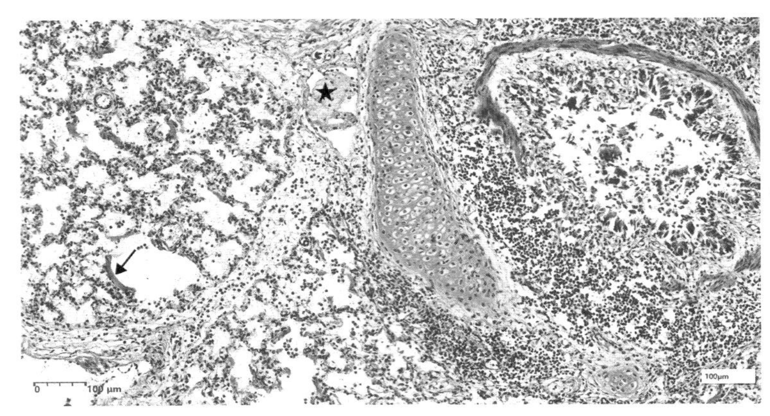

图 2-2-17　细支气管上皮脱落，淋巴栓形成（星号所示），肺泡壁可见红染条索（箭头所示）

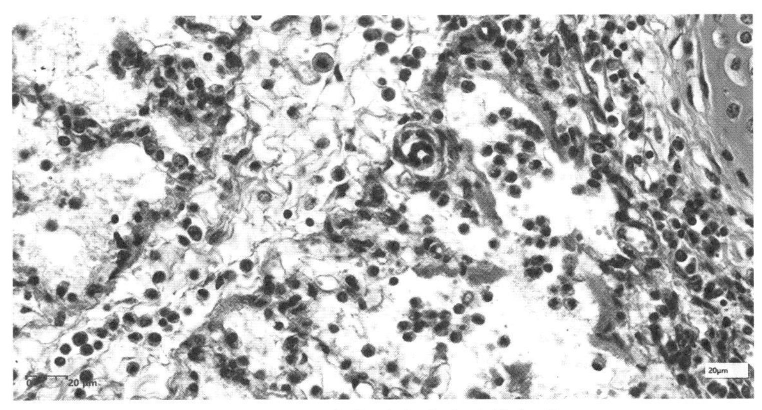

图 2-2-18　肺泡腔中含有炎性细胞

6. 肠淤血性水肿、出血（图 2-2-19 至图 2-2-23）

黏膜上皮和腺上皮变性脱落，固有层增厚，充满粉红色的水肿液，纤维分离，散在淋巴细胞。黏膜肌层断裂。

黏膜下层增厚，血管扩张充血，间质充满红染的水肿液和一些红细胞以及溶解的红细胞，未见白细胞浸润。

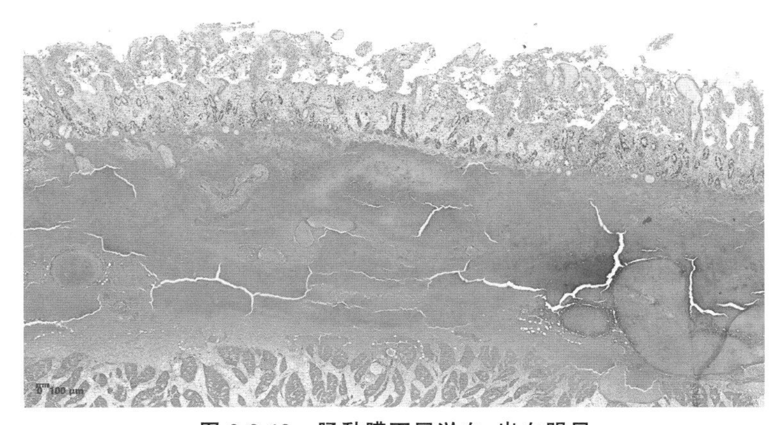

图 2-2-19　肠黏膜下层淤血、出血明显

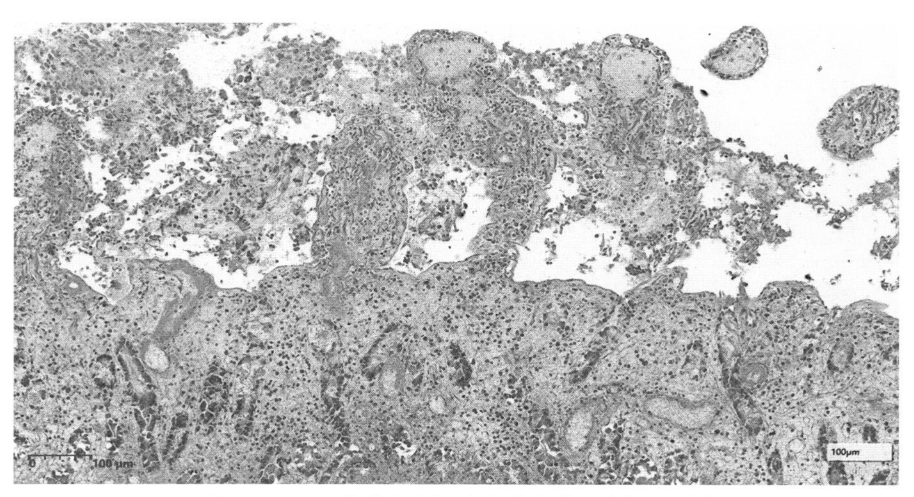

图 2-2-20 肠黏膜上皮细胞和腺上皮细胞坏死脱落

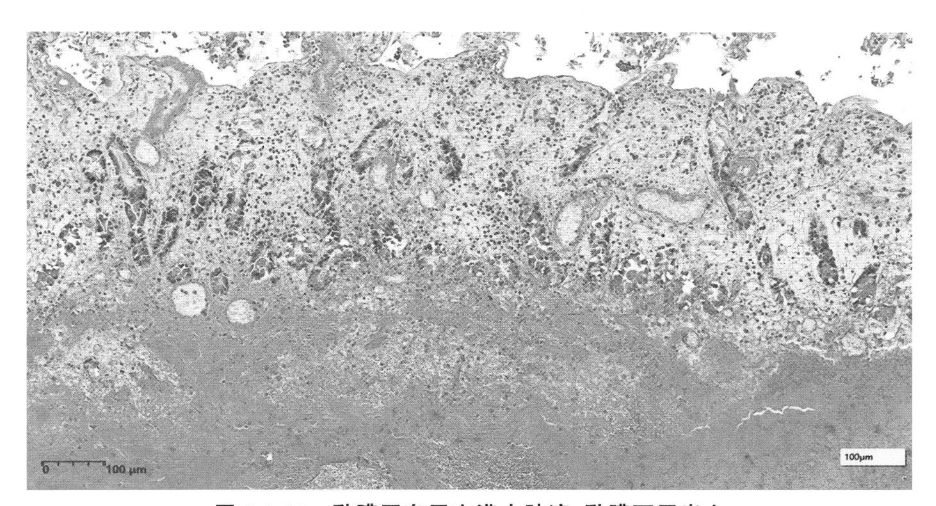

图 2-2-21 黏膜固有层充满水肿液,黏膜下层出血

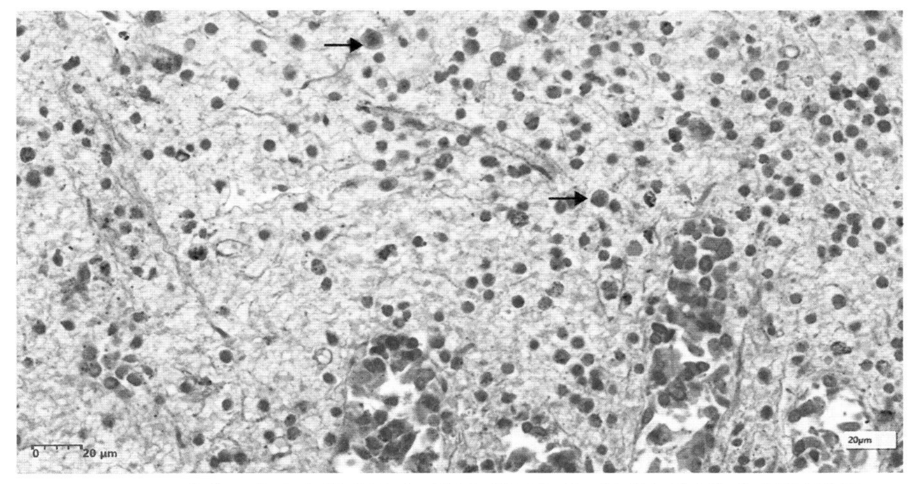

图 2-2-22 黏膜固有层充满水肿液、增厚,淋巴细胞、巨噬细胞(箭头所示)浸润

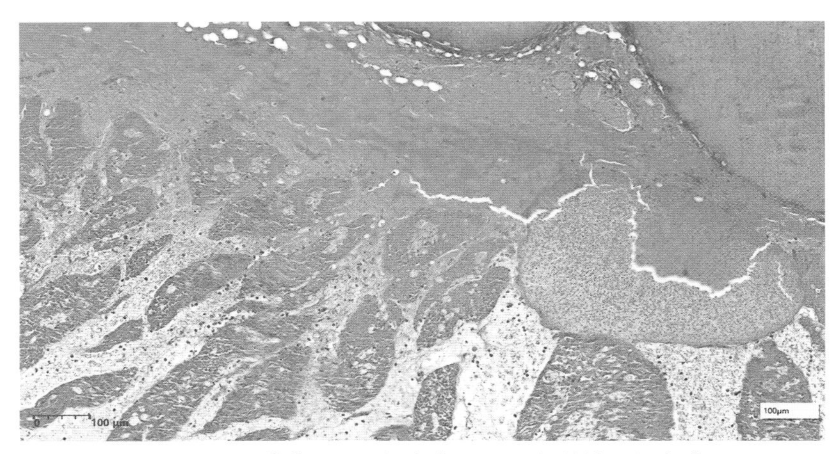

图 2-2-23 黏膜下层红细胞溶血，肌层间结缔组织水肿

7. 肝脂肪变性和水肿(图 2-2-24 至图 2-2-27)

窦状隙扩张充血。

狄氏隙高度扩张，边缘区狄氏隙扩张明显。

肝索细胞变性坏死，部分中央区肝索细胞呈大滴状空泡，有的核消失。

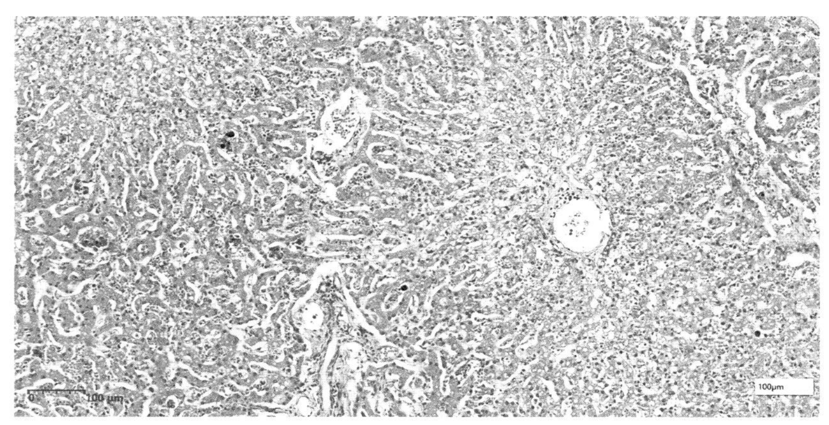

图 2-2-24 肝细胞脂肪变性

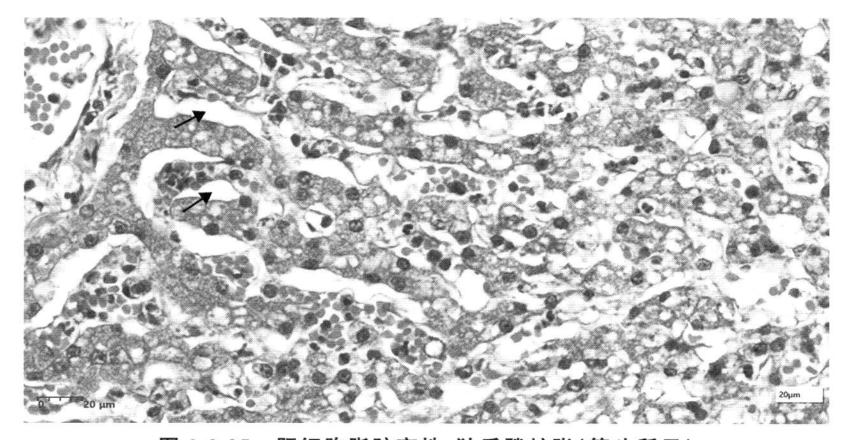

图 2-2-25 肝细胞脂肪变性、狄氏隙扩张(箭头所示)

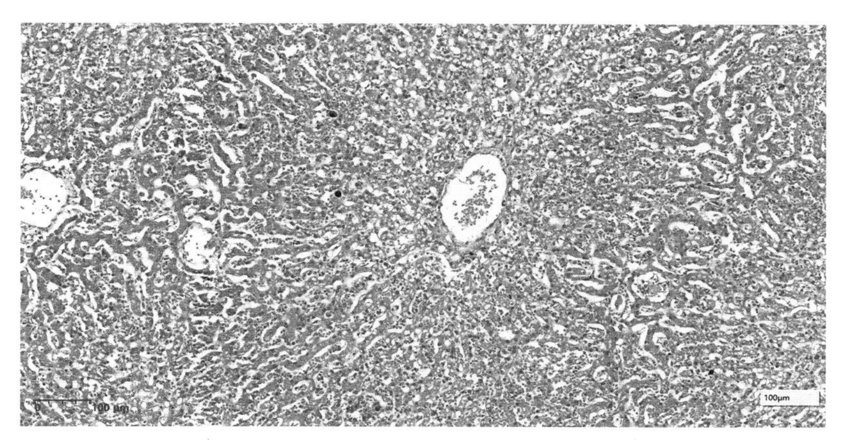

图 2-2-26　肝窦状隙充血、扩张

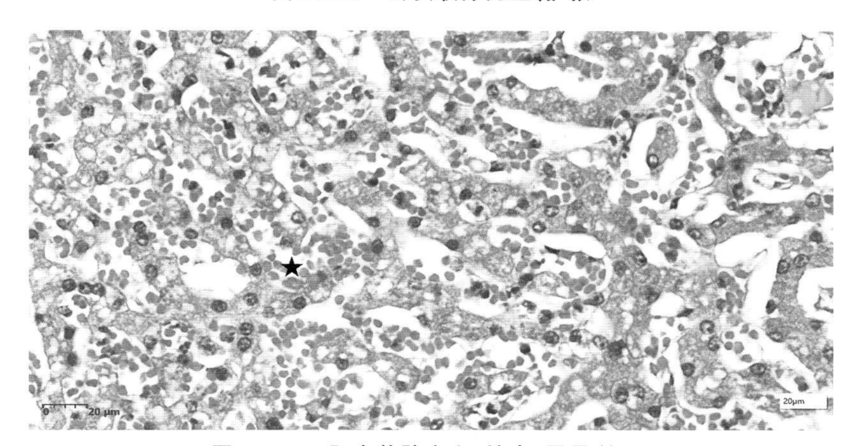

图 2-2-27　肝窦状隙充血、扩张(星号所示)

三、绘图作业

1. 骡肾弥散性血管内凝血。
2. 马肠炭疽肠壁炎性水肿。

实验三

细胞对伤害的应答

——变性

【学习提要】

机体的细胞和组织常受体内外环境中不同刺激因子的影响，细胞可通过自身的反应和调节机制对刺激做出应答反应，以适应环境条件的改变或抵御刺激因子的损害，这种反应能力能保证并维持细胞和组织的正常功能。当刺激超过一定的界限时，就会引起细胞和细胞间质的物质代谢和机能活动异常，导致细胞形态结构发生改变，甚至细胞死亡。细胞形态的改变主要包括变性(degeneration)、坏死(necrosis)及病理性物质沉着。

变性(degeneration)是指由于物质代谢障碍在细胞内或细胞间质出现某些异常物质或正常物质蓄积过多的病理现象。变性是组织、细胞对各种损伤所产生的最基本的，也是最常见的一种应答反应，是细胞组织的机能和物质代谢障碍在形态学上的反映。一般而言，当病因消除后，变性细胞的结构和功能仍可恢复。但严重的变性则不能恢复进而发展为坏死。变性可大致分为两大类：细胞含水量异常和细胞及间质内物质的异常沉着。常见的细胞变性有细胞肿胀(cellular swelling)、脂肪变性(fatty degeneration)及玻璃样变性(hyaline degeneration)等；间质的变性有黏液样变性(mucoid degeneration)、玻璃样变性、淀粉样变性(amyloid degeneration)及纤维素样变性(fibrinoid degeneration)等。

细胞肿胀(cellular swelling)是指细胞内水分增多，胞体增大，胞质内出现微细的嗜伊红蛋白颗粒或大小不等的水泡。引起细胞肿胀的原因有机械性损伤、缺氧、中毒、脂肪过氧化、细菌及病毒感染、免疫反应等。根据显微镜下的病变特点，其可分为颗粒变性(granular degeneration)和空泡变性(vacuolar degeneration)。颗粒变性是实质器官，如肝、肾、心等的实质细胞最轻微且最易发生的一种细胞变性，其特点是变性的细胞肿大，胞浆内出现微细的淡红色颗粒。空泡变性也称水泡变性(hydropic degeneration)，其特点是变性细胞的胞质、胞核内出现大小不一的空泡(水泡)，变性严重者，小水泡相互融合成大水泡，细胞显著肿大时，胞质空白，外形如气球状，又称为气球样变(ballooning degeneration)。

脂肪变性(fatty degeneration)是指变性细胞的胞质内有大小不等的游离脂肪滴蓄积。引起的原因有感染、中毒、缺氧、饥饿及缺乏必需的营养物质等。脂肪变性多见于代谢旺盛耗氧多的器官，如肝脏、肾脏、心脏，其中肝脏脂肪变性最为常见。当肝脏脂肪变性严重时，切面上肝小叶结构模糊，有油腻感，若脂肪变性的肝脏同时伴有淤血，则肝脏切面由暗红色的淤血部分和黄褐色的脂肪变性部分相互交织，形成类似槟榔切面的花纹色彩，故称"槟榔肝"。

黏液样变性(mucoid degeneration)是指结缔组织中出现类黏液(mucoid)的积聚。类黏液是体内的一种黏液物质，由结缔组织细胞产生，为蛋白质与黏多糖的复合物，呈弱酸性，HE染色为淡蓝色。常见于间叶性肿瘤、急性风湿病时的心血管壁及动脉粥样硬化的血管壁。

玻璃样变性(hyaline degeneration)又称透明变性或透明化，是指在细胞间质或细胞内出现一种光镜下呈均质、无结构、半透明的玻璃样物质的现象。根据病因及发生部位不同，透明变性可分为细胞内玻璃样变性、血管壁玻璃样变性和纤维结缔组织玻璃样变性。

淀粉样变性(amyloid degeneration)是指淀粉样物质在某些器官的网状纤维、血管壁或组织间沉着的一种病理过程。多发生于长期伴有组织破坏的慢性消耗性疾病和慢性抗原刺激的病理过程，如慢性化脓性炎症、骨髓瘤、结核、鼻疽以及制造免疫血清的动物等。常发生于肝脏、脾脏、肾脏和淋巴结等器官，肝脏内的淀粉样物质主要沉着在肝细胞索和窦状隙之间的网状纤维上，形成粗细不等的条纹或毛刷状，在HE染色切片上呈粉红色。脾脏是淀粉样变性的好发部位，淀粉样物质在脾脏中主要沉着在淋巴滤泡的周边、中央动脉壁的平滑肌和外膜之间及红髓的细胞间，当淀粉样物质沉着在淋巴滤泡部位时呈透明灰白色颗粒状，外观如煮熟的西米，故称"西米脾"，若淀粉样物质弥漫地沉积于红髓部分，则呈不规则的灰白色区，未沉着区仍保留脾脏的暗红色，互相交织成火腿样花纹，形成"火腿脾"。

纤维素样变性(fibrinoid degeneration)是发生于间质胶原纤维及小血管壁的一种病理变化。主要发生于急性风湿病，与变态反应有关。其病变特点是变性部位的组织结构逐渐消失，变为一堆边界不清晰的颗粒状、小条状、团块状的无结构物质，呈强嗜酸性红染，类似纤维素，且有时呈纤维素染色阳性，故称纤维素样变性。它实质上是组织坏死的一种表现，因而也被称为纤维素样坏死(fibrinoid necrosis)。

一、目的要求

1. 重点掌握颗粒变性、水泡变性、脂肪变性的病变特点及其发生机制。

2. 了解透明变性、淀粉样变性的病理形态变化。

二、实验内容

(一)肉眼标本

1. 乳牛酮血症脂肪肝(固定标本)(图3-1-1)

肝肿大，质脆，边缘钝，呈土黄色，切面土黄色，小叶不清，刀背多脂肪滴。

2. 北京鸭脂肪肝(固定标本)(图3-1-2)

肝肿大，边缘钝，一致砖红色，质脆易碎。切面一致砖红色，右叶表面裹有纤维素膜，胆囊肿大，充满胆汁。

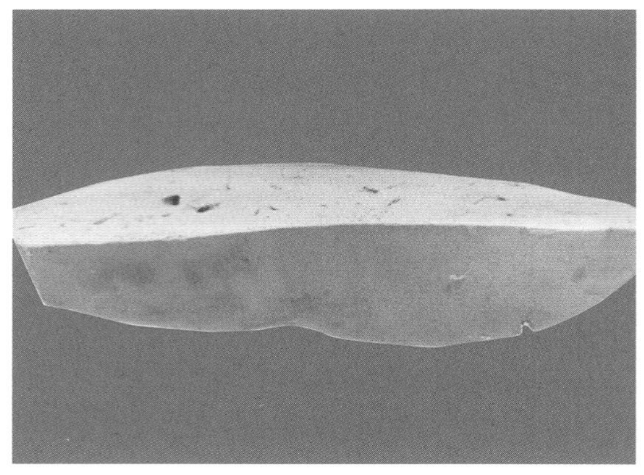

图 3-1-1　乳牛酮血症脂肪肝
（固定标本）

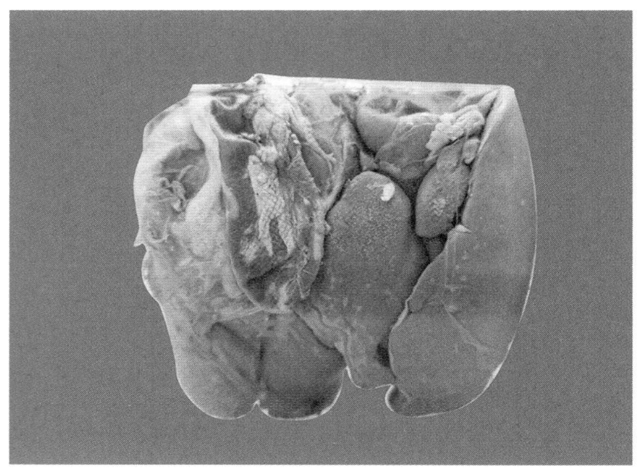

图 3-1-2　北京鸭脂肪肝
（固定标本）

3. 肝脂肪变性（图 3-1-3）

标本取自因急性霉菌毒素中毒而死亡的绵羊。肝脏切面呈黄色，切面轻度隆起。

4. 猪丹毒肾淤血浊肿（固定标本）（图 3-1-4）

肾肿大，包膜下见灰白色不规则斑点，质脆，切面皮质部见灰白色放射条纹。整个肾呈暗紫色淤血状态，尤其弓状动脉区更明显。肾盂黏膜灰白色光滑。

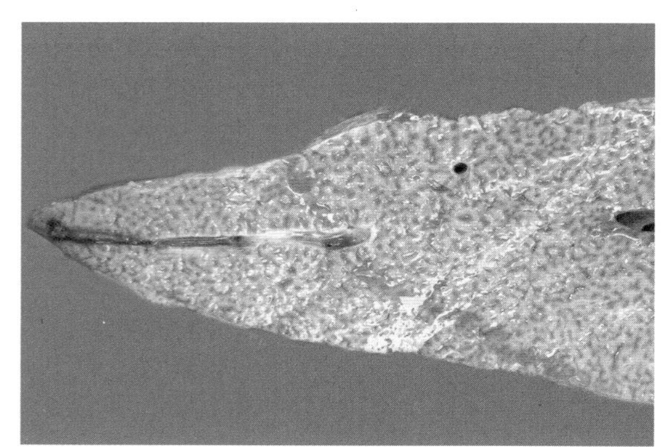

图 3-1-3　肝脂肪变性

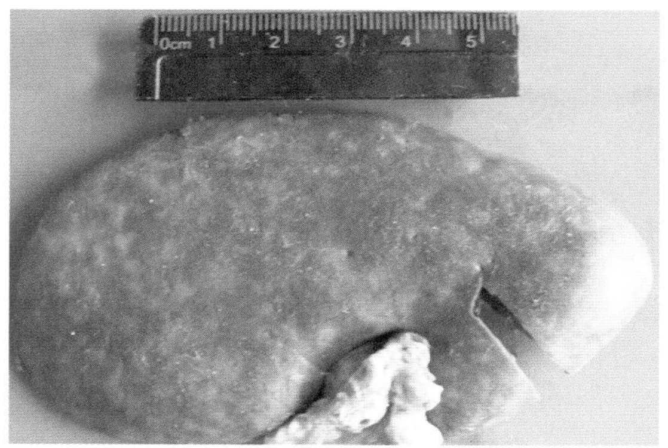

图 3-1-4　猪丹毒肾淤血浊肿
（固定标本）

5. 北京鸭肝淀粉样变（固定标本）（图 3-1-5）

肝肿大，不均匀土黄色，质脆，被膜下见灰白色半透明云雾状斑块，实质中散在粟粒大灰黄色小点。

6. 鸡痘（固定标本）（图 3-1-6）

主要在冠、肉垂、眼眶等处皮肤上出现疣状结节。其与皮肤牢固相连。

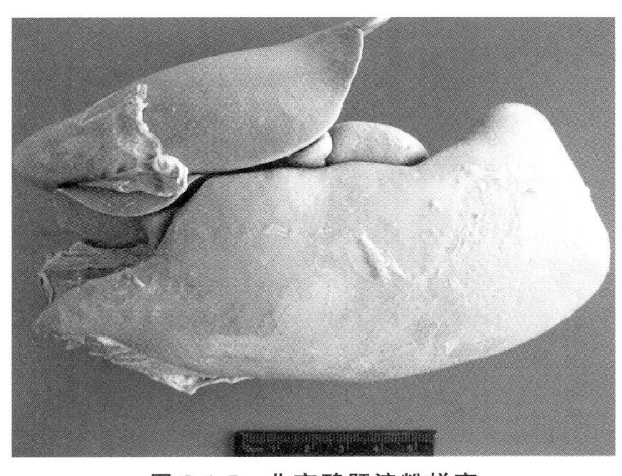

图 3-1-5 北京鸭肝淀粉样变
（固定标本）

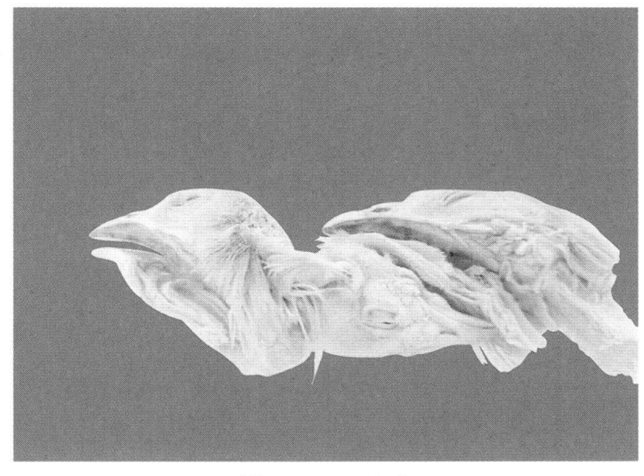

图 3-1-6 鸡痘
（固定标本）

7. 槟榔肝（图 3-1-7）

标本取自患肠毒血症而死亡的山羊。肝脏切面呈红黄相间的纹理，似槟榔的切面。仔细观察可见肝小叶边缘黄色脂肪变性区围绕着肝小叶中央呈红色点状区。

8. 槟榔肝（固定标本）（图 3-1-8）

肝脏切面由暗红色的淤血部分和黄褐色的脂变部分相互交织，形成类似槟榔切面的花纹色彩。

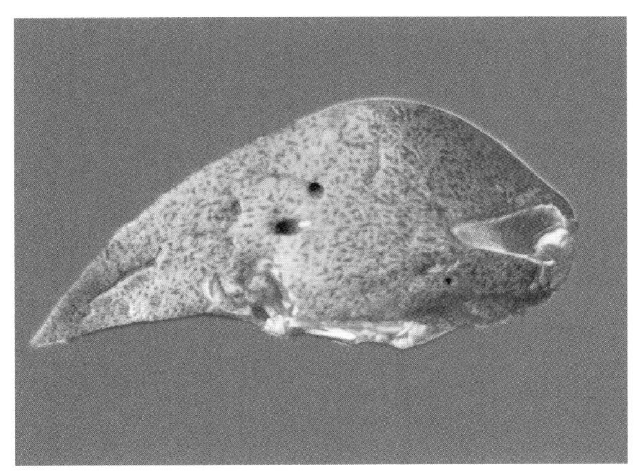

图 3-1-7 槟榔肝

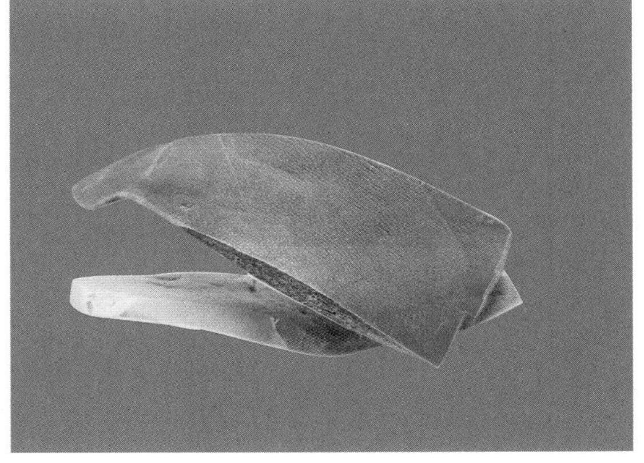

图 3-1-8 槟榔肝
（固定标本）

（二）组织切片

1. 小白鼠心肌颗粒变性（图 3-2-1 至图 3-2-3）

正常的心肌有横纹，呈较短的圆柱状，有分支。心肌纤维不单独存在，每条肌纤维的首尾两端都和肌纤维互相嵌合，形成肌纤维网。肌纤维之间以闰盘为界。心肌纤维之间有较多的裂隙，被疏松结缔组织填充，其间有成纤维细胞及营养心肌的毛细血管。心肌细胞核呈圆形或卵圆形，位于心肌纤维的中央。

低倍镜下寻找纵切的心肌纤维进行观察。

高倍镜下可见：肌纤维肿胀，界限模糊，横纹消失。肌原纤维间弥散大量红染细小颗粒。

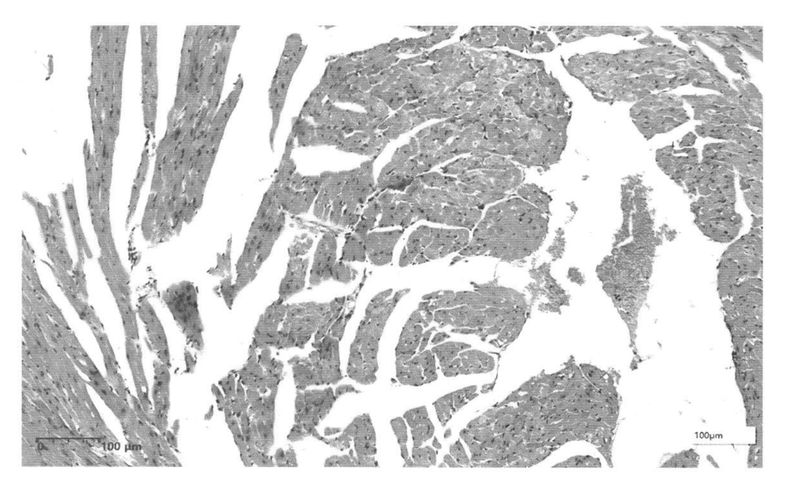

图 3-2-1　心肌纤维排列紊乱

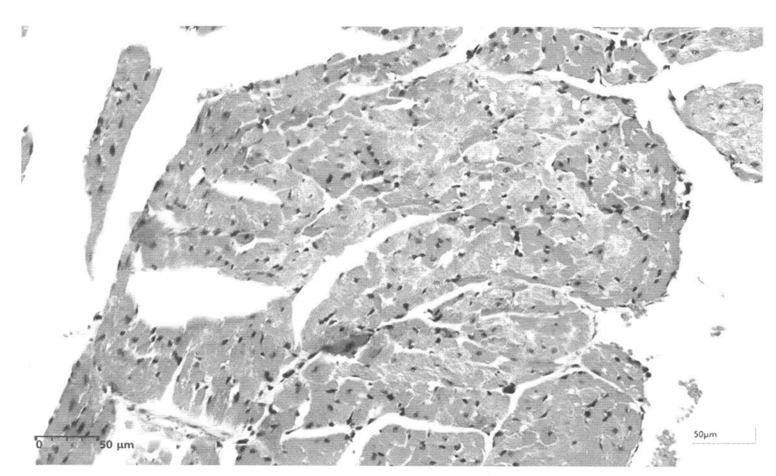

图 3-2-2　肌纤维肿胀，界限模糊，横纹消失

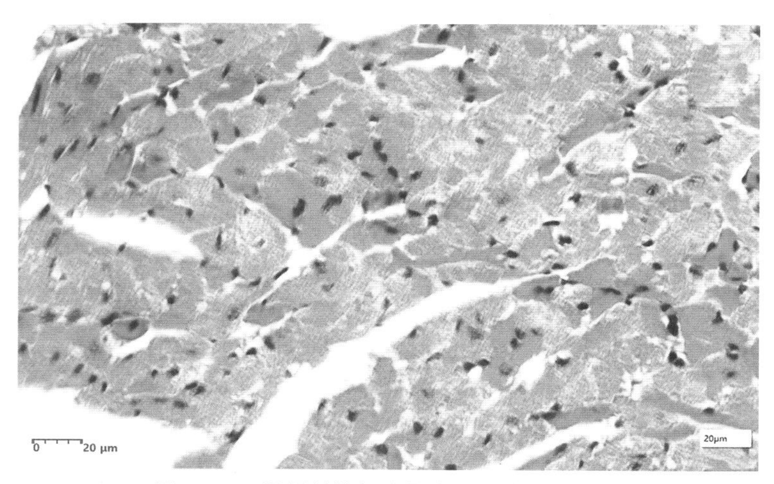

图 3-2-3　肌原纤维间弥散大量红染细小颗粒

思考题：在电镜下观察颗粒变性是什么变化？

2. 骡肾颗粒变性(图 3-2-4 至图 3-2-8)

皮质部肾曲小管上皮肿胀，核清晰，胞质充满红染的细小颗粒。

髓质部肾小管上皮肿胀或脱离基底膜。肾小管管腔扩张，管腔内积有红染絮状、网状或颗粒团块状物。

肾小球毛细血管丛和肾间质毛细血管扩张充血。

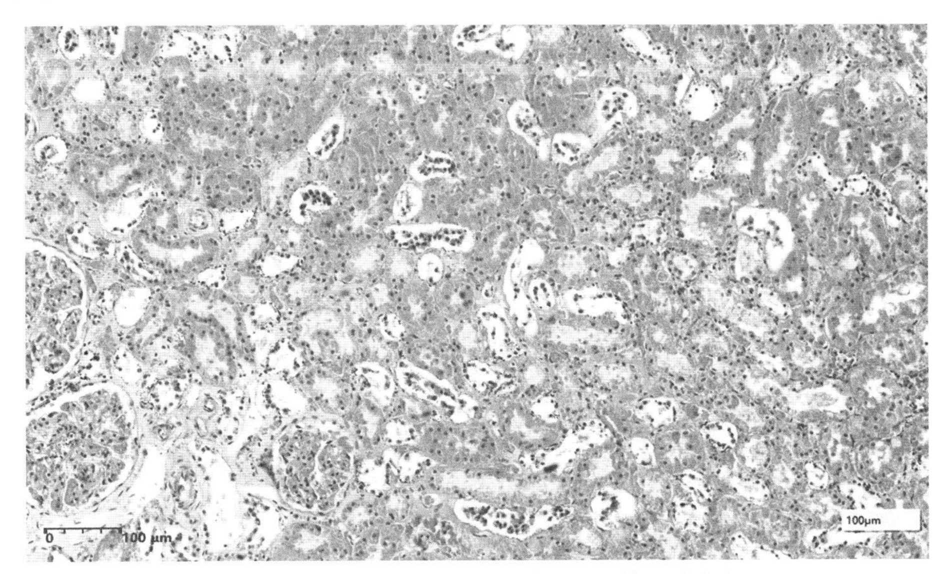

图 3-2-4　肾小管上皮肿胀，肾小球毛细血管丛扩张充血

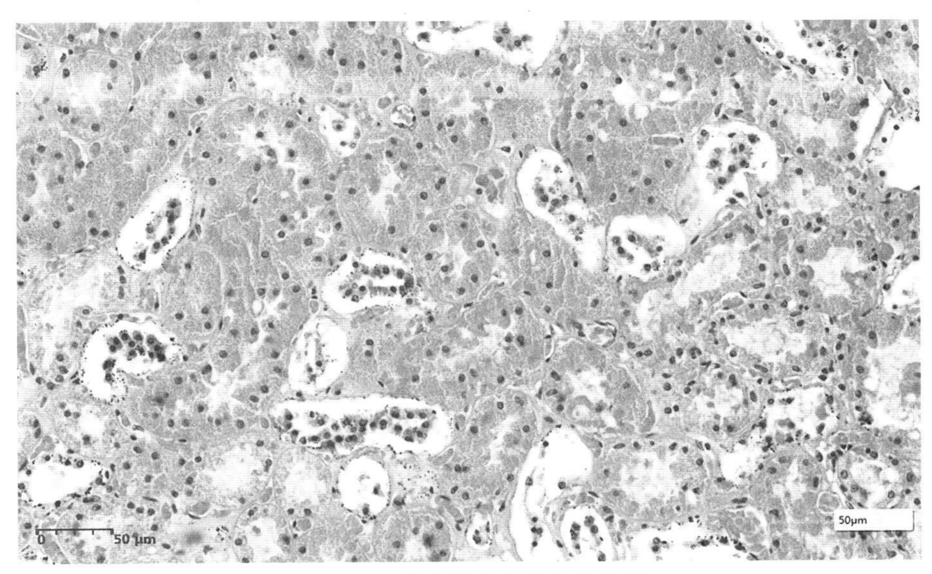

图 3-2-5　肾小管上皮脱离基底膜

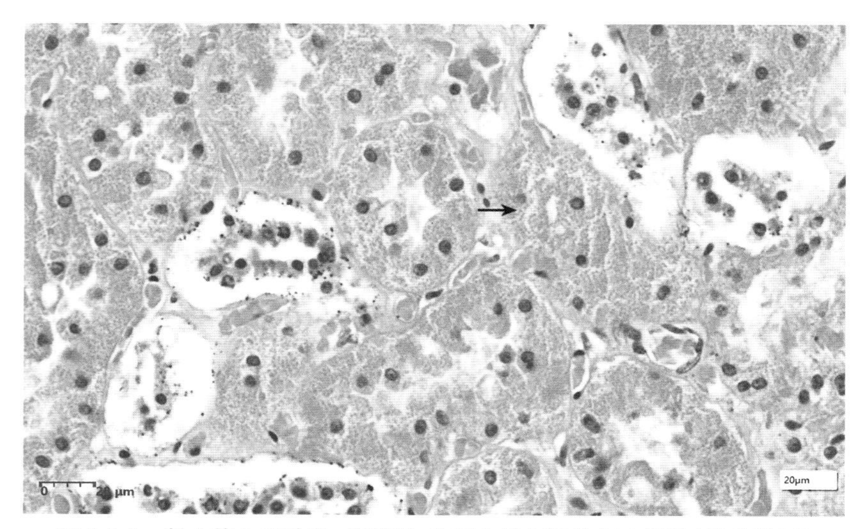

图 3-2-6　肾小管上皮肿胀，核清晰，胞质充满红染的细小颗粒（箭头所示）

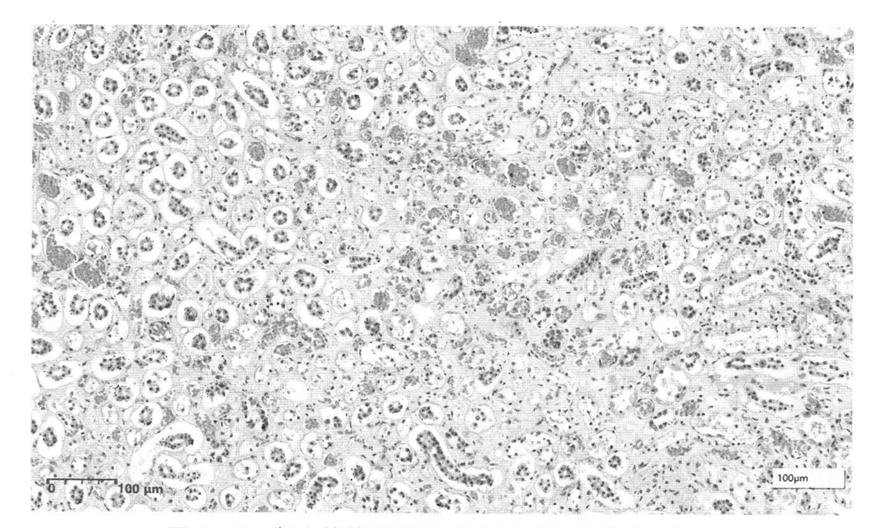

图 3-2-7　肾小管管腔扩张，肾间质毛细血管扩张充血

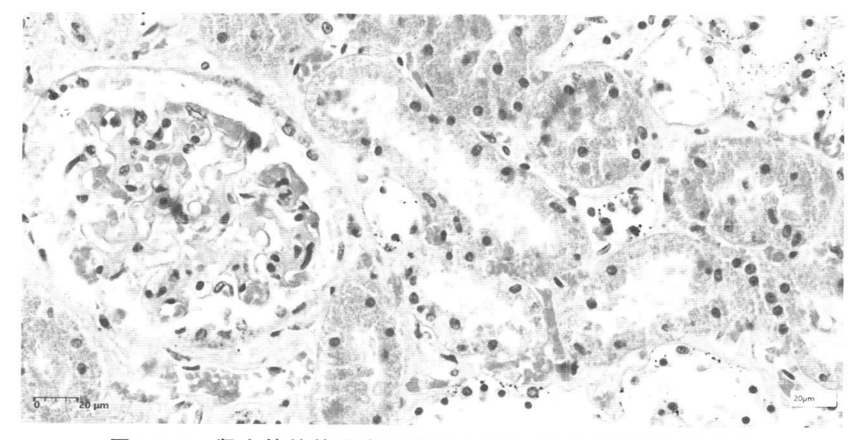

图 3-2-8　肾小管的管腔内积有红染絮状、网状或颗粒团块状物

3. 牛肝脂肪变性(图 3-2-9 至图 3-2-11)

重点观察脂肪变性的肝细胞胞质内脂滴的大小,核的位置,以及脂肪变性在肝小叶内的分布状态。对比观察 HE 染色切片和苏丹Ⅲ染色切片。

低倍镜观察:正常牛的肝小叶界限不明显,故找到中央静脉或汇管区即可分辨小叶范围。小叶中央区肝细胞呈大空泡状,肝索排列不清。小叶边缘区肝索尚清晰,肝细胞胞质中的空泡较小。

高倍镜观察:中央区肝索细胞尤如脂肪细胞,细胞肿大呈空泡状,核受挤压呈月牙形偏于一侧。边缘区肝细胞的细胞质疏松呈泡沫状,核位于细胞中央。

苏丹Ⅲ染色的切片中,脂肪呈橘黄色。

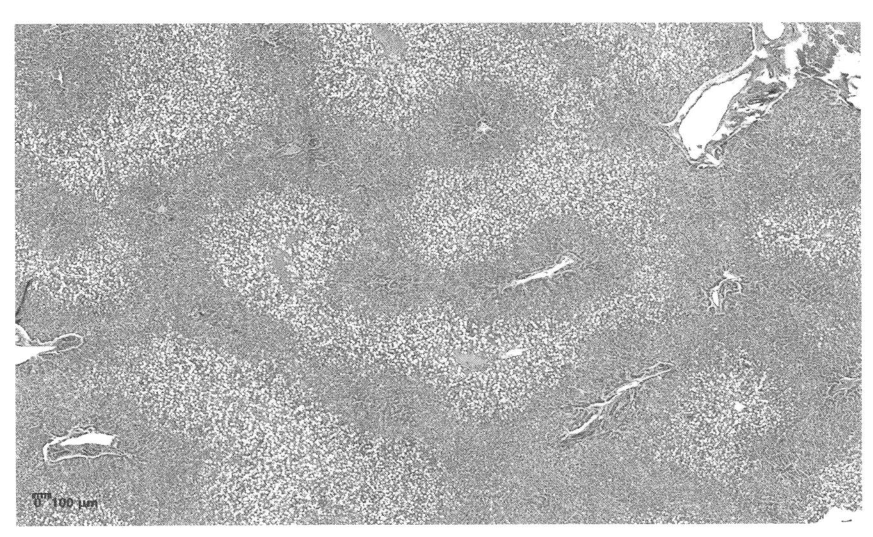

图 3-2-9　肝小叶界限不明显

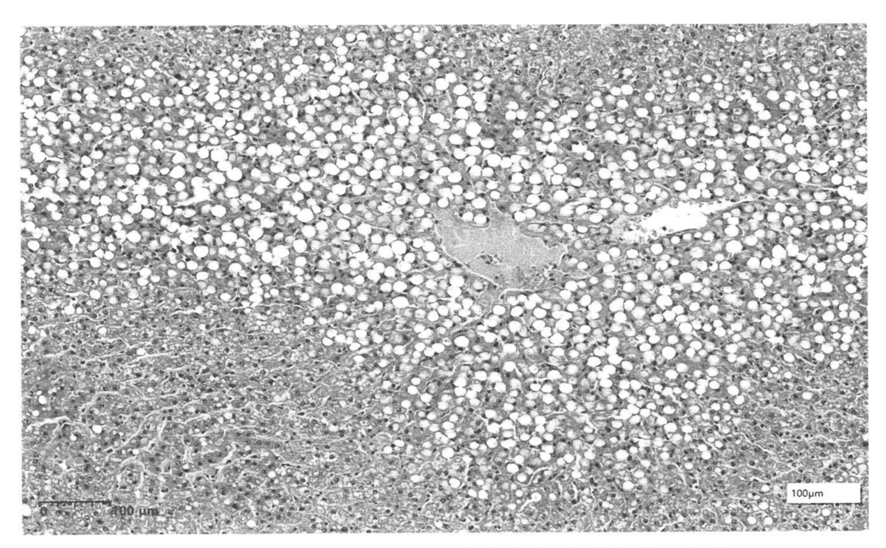

图 3-2-10　小叶中央区肝细胞呈大空泡状,肝索排列不清,小叶边缘区肝索尚清晰,肝细胞胞质中的空泡较小

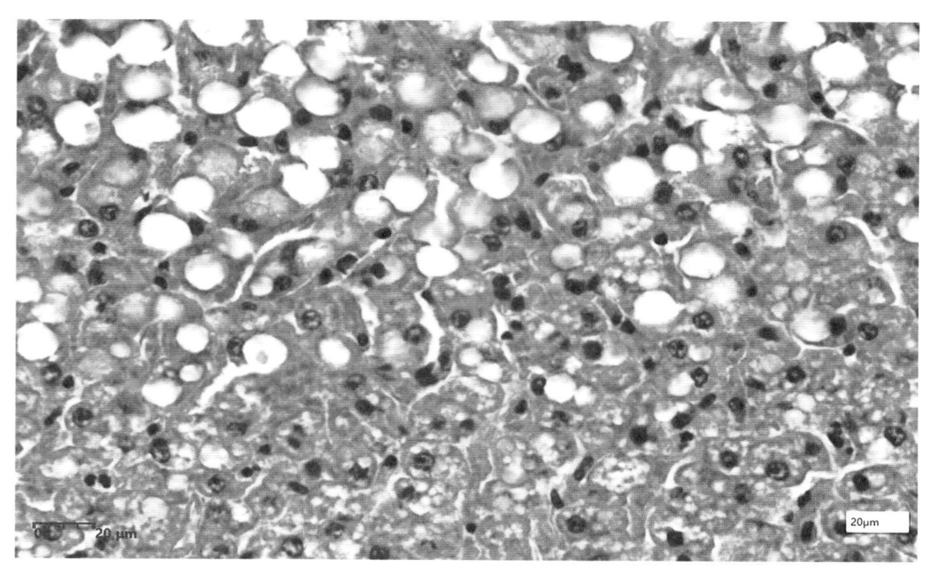

图 3-2-11 中央区肝细胞肿大呈空泡状，核受挤压呈月牙形偏于一侧。
边缘区肝细胞胞质疏松呈泡沫状，核位于细胞中央

思考题：脂肪变性与空泡变性如何区别？

4. 牛肾脂肪变性（图 3-2-12、图 3-2-13）

重点观察肾曲细管上皮细胞变化特点。肾小管上皮细胞内均可看到大滴状空泡，核被挤向一侧，甚至消失。

苏丹Ⅲ染色：空泡为脂肪滴，染成橘黄色。

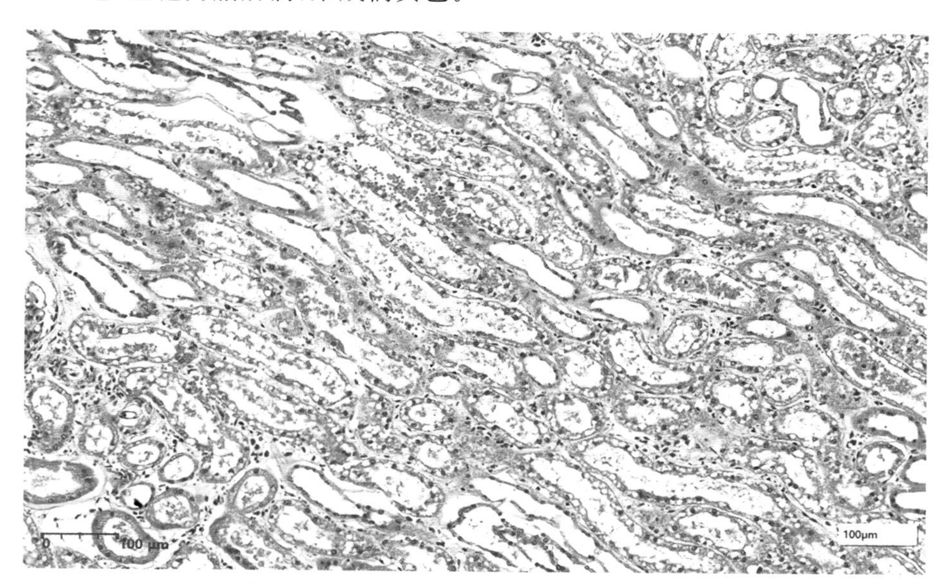

图 3-2-12 肾小管上皮层可见大小不一的空泡

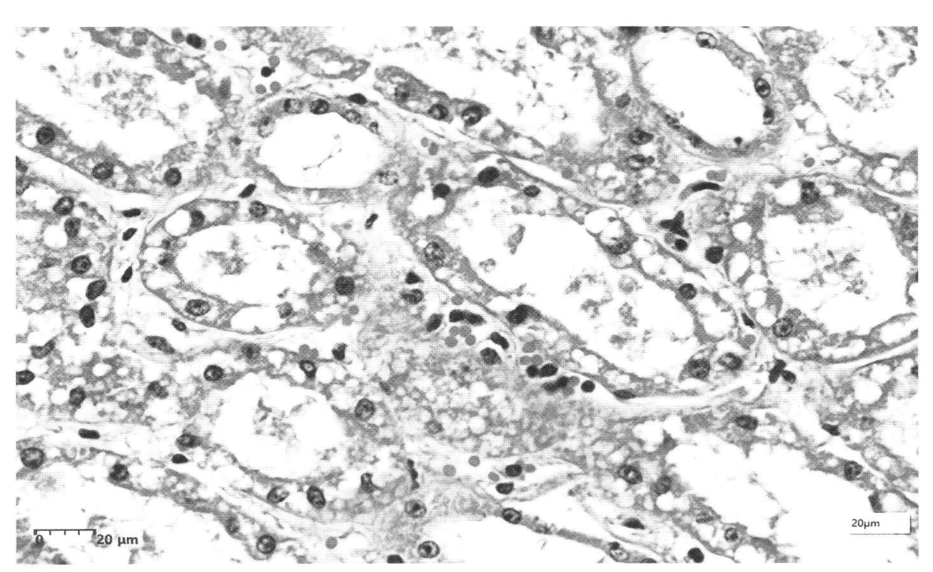

图 3-2-13　肾小管上皮细胞内可看到大滴状空泡，核被挤向一侧，甚至消失

5. 鸡痘皮肤鸡痘变性（图 3-2-14 至图 3-2-16）

空泡变性主要发生在表皮的棘细胞层。表皮增厚，细胞层次增多，细胞体积变大。

在增厚的棘细胞层中的细胞肿胀变圆，细胞界限明显。细胞质结构疏松呈网状或胞质中见有大小不等的空泡，部分胞质内还可看到红染的病毒包涵体，核偏位或消失。

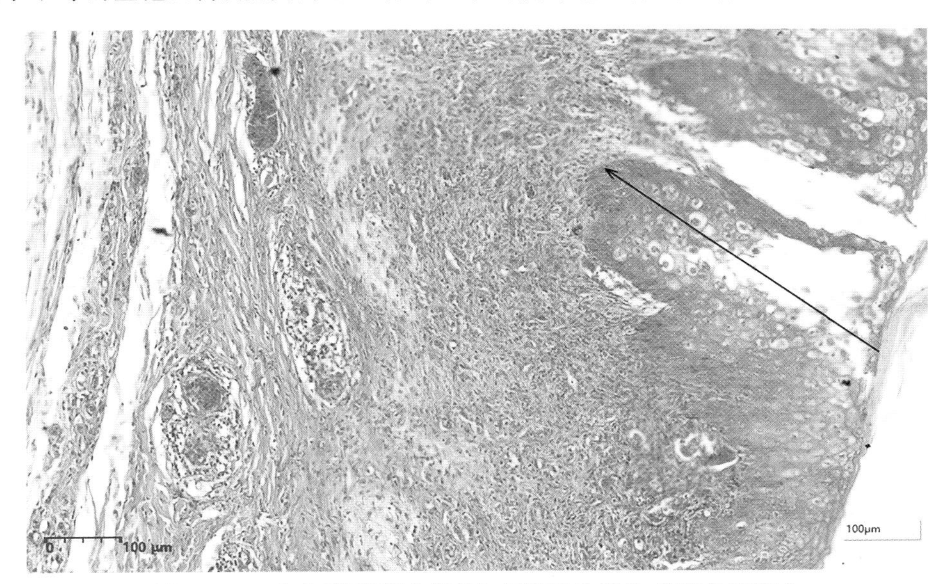

图 3-2-14　表皮增厚（箭头所示），细胞层次增多，细胞体积变大

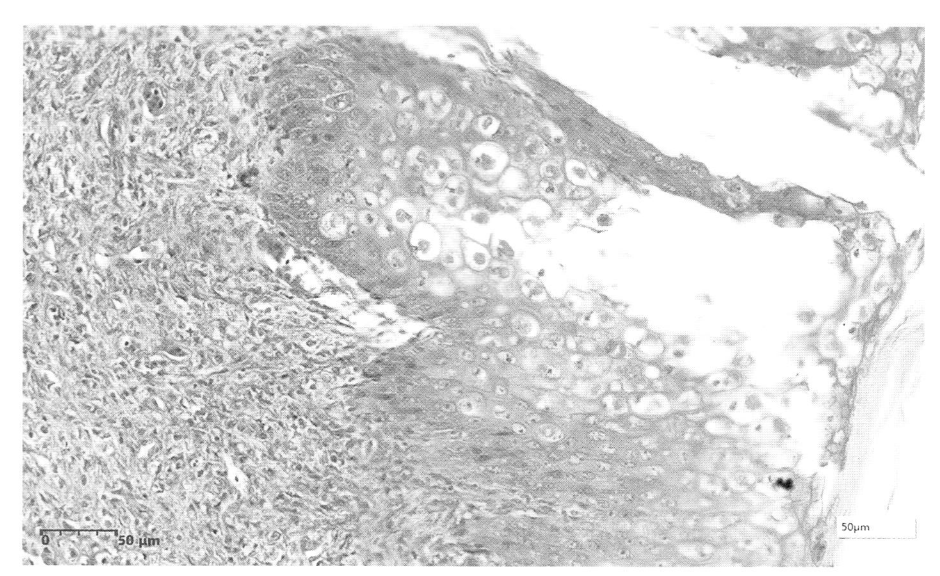

图 3-2-15　增厚的棘细胞层中的细胞肿胀变圆，细胞界限明显

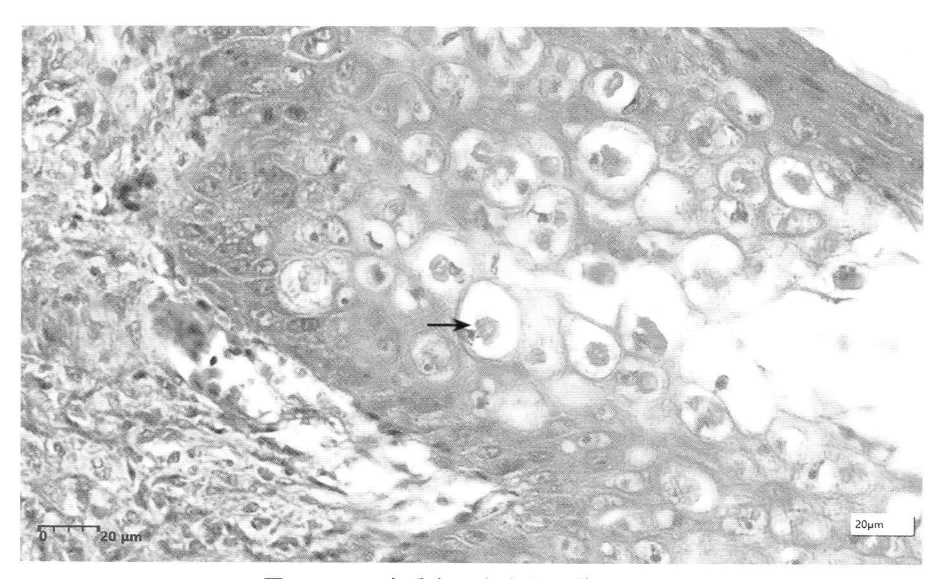

图 3-2-16　胞质中见有大小不等的空泡，
部分胞质内还可看到红染的病毒包涵体(箭头所示)

6. 马肝淀粉样变(图 3-2-17 至图 3-2-19)

肝索细胞周围窦状隙内皮下见淀粉样物质沉着，呈粉红色条索状，有的可见刷状结构，肝小叶边缘区病变严重。

肝细胞萎缩，部分小叶肝索紊乱或消失，被淀粉样物质代替。

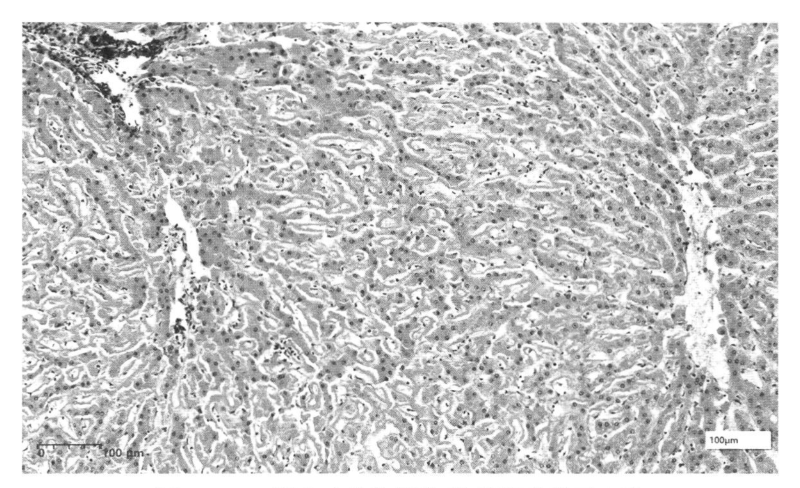

图 3-2-17　肝小叶结构不清晰,肝细胞排列紊乱

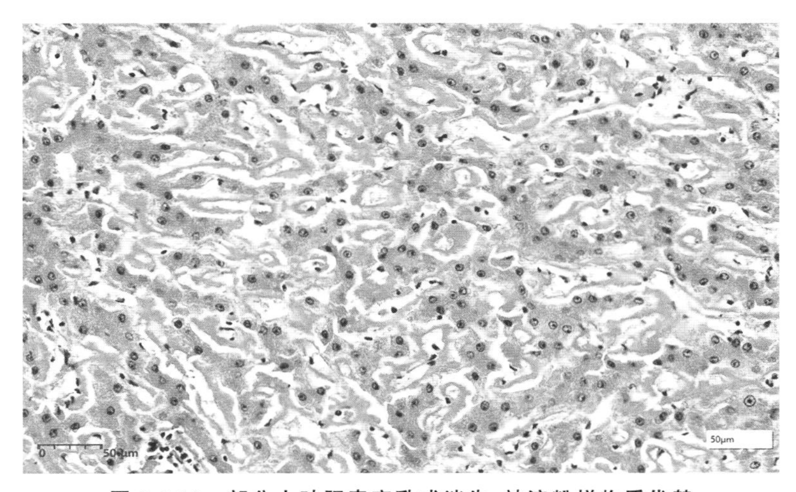

图 3-2-18　部分小叶肝索紊乱或消失,被淀粉样物质代替

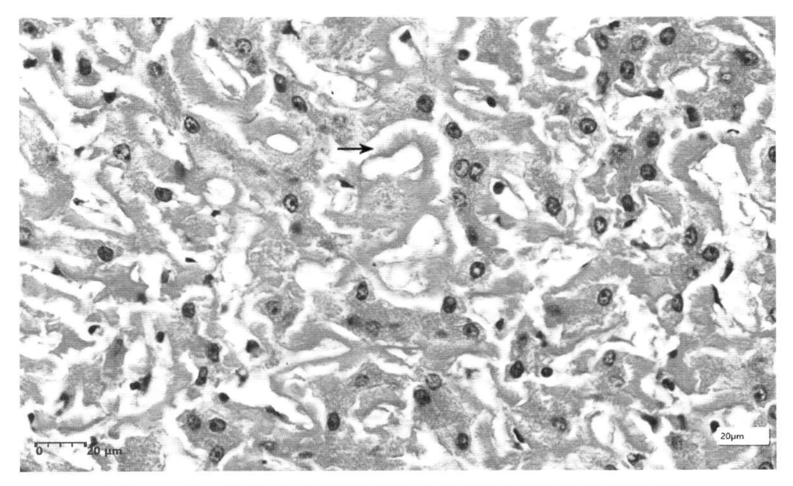

图 3-2-19　肝细胞周围窦状隙内皮下见淀粉样物质沉着,
呈粉红色条索状,有的可见刷状结构(箭头所示)

7. 肾小管上皮玻璃样变(图 3-2-20 至图 3-2-22)

肾曲细管上皮细胞肿胀,细胞界限不清,管腔缩小,部分肾曲细管上皮细胞中可见大小不等的圆形红染透明滴。

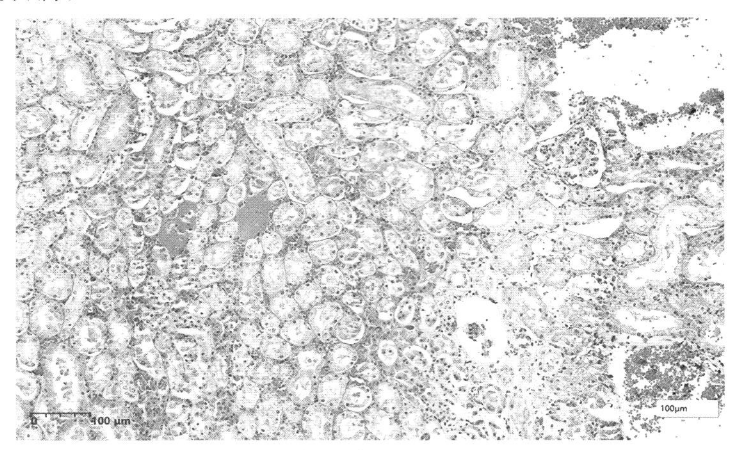

图 3-2-20　肾小管上皮细胞排列紊乱

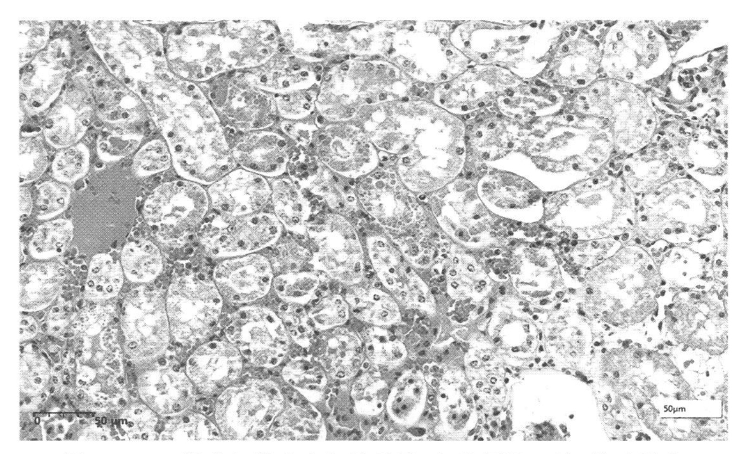

图 3-2-21　肾曲细管上皮细胞肿胀,细胞界限不清,管腔缩小

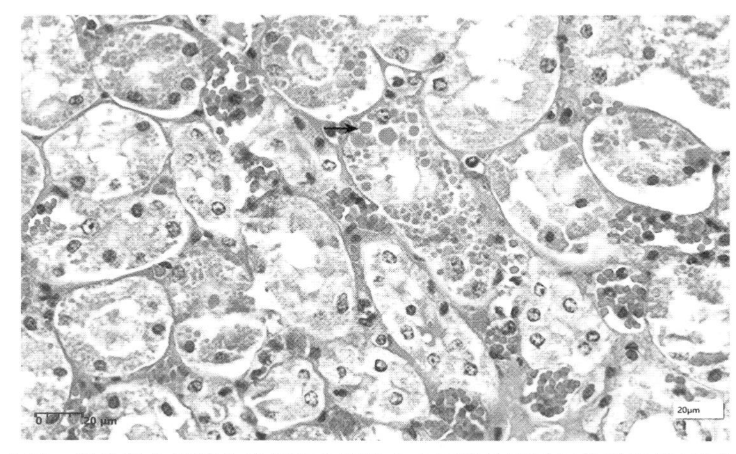

图 3-2-22　部分肾曲细管上皮细胞中可见大小不等的圆形红染透明滴(箭头所示)

三、绘图作业

1. 骡肾颗粒变性。
2. 鸡痘皮肤空泡变性。

实验四

细胞对伤害的应答
——坏死

【学习提要】

细胞因受严重损伤而累及胞核时，呈现代谢停止、结构破坏和功能丧失等不可逆性变化，即细胞死亡(cell death)。细胞的死亡可分为坏死(necrosis)和细胞凋亡(apoptosis)。

坏死是指活体机体局部组织细胞的病理性死亡。其本质是细胞生命活动的完全停止，功能完全丧失，并出现一系列形态学改变，是不可逆的变化。细胞凋亡是生理性、程序性的细胞死亡(programmed cell death)，是细胞在一定的生理或病理条件下，遵循自身的程序，自己结束生命的过程，是一种由基因调控的细胞自杀性死亡。

细胞坏死是一个极其复杂的过程，在多数情况下，细胞、组织的坏死都是先发生各种变性，在病理组织学检查时，往往发现两者同时存在，但在一些剧烈毒物作用下或者部分组积供血停止，使得其组织急骤死亡，坏死立即发生而没有前期的变性变化。坏死发生的原因有机械性、物理性、化学性、生物性、血管源性及神经营养因素等。坏死的变化表现在细胞核、细胞质及间质的改变。细胞核的变化是细胞坏死的主要标志，出现核固缩、核碎裂和核溶解；胞质内的糖原和核糖核酸减少，胞质对伊红的着染加深，胞质结构破坏崩解，胞质中出现颗粒和不规则空隙；基质崩解，胶原纤维先是发生肿胀，继而崩解或断裂，相互融合，失去原有的纤维性结构，变成均质、嗜伊红的、无结构的纤维素样物质。由于引起坏死的原因、条件以及坏死组织本身的性质、结构和坏死过程中经历的具体变化等不同，坏死组织的形态变化也不同，坏死大致可以分成凝固性坏死(coagulative necrosis)、液化性坏死(liquefactive necrosis)、脂肪坏死(fat necrosis)和坏疽(gangrenous)。

凝固性坏死(coagulative necrosis)以坏死组织发生凝固为特征。在蛋白凝固酶的作用下，坏死组织变成一种灰白或灰黄色、比较干燥而无光泽的凝固物质，发生此类坏死的组织虽然可见组织结构的轮廓，但组织实质细胞的精细结构已消失，坏死细胞的胞核完全崩解消失，或残留核碎片，胞质崩解融合为淡红色均质无结构的颗粒状物质，根据坏死的原因和形态变化，凝固性坏死又可分为贫血性梗死(anemic infarction)、干酪样坏死(caseous necrosis)和蜡样坏死(waxy necrosis)。贫血性梗死是一种典型的凝固性坏死，坏死区灰白色、干燥，早期肿胀，稍突出于脏器的表面，切面坏死区呈楔形，边界清楚。干酪样坏死常见于结核分枝杆菌引起的感染。坏死组织除凝固的蛋白质外还含有大量脂类物质，外观呈黄色或灰黄色，质地柔软致密，像食用的干酪(奶酪),故称为干酪样坏死。组织的固有结构完全破坏消失,融合成均质红染的物质。蜡样坏死是肌肉组织发生的凝固性坏死,肌肉肿胀,无光泽,干燥坚实,呈灰红或灰白色,外观像石蜡,故称蜡样坏死。此种坏死常见于动物的白肌病,由维生素 E 和硒缺乏所致。显微镜下可见肌纤维肿胀,胞核溶解,横纹消失,胞质呈红染、均匀无结构的玻璃样物质。

液化性坏死(liquefactive necrosis)以坏死组织迅速溶解成液体状为特征。主要发生于含磷脂和水分多而蛋白质较少的脑组织或溶蛋白酶多的胰腺及胃肠道,通常把脑组织的坏死称为脑软化(encephalomalacia),因为脑组织蛋白质含量较少,不易凝固,而磷脂及水分较多,因此脑组织坏死后很快发生液化,形成囊状的软化病灶,如马属动物的霉玉米中毒(镰刀菌毒素中毒)、雏鸡的维生素 E 和硒缺乏引起的脑软化症。此外,化脓性炎症时的组织化脓,其化脓炎灶中有大量嗜中性粒细胞浸润,它们坏死崩解后,释放出蛋白分解酶,将坏死组织溶解液化成为脓液,也属于液化性坏死。

脂肪坏死(fat necrosis)是脂肪组织发生的坏死。常见的有胰性脂肪坏死和营养性脂肪坏死。胰性脂肪坏死是由于胰腺炎或胰腺发生损伤时胰酶外溢并被激活而引起的脂肪坏死,脂肪坏死区为不透明的白色斑块或结节。光镜下可见脂肪细胞只留下模糊的轮廓,胞质中含有无定形的嗜碱性物质(脂肪分解而来的脂肪酸与钙结合形成皂钙),营养性脂肪坏死多见于患慢性消耗性疾病而呈恶病质状态的动物。

坏疽(gangrenous)是组织发生坏死后,受外界环境影响和不同程度的腐败菌感染而形成的特殊的病理学变化。坏疽常发生在四肢、尾根及与外界相通的内脏器官(肺、肠、子宫)等容易受腐败菌感染的部位,坏疽按其原因及病理变化可分为干性坏疽(dry gangrene)、湿性坏疽(moist gangrene,又称腐败性坏疽)和气性坏疽(gas gangrene)3 种类型。干性坏疽见于皮肤,坏死的皮肤干燥、变硬,坏死的皮肤由于受空气和血红蛋白崩解后形成硫化铁的影响而呈褐色或黑色。干性坏疽常发生于冻伤及某些传染病(猪丹毒、猪钩端螺旋体病等)。湿性坏疽(腐败性坏疽)是指坏死物在腐败菌作用下发生液化,常见于与外界相通的内脏或皮肤,坏死组织含水多,适合腐败菌生长,从而使组织进一步液化,湿性坏疽的组织柔软、崩解,呈污灰色、绿色或黑色糊粥样,局部有恶臭气味。气性坏疽为湿性坏疽的一种特殊类型,即在不同部位皮肤的肌肉中形成黑褐色肿胀,其周围组织中可见气泡。

一、目的要求

掌握不同类型坏死的形态学变化。

二、实验内容

(一)肉眼标本

1. 马霉玉米中毒脑白质液化坏死(固定标本)(图 4-1-1)

大脑半球白质部呈不整齐的凹陷,表面附以豆腐渣样物质,切开时可见乳糜样液体流出。

2. 鸡巴氏杆菌病肝小点坏死(固定标本)(图 4-1-2)

肝稍肿大,被膜下散在针尖大灰黄色小点。

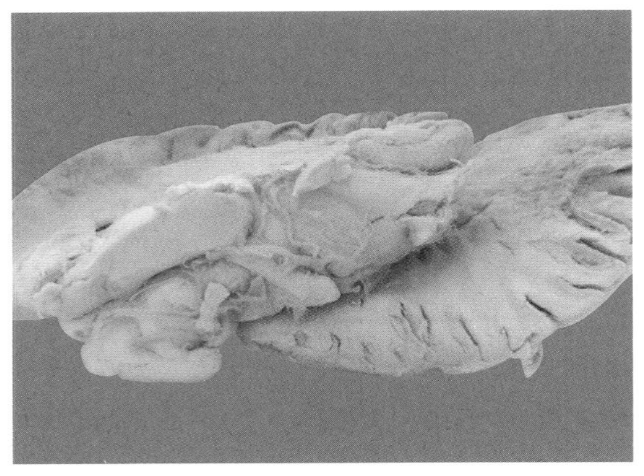

图 4-1-1 马霉玉米中毒脑白质液化坏死（固定标本）

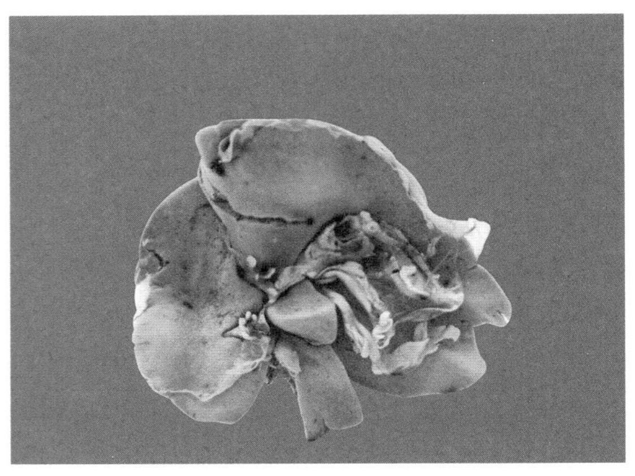

图 4-1-2 鸡巴氏杆菌病肝小点坏死（固定标本）

3.乳牛肺结核干酪样坏死（固定标本）（图 4-1-3）

肺整个小叶或部分小叶分布灰黄色坏死灶，质脆易碎，呈豆腐渣状，其中散在灰白色钙化小点。

4.犊牛肺结核干酪样坏死（图 4-1-4）

标本取自患全身性结核而死亡的犊牛。右肺整个副叶质硬如石，切面全部肺小叶完全发生干酪样坏死，肺小叶间质增宽明显。

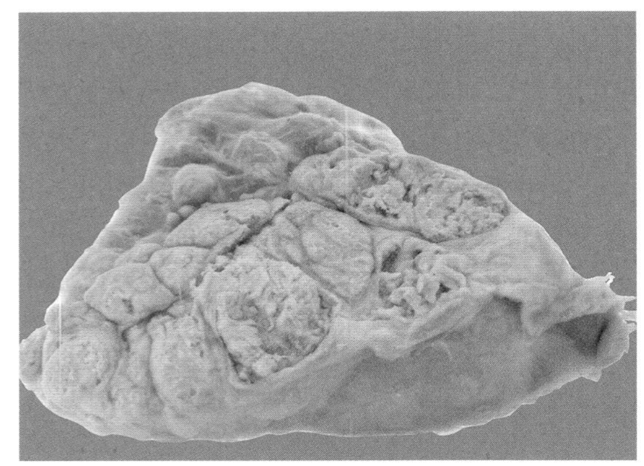

图 4-1-3 乳牛肺结核干酪样坏死（固定标本）

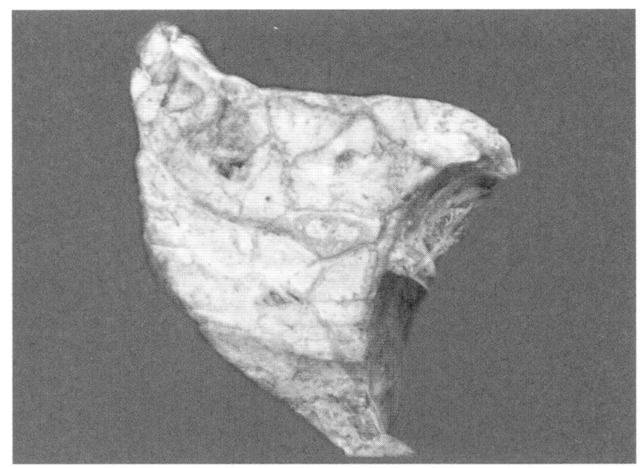

图 4-1-4 犊牛肺结核干酪样坏死

5.心肌蜡样坏死（图 4-1-5）

标本取自患恶性口蹄疫而死亡的羔羊。心脏表面黄白色无光泽斑状蜡样坏死。

6.液化性坏死（肝脏）（图 4-1-6）

标本取自患坏死杆菌病而死亡的犊牛。肝脏切面数个脓肿内有大量淡黄绿色液化性坏死物——脓液。

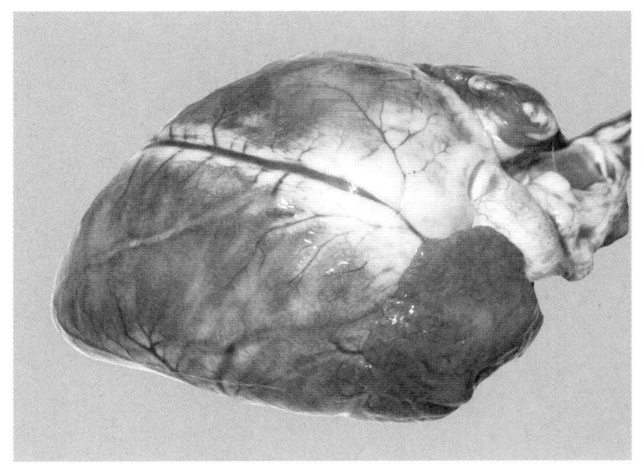
图 4-1-5 心肌蜡样坏死

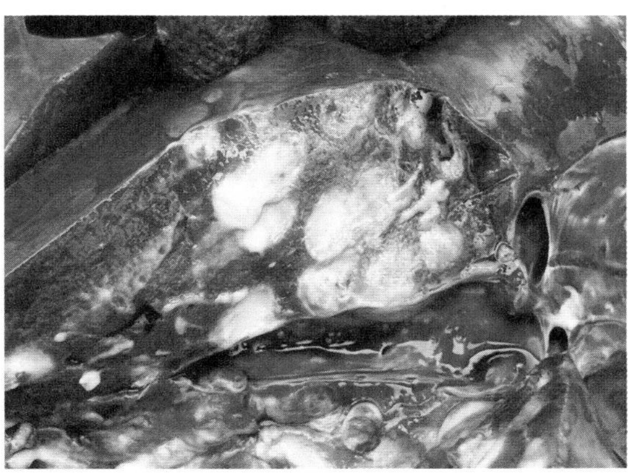
图 4-1-6 液化性坏死(肝脏)

7. 鸡舌尖部干性坏疽(固定标本)(图 4-1-7)

整个舌尖肿大,污灰色,干燥无光泽,与舌根部有明显的界线,即将分离脱落。

图 4-1-7 鸡舌尖部干性坏疽(固定标本)

(二)组织切片

1. 马病毒性流产胎儿肝点状坏死(图 4-2-1、图 4-2-2)

重点观察坏死灶的大小,坏死的肝细胞核、胞质及细胞间的变化。

坏死灶很小,在小叶中的分布部位不定,低倍镜下仔细观察切片,可见粉红色的肝细胞集团即为坏死灶,请描述坏死组织的特点。在坏死灶的边缘肝细胞核内偶尔可见紫红色的包涵体。

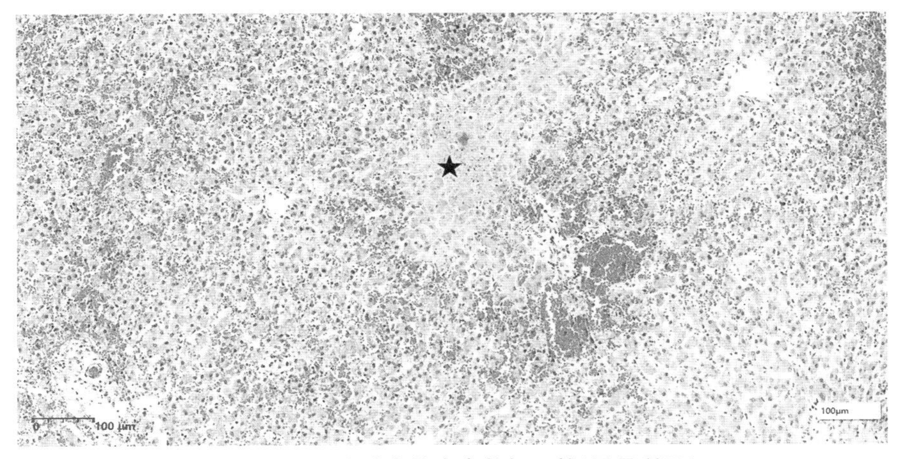

图 4-2-1 肝小叶内散在点状坏死灶(星号所示)

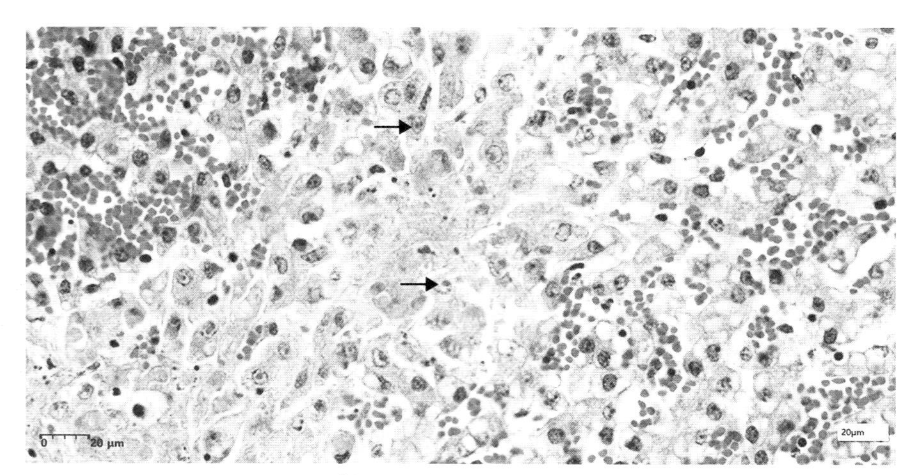

图 4-2-2　肝脏坏死灶内可见蓝染碎裂的肝细胞核，边缘可见紫红色的包涵体(箭头所示)

2. 牛肺结核——干酪样坏死(图 4-2-3 至图 4-2-5)

坏死灶中央可见：原组织结构被破坏，细胞轮廓不清或全呈红染无结构的物质，细胞破碎、消失。

坏死灶周围可见：

①多核巨细胞(朗汉斯巨细胞)。细胞体积大，胞质丰富，多个核排列呈马蹄形或花环状；

②上皮样细胞。由血液中单核细胞演变而来，细胞体呈多角形或扁平形，核椭圆，胞质丰富，染色淡，形态与上皮细胞相似，吞噬能力较弱。

结核病灶以外的肺组织结构尚清楚。

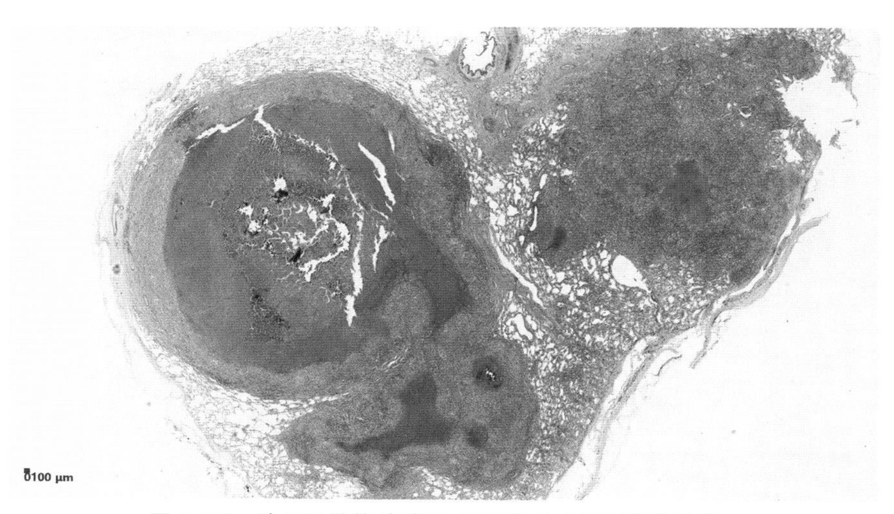

图 4-2-3　肺组织结构被破坏，坏死灶中心不见肺泡结构，仅见红染无结构的物质，细胞破碎、消失。坏死灶中心可见蓝染的团块状或条索状物质，是钙盐沉着

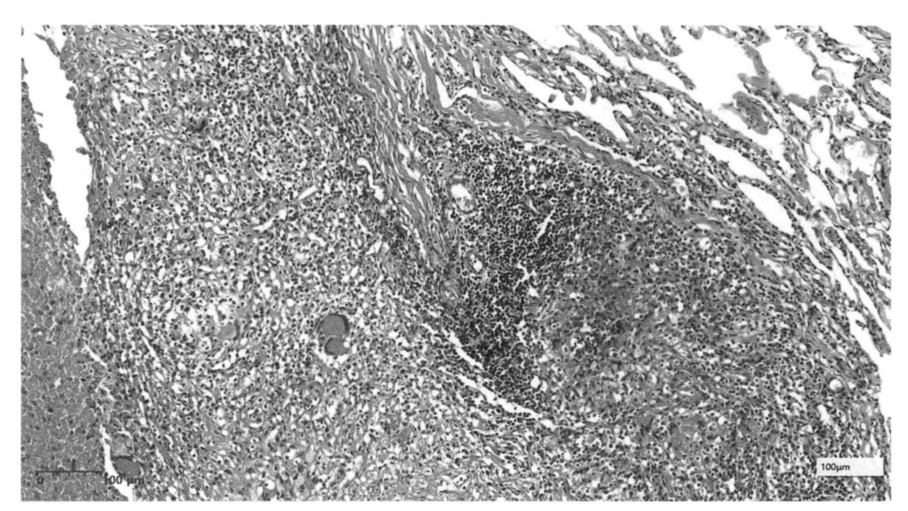

图 4-2-4　坏死灶周围可见炎性细胞浸润，主要是朗汉斯巨细胞、上皮样细胞以及淋巴细胞

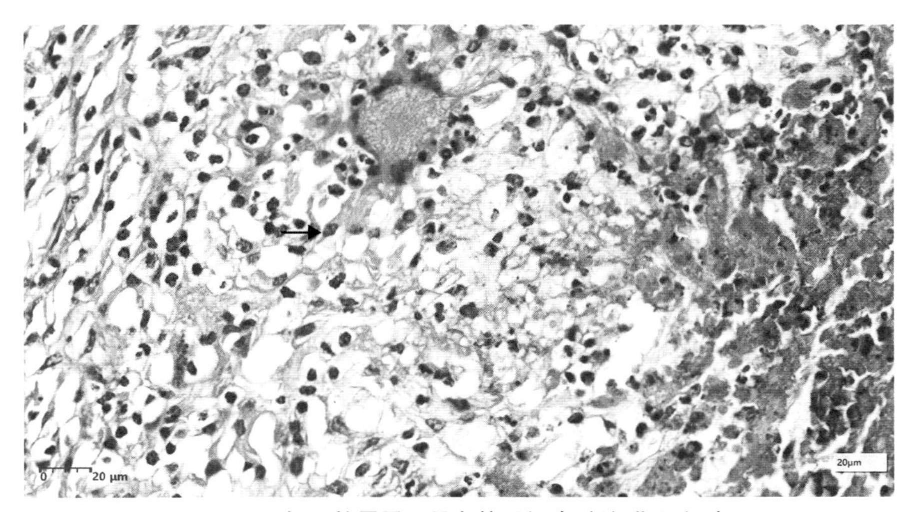

图 4-2-5　坏死灶周围可见多核巨细胞(朗汉斯巨细胞)和上皮样细胞(箭头所示)

3. 猪副伤寒肝小点状坏死(图 4-2-6、图 4-2-7)

观察要点：

①坏死灶散在分布、大小不等。

②坏死的肝索细胞发生溶解呈网状结构，出血灶。

③除坏死灶以外，还可见变性的肝索细胞相互分离，单个存在，细胞核和细胞质染色加深。

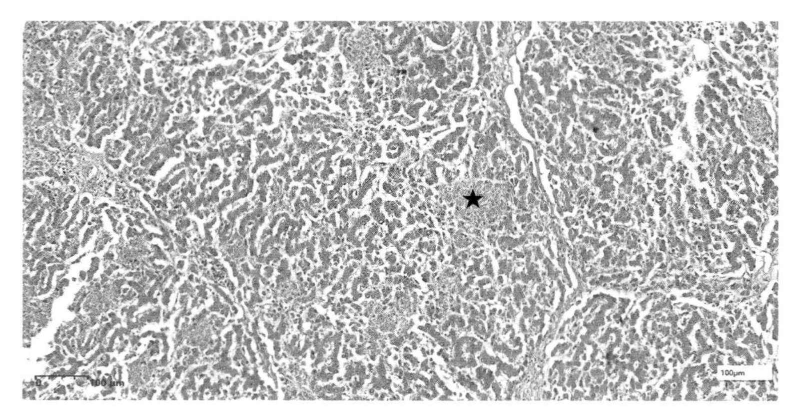

图 4-2-6　肝小点状坏死，出血（星号所示）

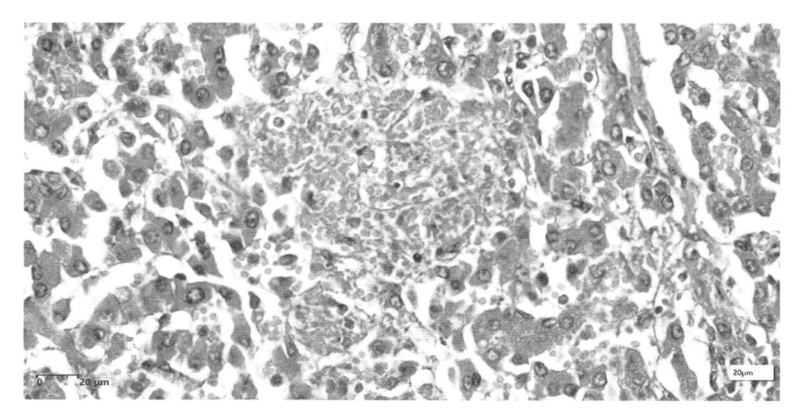

图 4-2-7　肝细胞发生溶解呈网状结构

4. 胸肌蜡样坏死（图 4-2-8、图 4-2-9）

肌纤维肿胀，断裂，横纹消失，呈红染无结构的玻璃状物，核固缩或消失。部分坏死的肌纤维疏松呈波纹状，界限不清。

断裂的肌纤维之间有大量的炎性细胞浸润。

肌纤维间质增宽、水肿、炎性细胞浸润。

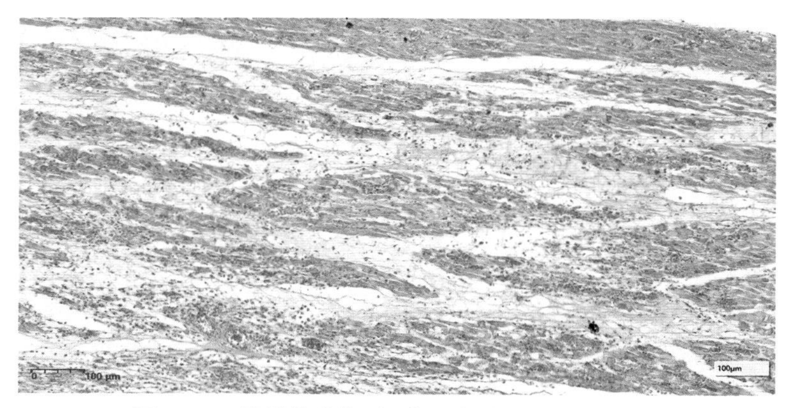

图 4-2-8　肌纤维肿胀、断裂，肌纤维间质增宽、水肿

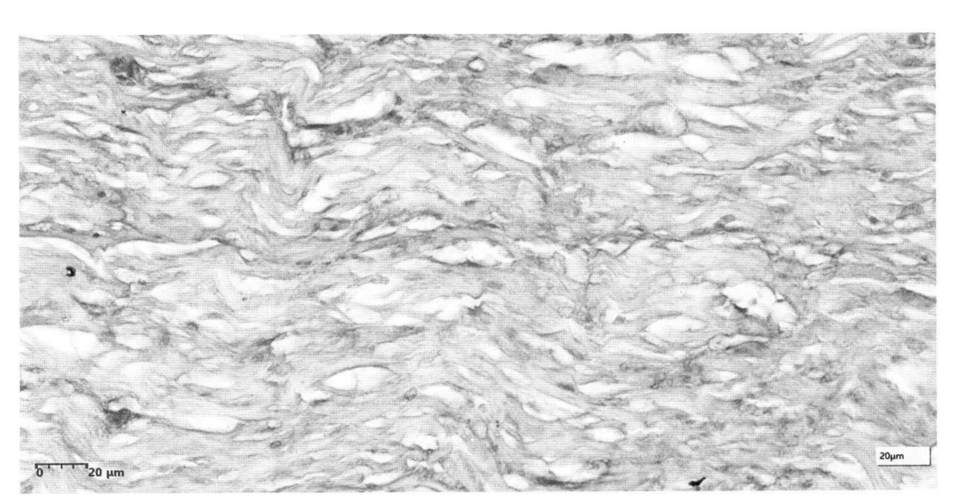

图 4-2-9　坏死的肌纤维呈红染无结构的玻璃状物，核固缩或消失

5. 小脑液化坏死（图 4-2-10 至图 4-2-12）

小脑由灰质和白质构成。灰质在外周，构成小脑皮质。其构造可分为分子层、浦肯野细胞层和颗粒层。白质的分支伸进灰质，形成脑树。

液化坏死主要发生在节细胞层——浦肯野细胞层。请仔细观察整个浦肯野细胞层。发生液化坏死处浦肯野细胞核消失或仅存核影，胞质红染无结构，周围脑组织疏松呈网状或呈海绵状。没有发生液化的部分浦肯野细胞层及周围脑组织结构较完整。

小脑分子层和白质也可见局灶性液化，组织疏松呈网状。

小血管和毛细血管扩张充血，部分毛细血管内可见均质红染的透明血栓。

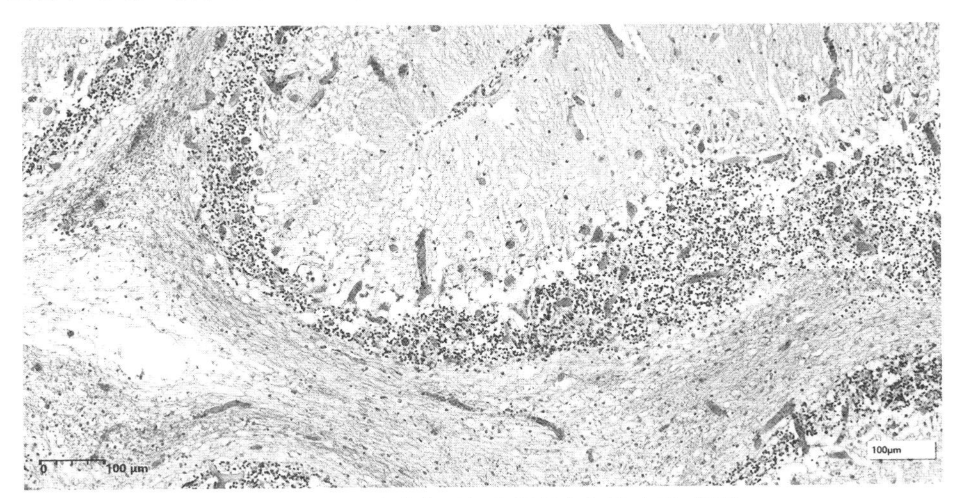

图 4-2-10　小脑浦肯野细胞层部分细胞变性、坏死

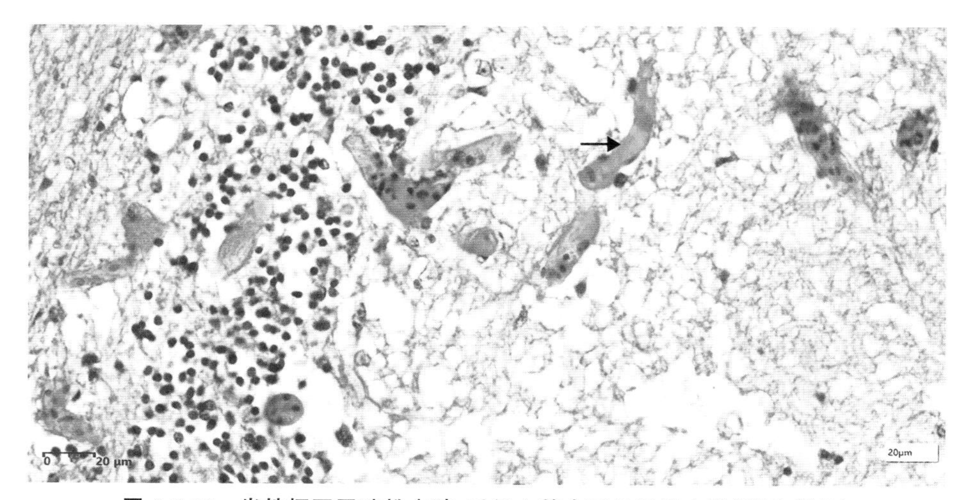

图 4-2-11　炎性坏死区疏松水肿，毛细血管内可见透明血栓（箭头所示）

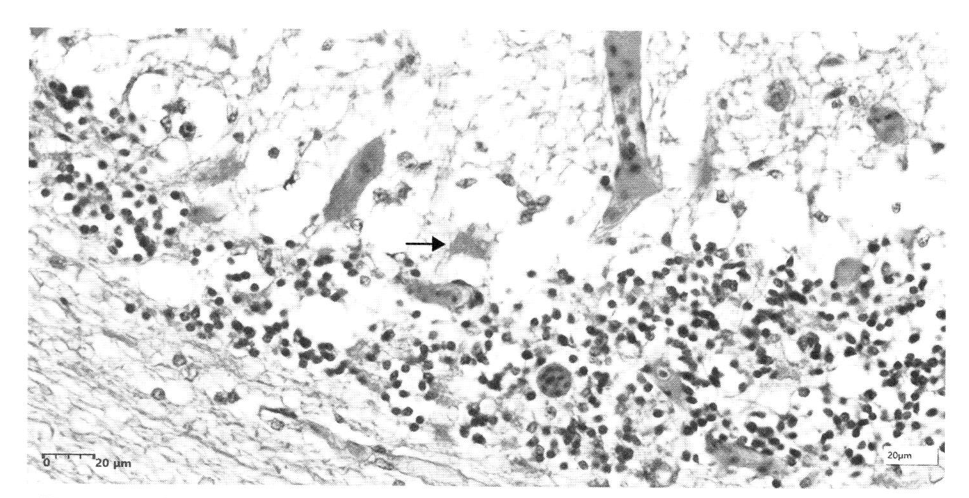

图 4-2-12　发生液化坏死处浦肯野细胞核消失或仅存核影，胞质红染无结构（箭头所示）

三、绘图作业

1. 牛肺结核-干酪样坏死。
2. 小脑液化坏死。

实验五

细胞对伤害的应答

——病理性物质沉着

【学习提要】

病理性物质沉着是指某些病理性物质在器官、组织或细胞内的异常沉积。病理性物质沉着往往发生在细胞溶酶体超负荷的情况下，其发生机理较为复杂，有些目前还不十分清楚。本章主要叙述病理性钙化、结石、痛风和病理性色素沉着的形成。

病理性钙化(pathologic calcification)是指在病理情况下，钙盐析出呈固体状态，沉积于除骨和牙齿外的其他组织内。病理性钙化可分为营养不良性钙化(dystrophic calcification)和转移性钙化(metastatic calcification)2 种类型。前者主要发生在局部组织变性坏死的基础上，局部组织的理化环境改变促使血液中钙、磷离子结合成磷酸钙发生析出和沉积；后者发生在高血钙的基础上，当血液中钙离子浓度升高时，钙盐可沉着在多处健康的器官与组织中。2 种钙化大体及病理变化基本相同，表现程度与钙盐沉着量的多少有关。钙盐沉着很少时肉眼很难辨认，量多时眼观钙化组织呈白色石灰样的坚硬颗粒或团块。在 HE 染色的切片中，钙盐呈蓝色颗粒状，严重时，呈不规则的粗颗粒状或块状。钙化的结局和对机体的影响视具体情况而定，少量的钙化物，有时可被溶解吸收，若钙化灶较大或钙化物较稳定时，则难以完全溶解、吸收，会使组织器官的机能降低。

结石(concretion，calculus)是在管腔状器官或排泄管、分泌管内，体液中的有机成分或无机盐类由溶解状态变成固体物质。结石的种类比较多，而且各种结石成分也不一样，因而它们的发生原因、机理也不尽相同，但一般来说结石形成都与局部炎症有关。

痛风(gout)即尿酸盐沉着，是由体内嘌呤代谢障碍，血液中尿酸浓度升高，并以尿酸盐(钠)结晶沉着在体内一些器官组织而引起的疾病。一般认为痛风与饲料中核蛋白含量过多、饲养管理、药物中毒以及病原体感染有密切关系。痛风可分为内脏型与关节型，眼观组织肿胀，白色石灰样物质沉积，在 HE 染色的组织切片上，可见均质、粉红色、大小不等的痛风结节。

病理性色素沉着(pathologic pigmentation)是指组织中的色素增多或原来不含色素的组织中有色素异常沉着。含铁血黄素(hemosiderin)是一种血红蛋白源性色素，为金黄色或黄棕色且具有折光性的颗粒。凡有含铁血黄素沉着的器官或组织，都呈不同程度的黄棕色或金黄色，还常出现结节和硬化等病变。HE 染色可见病变组织及细胞内有黄棕色或金黄色色素颗粒沉着，若用特殊染色法，如亚铁氰化钾法（普鲁士蓝反应），可见吞噬含铁血黄素的巨噬细胞质内有蓝色颗粒，而细胞核呈红色。胆红素（bilirubin）主要是红细胞破坏后的代谢产物，如果胆红素代谢障碍导致血液中胆红素含量过高，可使全身的各组织器官呈黄色，如可视黏膜、皮肤等，这种病理状态称为黄疸（icterus，jaundice）。黄疸可分为 3 种类型：溶血性黄疸（hemolytic jaundice）、肝性黄疸（hepaotoxic jaundice）、阻塞性黄疸（obstructive jaundice）。引起黄疸的胆红素在显微镜下是观察不到的，但在胆管狭窄或闭塞时，胆汁排泄障碍，肝内毛细胆管扩张，胆汁淤积，可观察到黄褐色的胆汁块或胆汁栓（bile plug）。

一、目的要求

了解病理性物质沉着的种类，重点掌握钙盐、含铁血黄素、胆红素的沉着。

二、实验内容

（一）肉眼标本

1. 猪肾黑色素沉着（固定标本）（图 5-1-1）

肾脏髓质可见大量黑色素沉着。

2. 牛肺黑色素沉着（固定标本）（图 5-1-2）

牛肺黑色素沉着是家畜较常见的外源性色素沉着，眼观肺膈叶肺胸膜大量黑色素沉着。

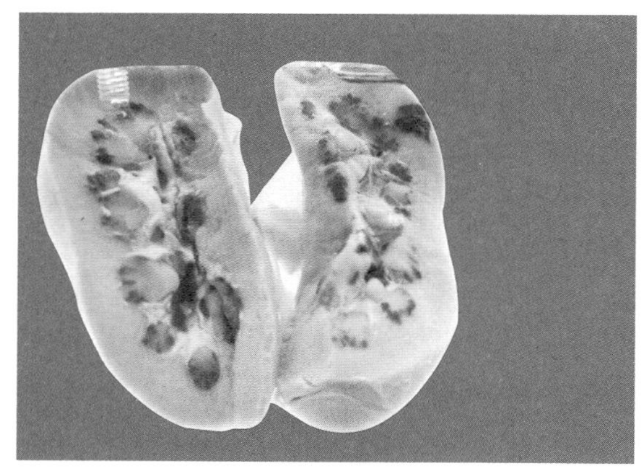

图 5-1-1　猪肾黑色素沉着（固定标本）

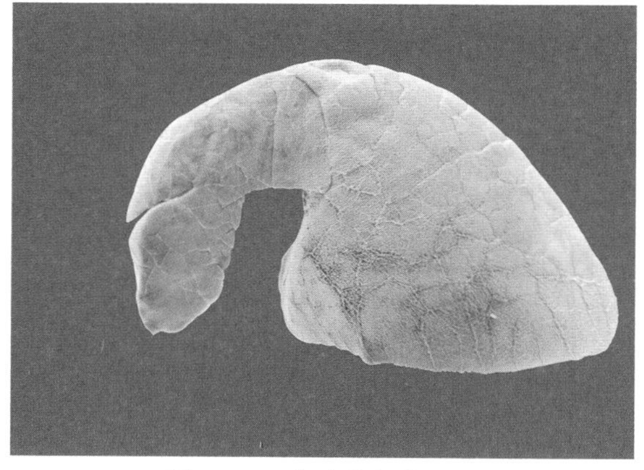

图 5-1-2　牛肺黑色素沉着（固定标本）

3. 钙化（淋巴结干酪样坏死灶）（图 5-1-3）

标本取自患全身性结核死亡的犊牛。淋巴结异常肿大，切面大面积干酪样坏死，坏死灶内可见白色不规则的钙盐沉积。

4. 黄疸（图 5-1-4）

标本取自黄曲霉毒素中毒死亡的仔猪。口腔软腭和硬腭黏膜黄染。

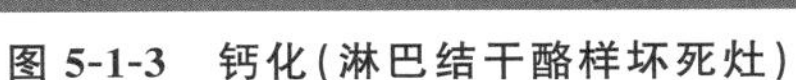

图 5-1-3　钙化(淋巴结干酪样坏死灶)

图 5-1-4　黄疸

5. 心脏尿酸盐沉着(图 5-1-5)

标本取自患痛风死亡的秃鹫。心外膜上沉积大量灰白色尿酸盐结晶。

6. 肾脏尿酸盐沉着(图 5-1-6)

标本取自患痛风死亡的秃鹫。肾脏肿大，表面弥散分布针尖大小的白色尿酸盐结晶(痛风结节或痛风石头)。

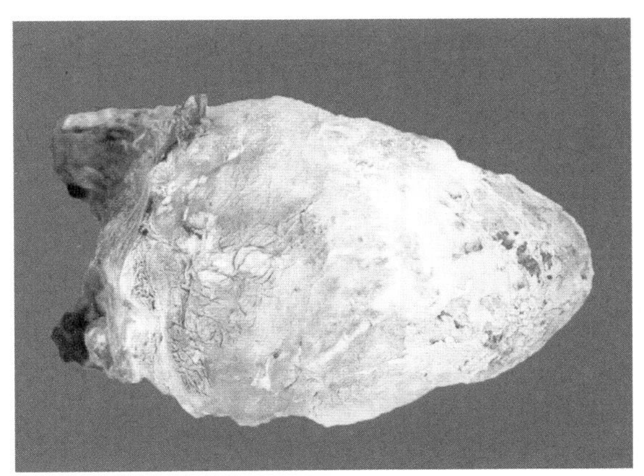

图 5-1-5　心脏尿酸盐沉着

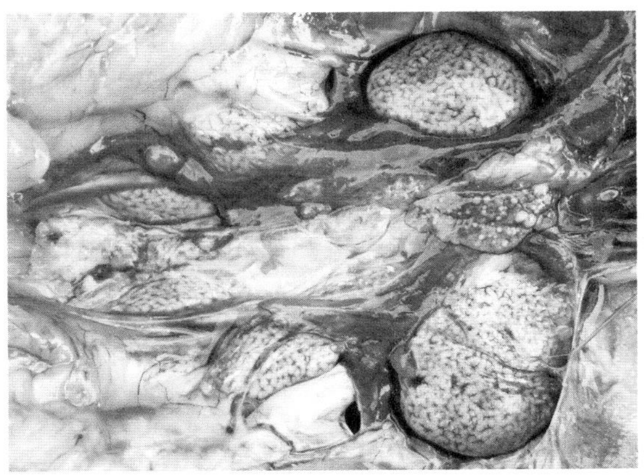

图 5-1-6　肾脏尿酸盐沉着

(二)组织切片

1. 马肝黄疸(图 5-2-1 至图 5-2-3)

小叶间胆管扩张，管腔中积黄色胆汁。

肝小叶内，肝索细胞之间的毛细胆管扩张，积有胆汁(呈棕黄色条块)，狄氏隙扩张，有的可见胆汁色素团块。窦状隙中偶见胆汁色素。

肝索细胞核多呈渐进性坏死状态，染色质边集或溶解，细胞轮廓不清楚。

肝组织中散在炎性细胞浸润灶。

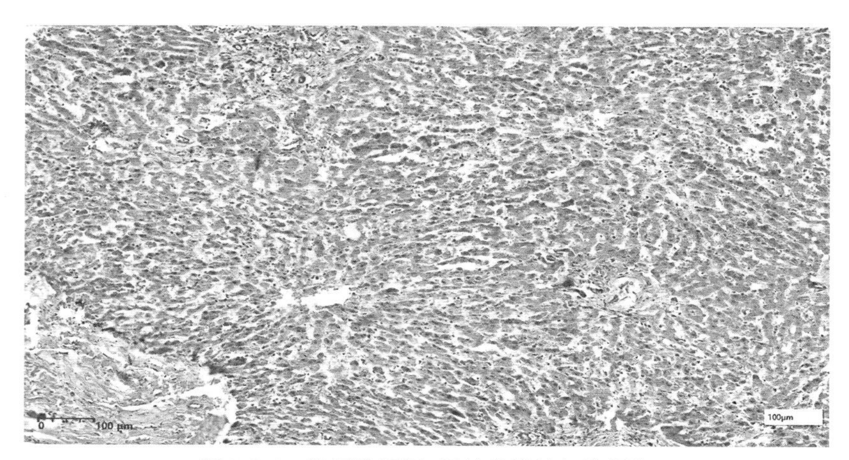

图 5-2-1　肝细胞坏死，局灶性炎性细胞浸润

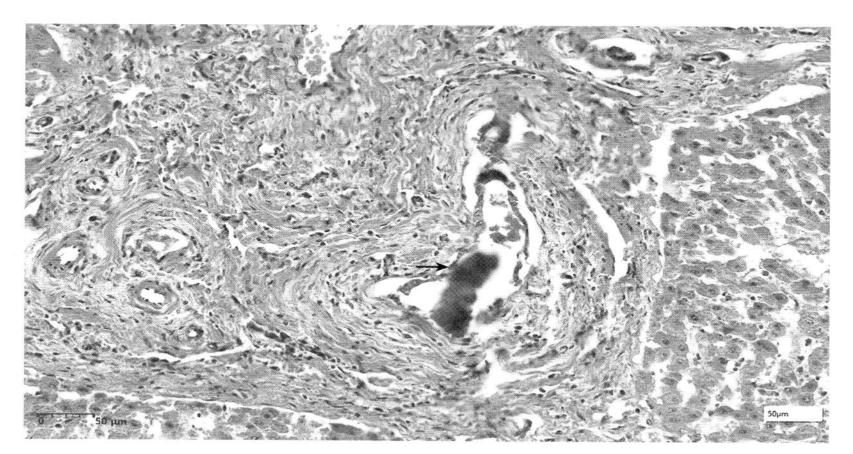

图 5-2-2　胆管扩张，管腔中胆汁淤积（箭头所示）

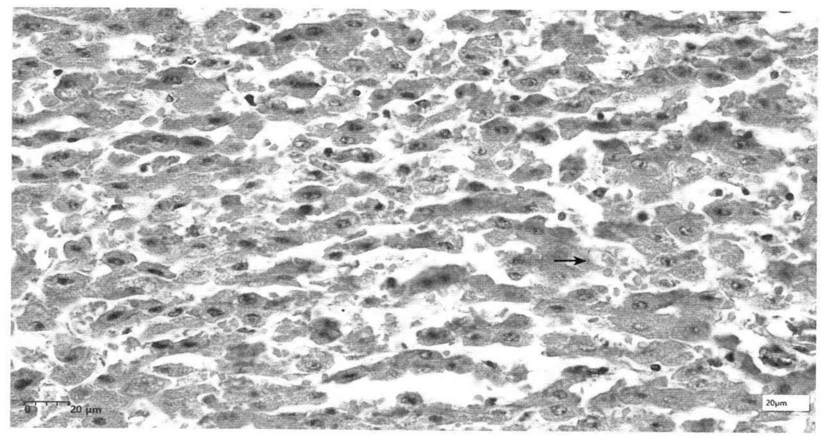

图 5-2-3　毛细胆管中胆汁淤积（箭头所示）

2. 猪阻塞性黄疸肾（图 5-2-4 至图 5-2-10）

肾小球毛细血管内皮细胞增多。肾小球囊腔多数空虚。个别肾小球囊腔中见有粉染圆形蛋白滴或蛋白液。

(1)肾小管上皮呈现以下变化：

①细胞肿大，胞质疏松呈颗粒状、核淡染、管腔不明显。

②透明滴状变。胞质为粉红染、均质、大小不等的透明滴充盈，细胞轮廓不清，核尚存。

③坏死。细胞分离，胞质红染固缩、核浓缩或溶解。

④再生。部分肾小管上皮细胞多数坏死，残存者再生。再生的细胞核大而圆，染色鲜艳，结构清晰，再生的细胞多聚积成团。

(2)肾小管管腔中可见：

①粉染圆形蛋白滴。

②红染均质的蛋白管型。

③胆汁色素或胆色素与蛋白混合管型。

④细胞管型。多为细胞碎屑。

⑤有的肾小管上皮细胞变扁平，管腔内出现红细胞。

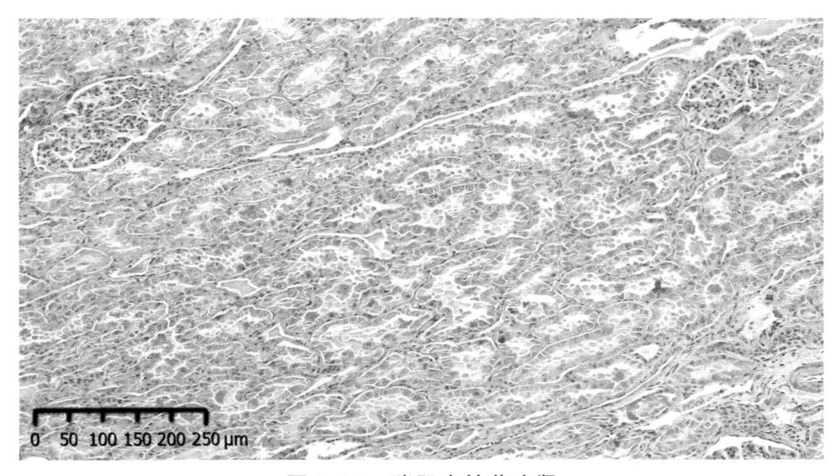

图 5-2-4　猪阻塞性黄疸肾

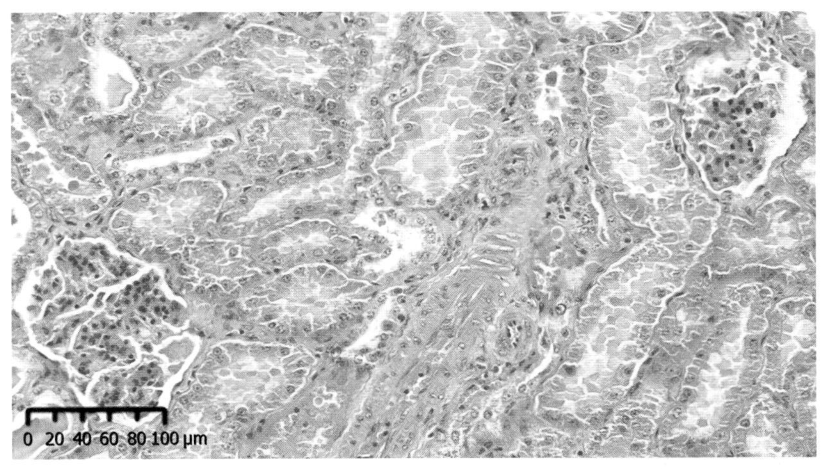

图 5-2-5　肾小球囊腔中可见粉染圆形蛋白滴或蛋白液

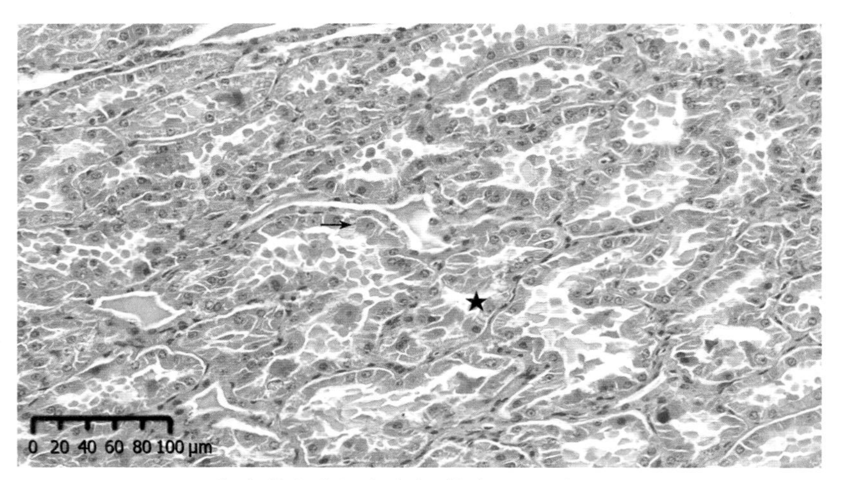

图 5-2-6　肾小管上皮细胞肿大(箭头所示),坏死(星号所示)

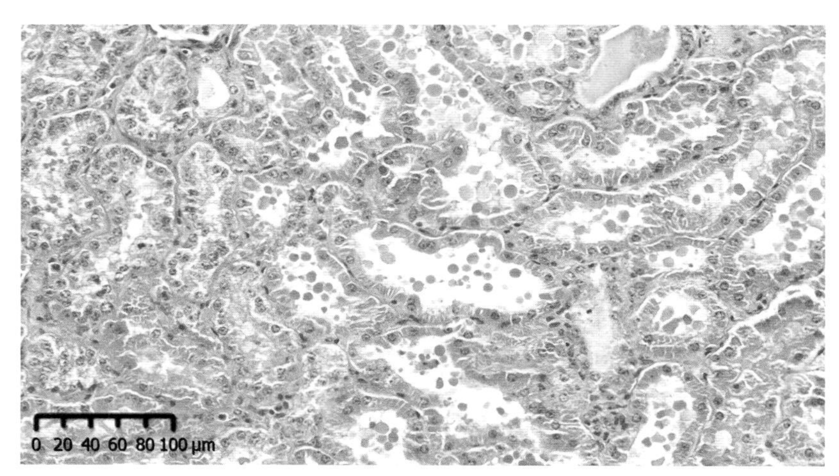

图 5-2-7　肾小管管腔中可见粉染圆形的蛋白滴

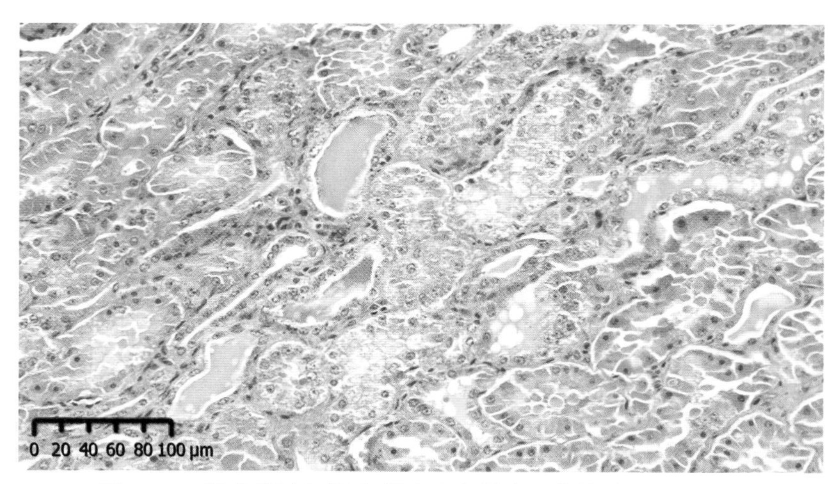

图 5-2-8　肾小管蛋白管型、胆色素与蛋白混合管型及细胞管型

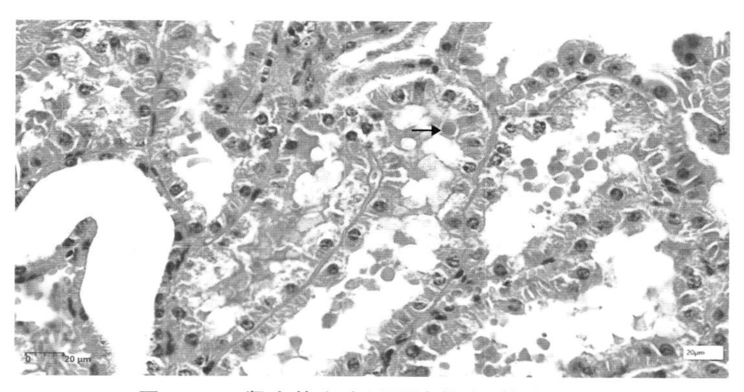

图 5-2-9　肾小管上皮透明滴状变(箭头所示)

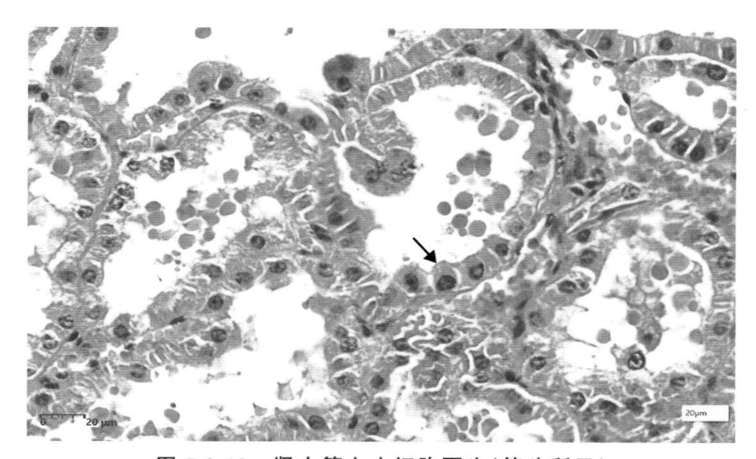

图 5-2-10　肾小管上皮细胞再生(箭头所示)

3.马肝含铁血黄素沉着(图 5-2-11 至图 5-2-14)

观察要点：

①各小叶中央区、中界区大量黄褐色色素团块沉着。

②中央区肝索细胞萎缩、脂肪变性、坏死。

③窦状隙扩张、淤血、淋巴细胞、单核细胞和中性粒细胞增多,红细胞粘集。

④汇管区淋巴细胞浸润。

图 5-2-11　马肝含铁血黄素沉着

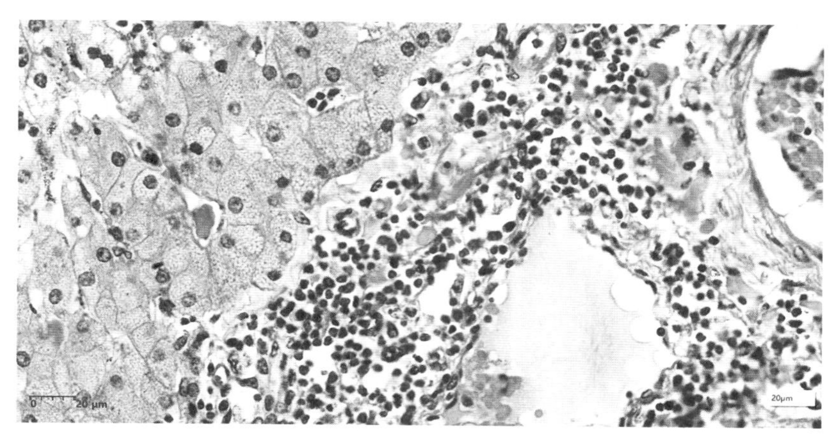

图 5-2-12　汇管区淋巴细胞浸润

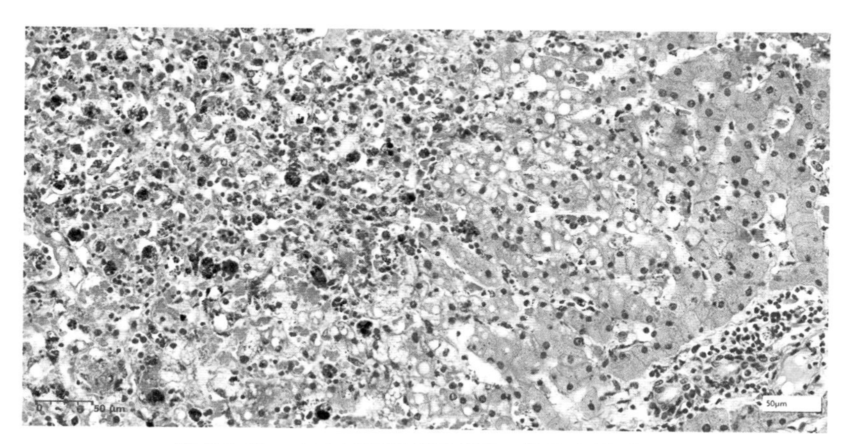

图 5-2-13　中央区肝索细胞萎缩、脂肪变性、坏死

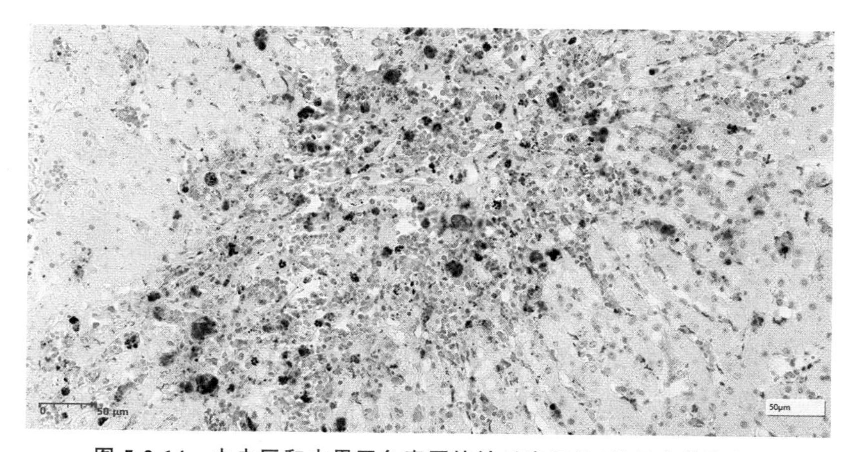

图 5-2-14　中央区和中界区色素团块铁反应阳性(普鲁士蓝染色)

4. 牛脾含铁血黄素沉着(图 5-2-15 至图 5-2-17)(HE 染色、普鲁士蓝染色)

红髓沉着大量黑色的颗粒团块,普鲁士蓝反应阳性。白髓萎缩、淋巴细胞减少和淋巴组织缩小。

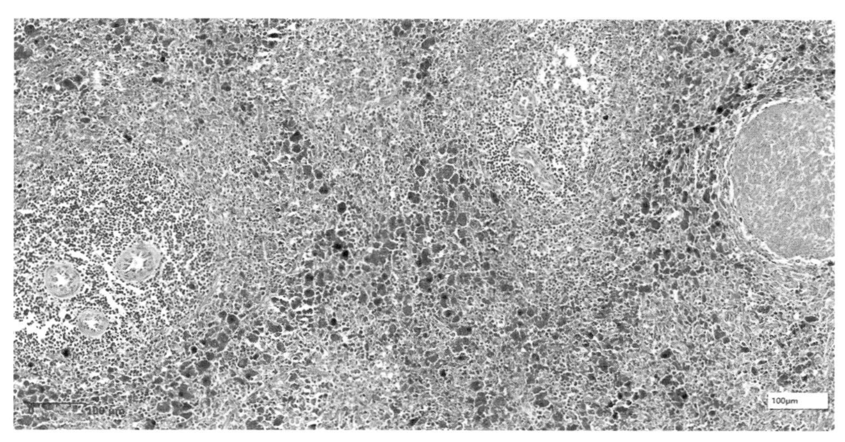

图 5-2-15　牛脾含铁血黄素沉着，白髓萎缩

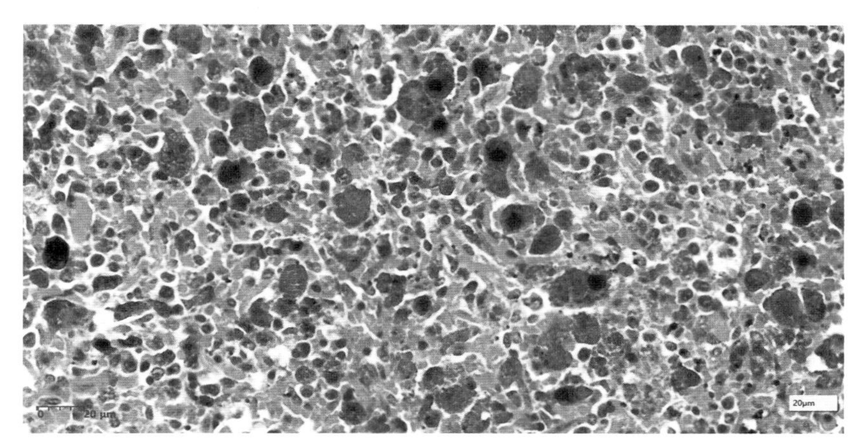

图 5-2-16　红髓沉着大量黑色的颗粒团块

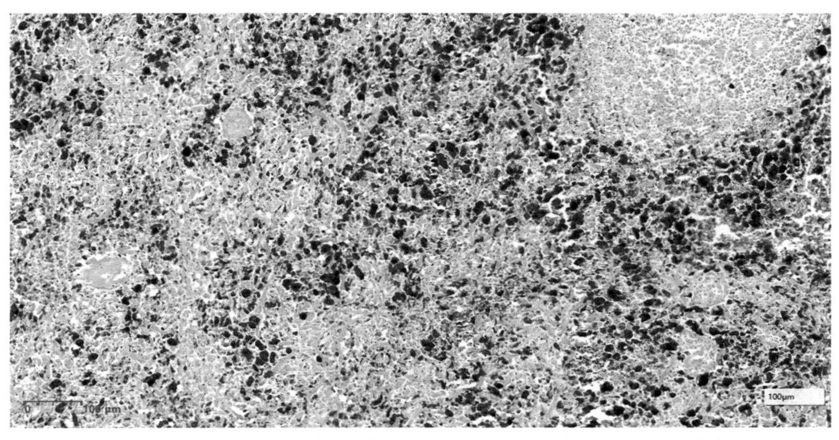

图 5-2-17　沉积的颗粒团块普鲁士蓝反应阳性(普鲁士蓝染色)

5. 犬胃黏膜钙化、水肿(图 5-2-18、图 5-2-19)

胃组织结构：单室胃的胃壁分为黏膜、黏膜下层、肌层和浆膜层。其中黏膜层又可分为黏膜上皮、固有层、黏膜肌层。胃腺存在于固有层内。

观察要点：胃腺颈部周围结缔组织和血管壁等处可见灰蓝色团块或颗粒。胃固有层水肿，结构疏松。

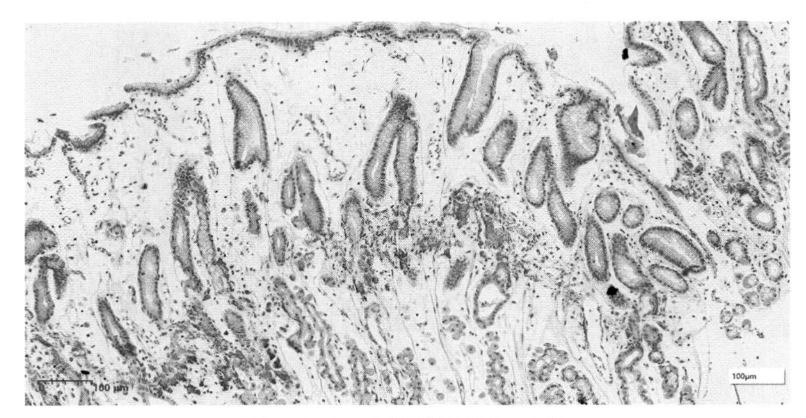

图 5-2-18 犬胃黏膜钙化、水肿

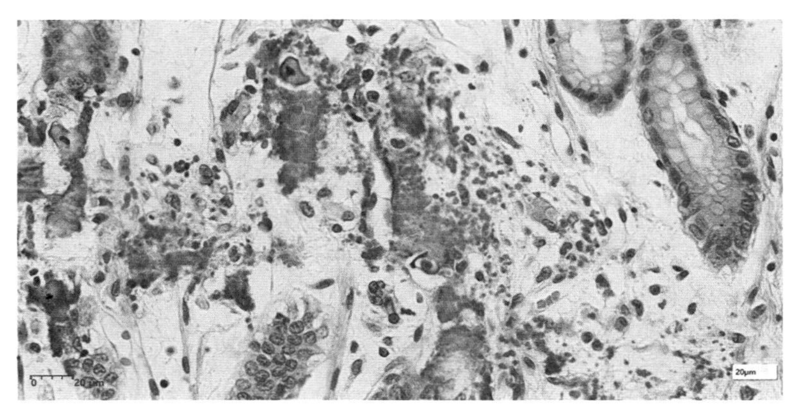

图 5-2-19 胃固有层钙盐沉积

6. 犬肺钙化、血栓机化和再通(图 5-2-20 至图 5-2-22)

观察要点：肺组织毛细血管管壁上沉积深蓝色的钙盐；细支气管和肺泡均扩张、上皮萎缩；个别肺支气管动脉血栓机化和再通。

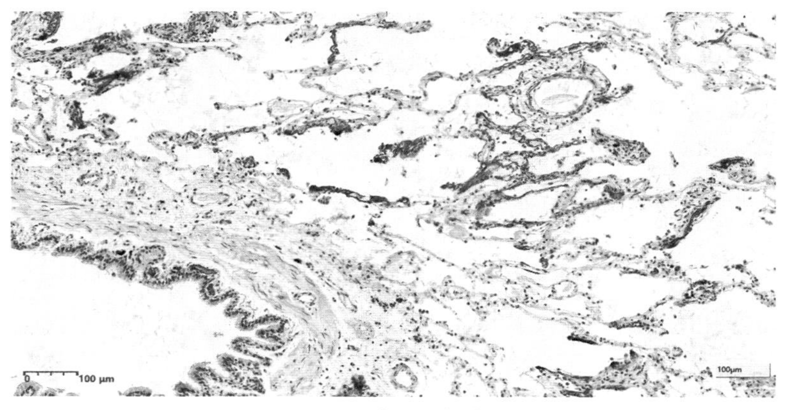

图 5-2-20 肺细支气管扩张

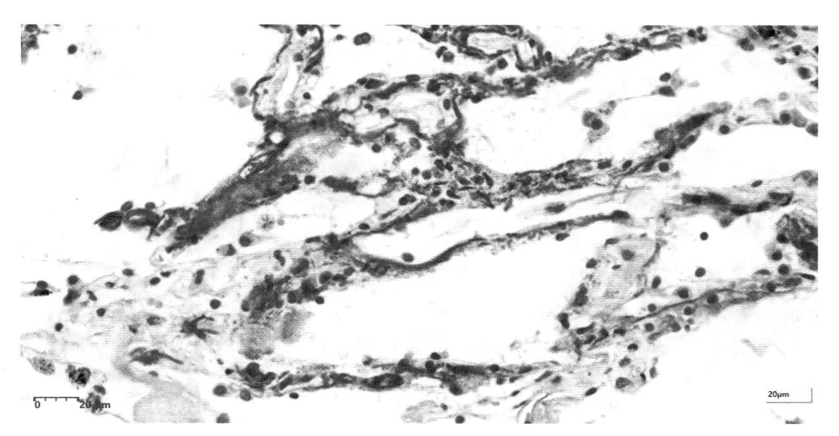

图 5-2-21　肺组织毛细血管管壁上沉积深蓝色的钙盐，肺泡扩张，上皮萎缩

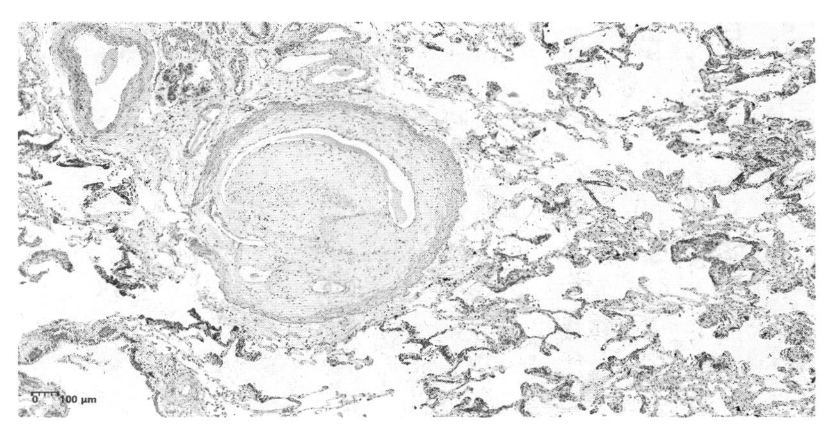

图 5-2-22　肺动脉血栓机化和再通

三、绘图作业

1. 马肝黄疸。
2. 牛脾含铁血黄素沉着。

实验六

组织修复、代偿与适应

【学习提要】

修复是指机体的细胞、组织或器官受损伤而缺损时，由周围健康组织细胞分裂增生来加以修补恢复的过程。修复主要是通过细胞的再生来完成的，参与修复的细胞可以是实质细胞，也可以是结缔组织细胞。修复的形式有多种，主要包括再生与纤维性修复（如肉芽组织）2 种形式。

再生（regeneration）是指组织损伤后由周围健康细胞分裂增生来完成修复的过程。再生可分为生理性再生和病理性再生。组织损伤的再生修复除与组织损伤的程度和组织再生能力有关外，还受全身和局部因素的影响。一般地说，低等动物比高等动物再生力强；结构、功能上分化低的，平时易受损伤的、生理过程中经常更新的组织再生能力强。损伤细胞能否完全再生除取决于该细胞的再生能力外，还依赖于局部损伤的程度和范围。

肉芽组织（granulation tissue）是组织损伤后在修复过程中形成的富含新生毛细血管、增生的成纤维细胞和炎性细胞以及少量的胶原纤维的幼稚结缔组织。眼观创面常呈鲜红色、颗粒状、柔软湿润，形似鲜嫩的肉芽。显微镜下可见大量由内皮细胞增生形成的实心细胞索及扩张的毛细血管，向创面垂直生长，并以小动脉为轴心，在周围形成袢状弯曲的毛细血管网。在毛细血管周围有许多新生的幼稚的成纤维细胞，此外常有大量渗出液及炎性细胞。炎性细胞中常以巨噬细胞为主，也有数量不等的中性粒细胞及淋巴细胞。

代偿（compensation）是指在致病因素作用下，体内出现代谢、功能障碍或组织结构破坏时，机体通过相应器官的代谢改变，功能加强或形态结构变化来补偿的过程，是机体极为重要的适应性反应。代偿通常有 3 种形式：代谢性代偿、机能性代偿和结构性代偿。适应（adaption）是指机体对体内、外环境变化所产生的各种积极有效的反应。常见的适应有增生、肥大、萎缩、化生等。增生（hyperplasia）是指因为实质细胞数量增多而造成器官、组织内细胞数目增多的现象，它是各种原因引起细胞有丝分裂增强的结果，通常为可复性的，当原因消除后又可复原。肥大（hypertrophy）是指细胞、组织或器官体积增大。肥大的组织器官体积增大，外形也相应改变，质地变实，颜色加深。镜下，肥大的细胞体积增大，细胞质增多，细胞核变大，细胞质中的细胞器也比正常大。化生（metaplasia）是指一种发育成熟的组织转变为另一种相似性质的分化组织的过程。化生并非由已分化的细胞直接转化为另一种细胞，而是由该处具有多方向分化功能的未分化细胞分化而成。当引起化生的原因消除之后，化生的上皮组织可以恢复原来的上皮组织。但是，由于化生组织处于不稳定的状态，有的化生组织可以发展为肿瘤。

一、目的要求

1. 重点掌握肉芽组织的组织学结构特点。
2. 了解并掌握细胞、组织生长的适应与修复过程中的形态学变化。

二、实验内容

(一)肉眼标本

1. 犬肾萎缩(固定标本)(图 6-1-1)

肾盂结石,压迫肾实质并引起萎缩。

2. 羊肾肥大(固定标本)(图 6-1-2)

羊一侧肾萎缩,另一侧代偿性肥大。

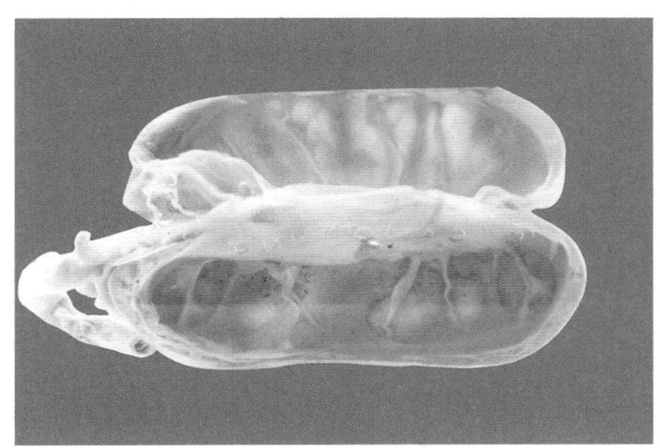

图 6-1-1　犬肾萎缩
(固定标本)

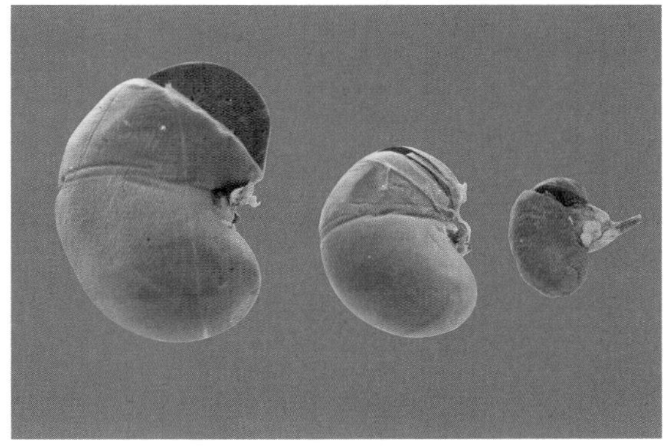

图 6-1-2　羊肾肥大
(固定标本)

3. 鸡马立克病(固定标本)(图 6-1-3)

马立克病毒感染引起神经型肿瘤,右侧腰荐神经丛肿胀,支配的一侧腿部肌肉萎缩。

4. 肝萎缩(图 6-1-4)

标本取自患球虫病死亡的成年山羊。肝脏体积明显缩小,变薄,边缘锐薄。

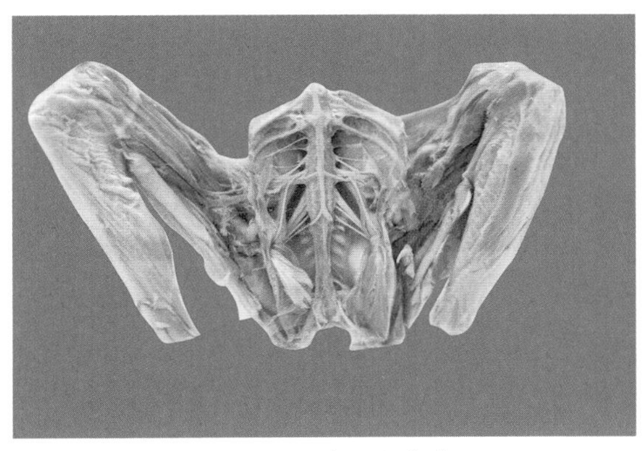

图 6-1-3　鸡马立克病
(固定标本)

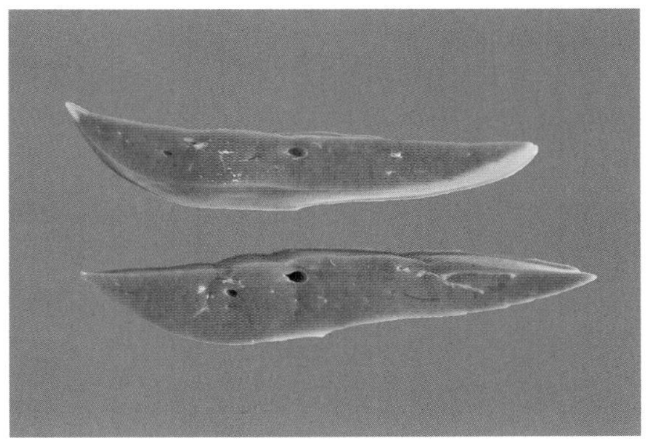

图 6-1-4　肝萎缩

5. 机化(图 6-1-5)

标本取自患链球菌病死亡的山羊。胸腔内渗出少量的纤维素被机化,使肺叶与胸壁胸膜粘连。

6. 脂肪萎缩(图 6-1-6)

标本取自患消化道寄生虫病死亡的绵羊。心脏冠状动脉周围的脂肪明显萎缩呈淡黄色胶冻状。

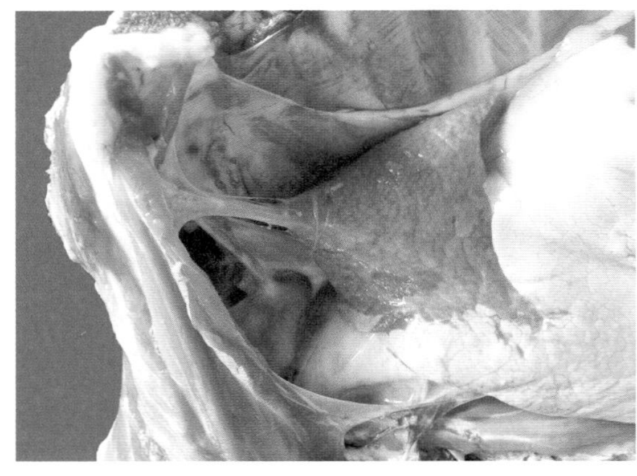

图 6-1-5 机化

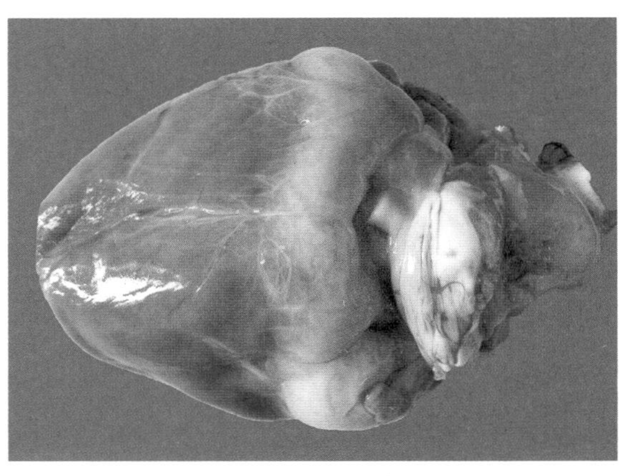

图 6-1-6 脂肪萎缩

(二)组织切片

1. 肾萎缩(图 6-2-1 至图 6-2-4)

肾皮质和髓质面积减小,间质结缔组织增生明显。肾皮质中的肾小球由于萎缩而相对集中,萎缩肾小管上皮呈梭形或扁平状、核浓染。有些纤维化的肾小球消失,残存的肾单位发生代偿性肥大,肾小球体积增大,肾小管扩张。扩张的肾小管管腔内可见各种管型。

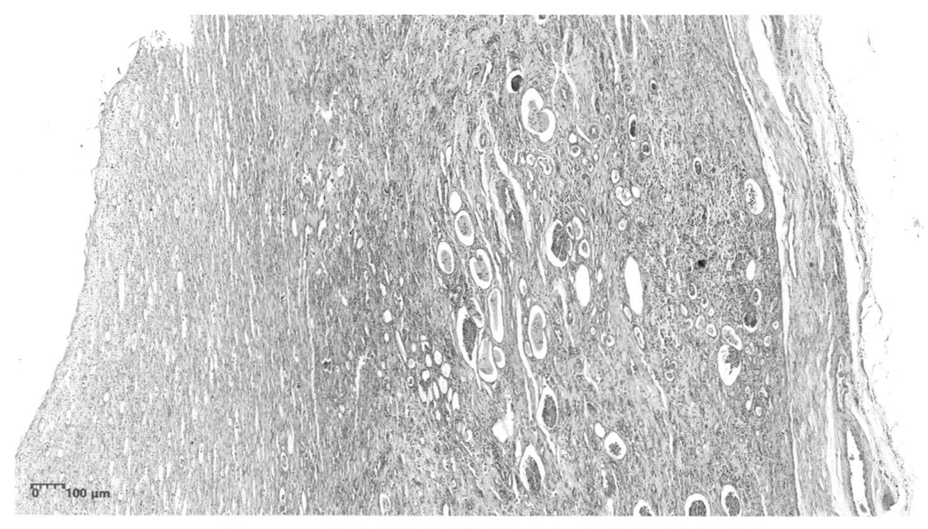

图 6-2-1 肾皮质和髓质面积减小,间质结缔组织增生

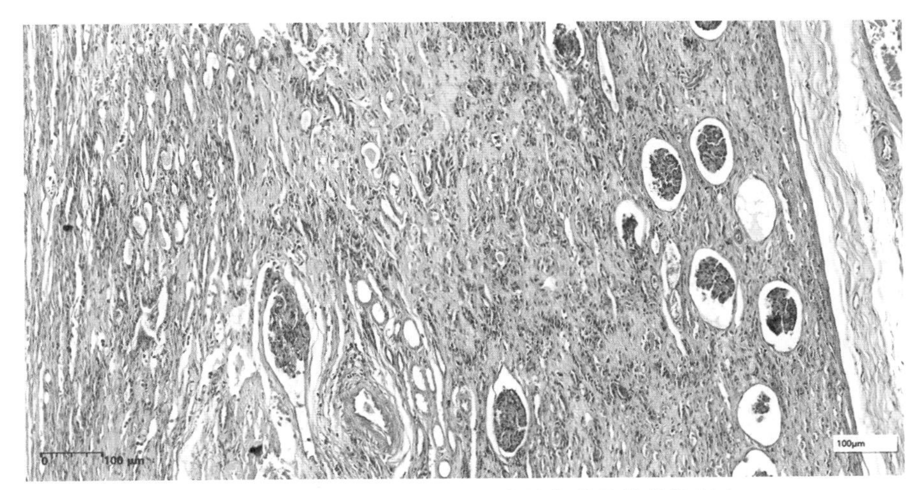

图 6-2-2　有些肾小球消失，残存的肾单位代偿性肥大

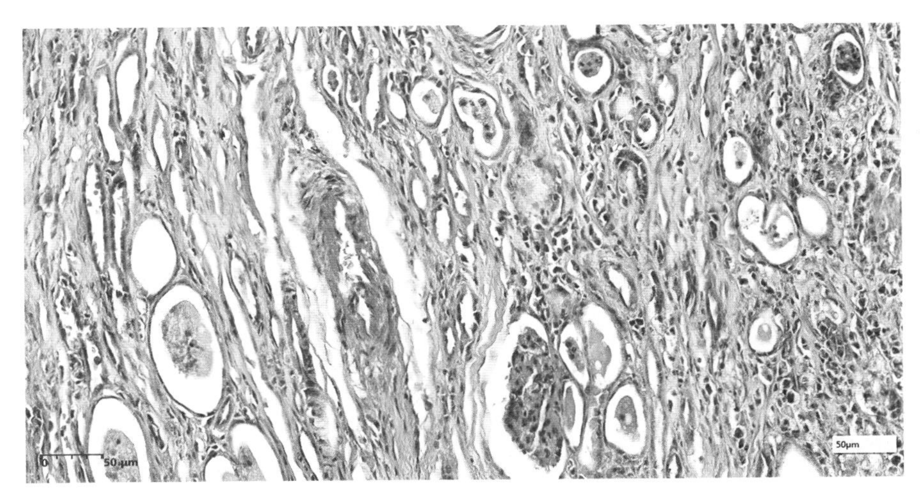

图 6-2-3　肾小管扩张，可见各种管型

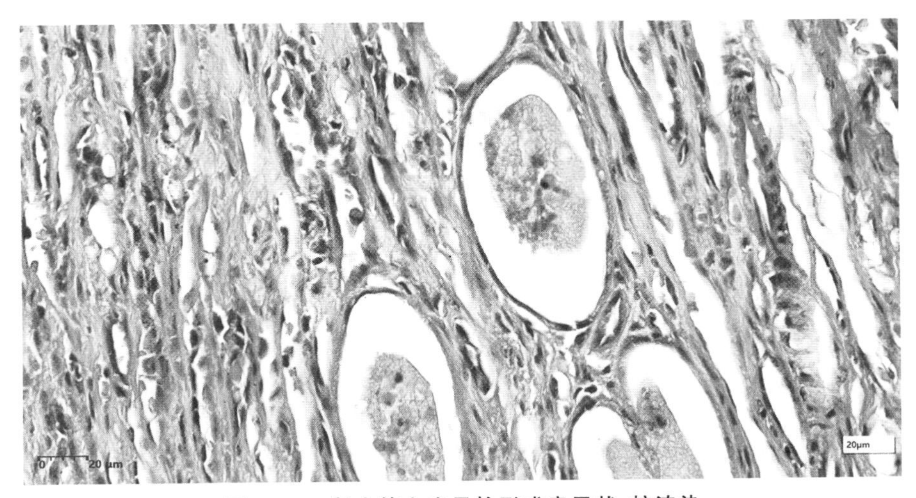

图 6-2-4　肾小管上皮呈梭形或扁平状，核浓染

2. 肌肉萎缩(图 6-2-5 至图 6-2-7)

低倍镜下可见肌纤维排列不整齐,肌纤维体积缩小,间隙增大,在肌纤维胞质里可见很多棕黄色团块状或条索状脂褐素沉着。

高倍镜可见肌纤维细小狭长,排列不规则,细胞核消失或浓染,在细胞胞质里可见棕褐色颗粒或团块物质。

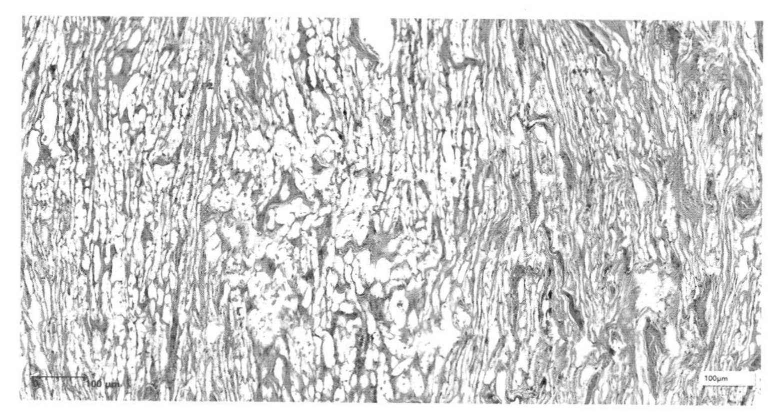

图 6-2-5 肌纤维排列不整齐、体积缩小、间隙增大

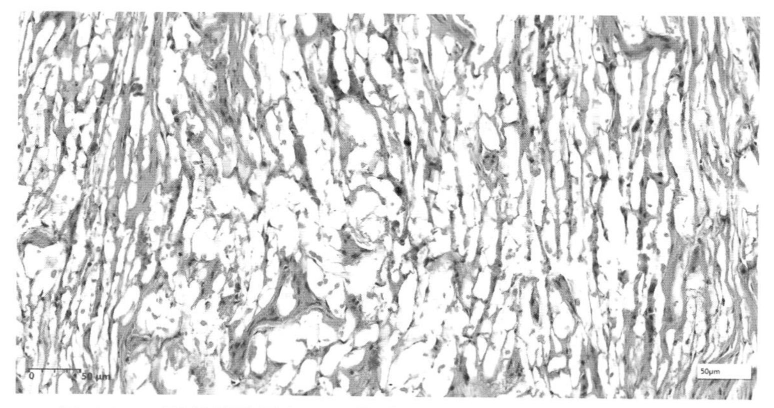

图 6-2-6 肌纤维胞质里可见棕黄色团块状或条索状脂褐素沉着

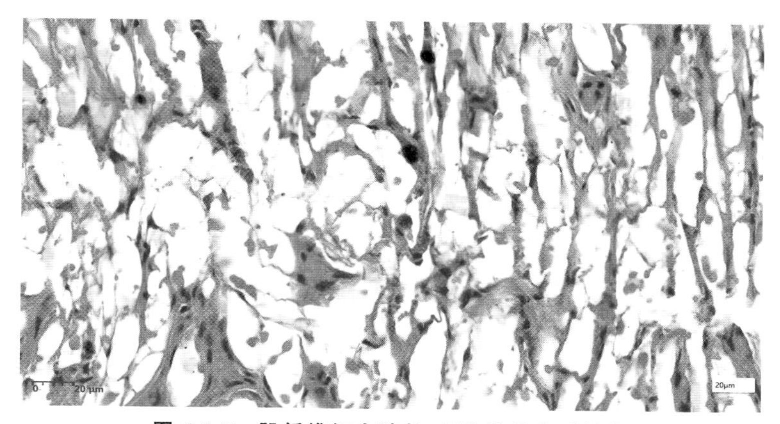

图 6-2-7 肌纤维细小狭长,细胞核消失或浓染

3. 羊创伤性心外膜炎(脓肿)(图 6-2-8 至图 6-2-11)

心外膜由于脓肿,在脓肿灶周围形成厚厚的脓膜,由成熟的肉芽组织构成。

增生组织中见脓肿,病灶中央红染无结构的颗粒为脓肿灶,边缘可见核碎裂的脓细胞,外裹以纤维性脓膜(成纤维细胞、胶原纤维、淋巴细胞和巨噬细胞)。

机化的心外膜与邻近的肺组织粘连,可见粘连的肺组织肺胸膜消失,肺泡间隔增宽,大量炎性细胞浸润。

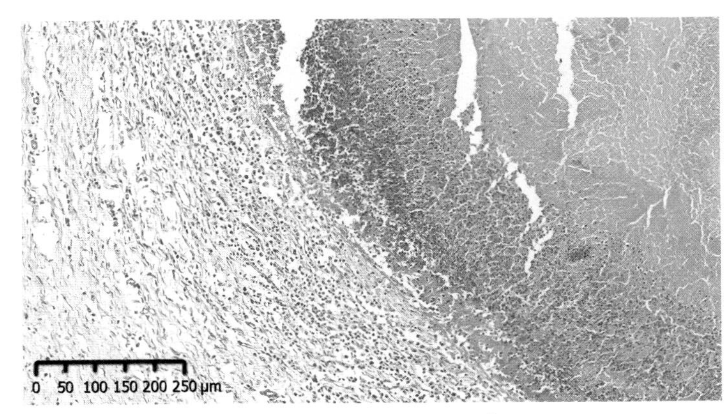

图 6-2-8　脓肿灶及脓膜

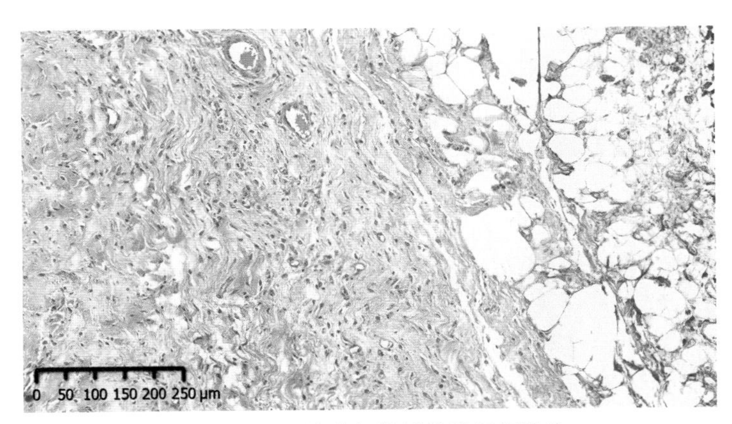

图 6-2-9　心外膜与邻近的肺组织粘连

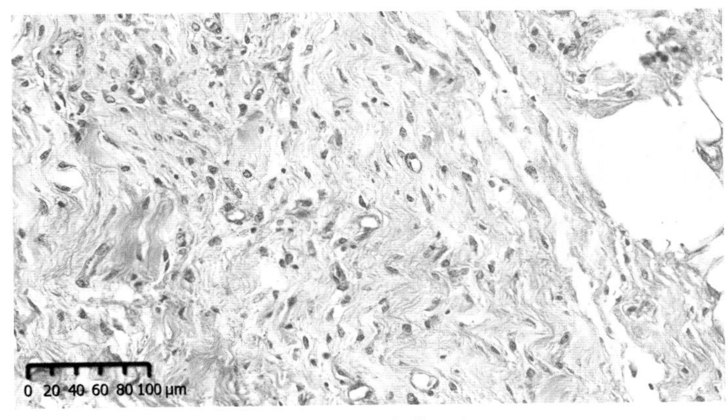

图 6-2-10　肉芽组织

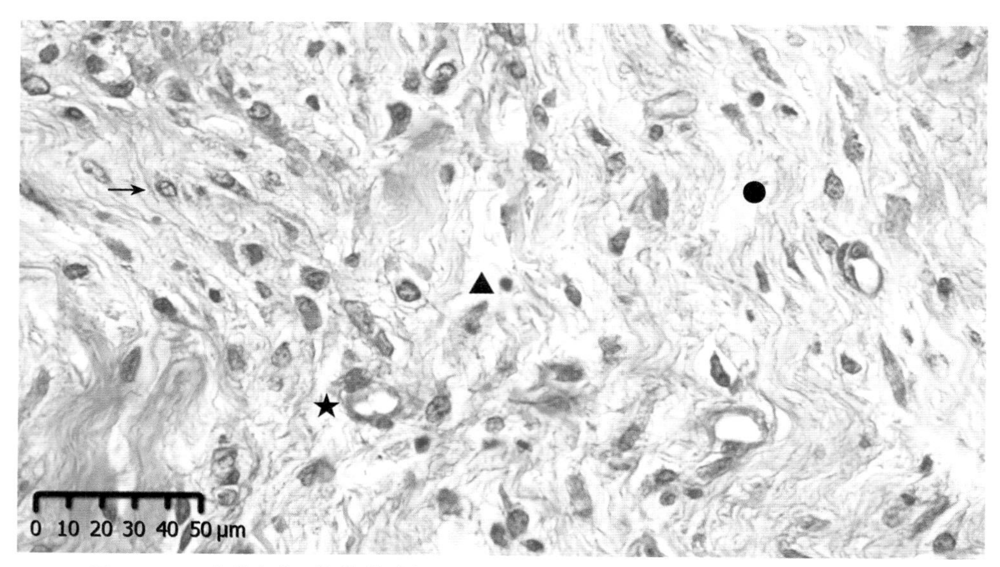

图 6-2-11　肉芽组织：幼稚的成纤维细胞（箭头所示）、新生毛细血管（星号所示）、炎性细胞（三角形所示）以及少量胶原纤维（圆形所示）

4. 马动脉血栓及机化（图 6-2-12 至图 6-2-15）

重点观察血管内膜下的增生部分。该增生处向管腔突起，开始血栓的机化过程（边溶解血栓，边吞噬搬运，边增生代替）。部分血栓已被成纤维细胞代替。

有的部分见多量成纤维细胞、新生的毛细血管，同时有大量的吞噬细胞、淋巴细胞，吞噬细胞中可见空泡及色素。该肉芽组织的表面可见出血。肉芽组织的底层纤维细胞平行排列，小血管已经形成。

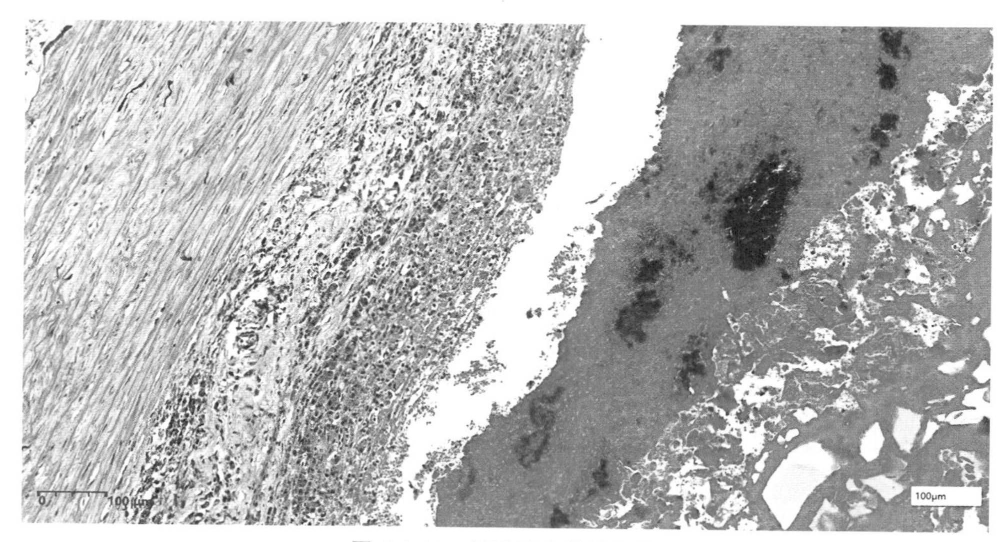

图 6-2-12　马动脉血栓及机化

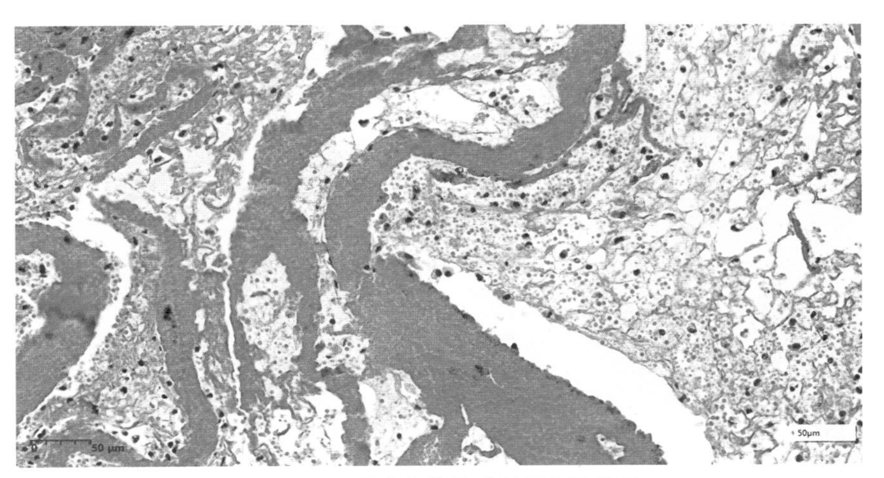

图 6-2-13　部分血栓被成纤维细胞代替

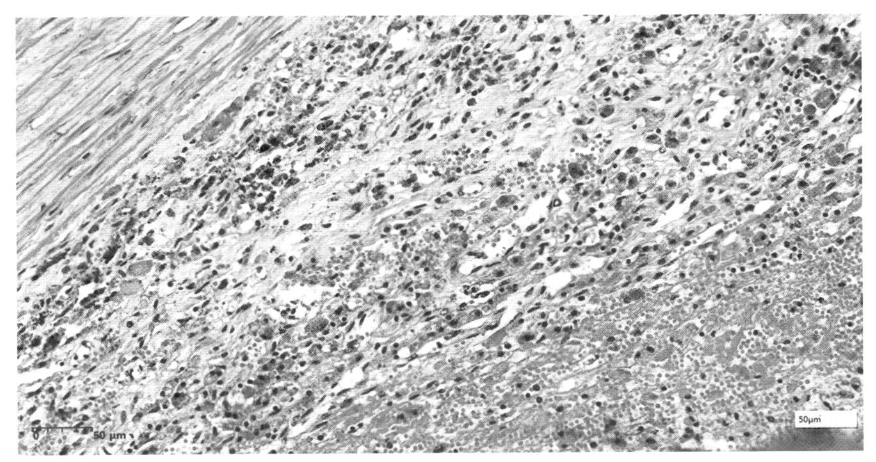

图 6-2-14　肉芽组织表面出血

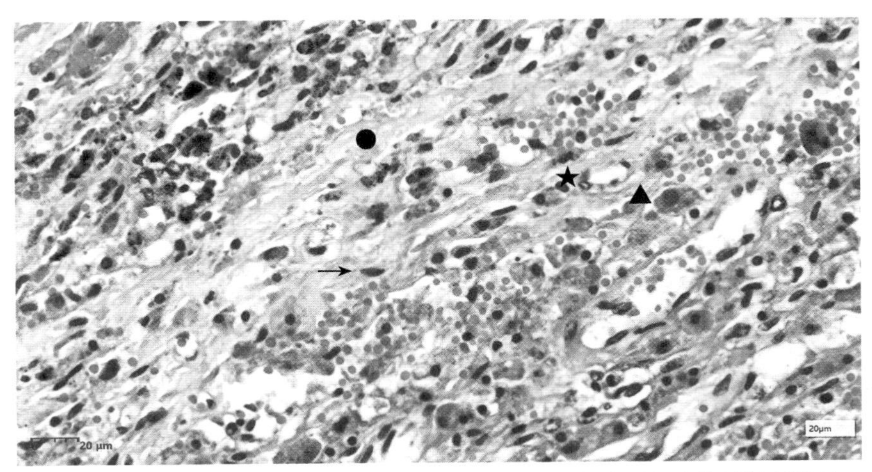

图 6-2-15　肉芽组织：幼稚的成纤维细胞（箭头所示）、新生毛细血管（星号所示）、炎性细胞（三角形所示）以及少量胶原纤维（圆形所示）

思考题：根据肉芽组织的结构特点说明肉芽组织的机能。

5. 牛瘤胃创伤愈合(图 6-2-16 至图 6-2-18)

瘤胃组织结构:黏膜上皮是复层扁平上皮,浅层角化。固有膜伸入上皮形成乳头。没有黏膜肌层。黏膜下层为薄而疏松的结缔组织。肌层很厚,有环形、纵形或斜形肌。

观察要点:

①创腔积多量坏死组织和渗出的炎性细胞。炎性细胞有中性粒细胞、巨噬细胞。

②创壁为新生肉芽组织,表面附脓汁(坏死和溶解的中性粒细胞和渗出蛋白液)。肉芽组织为多血管多细胞的幼稚结缔组织。

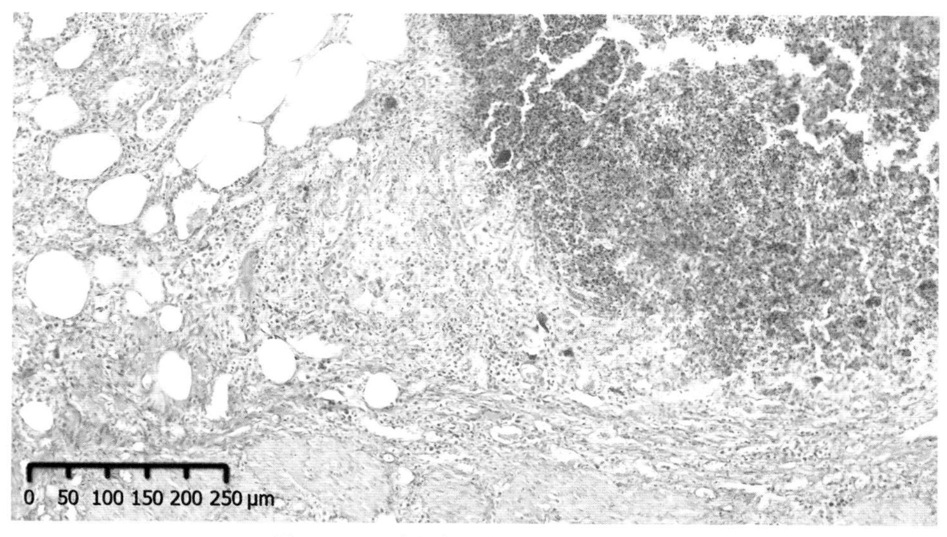

图 6-2-16　瘤胃创口坏死组织和炎性灶

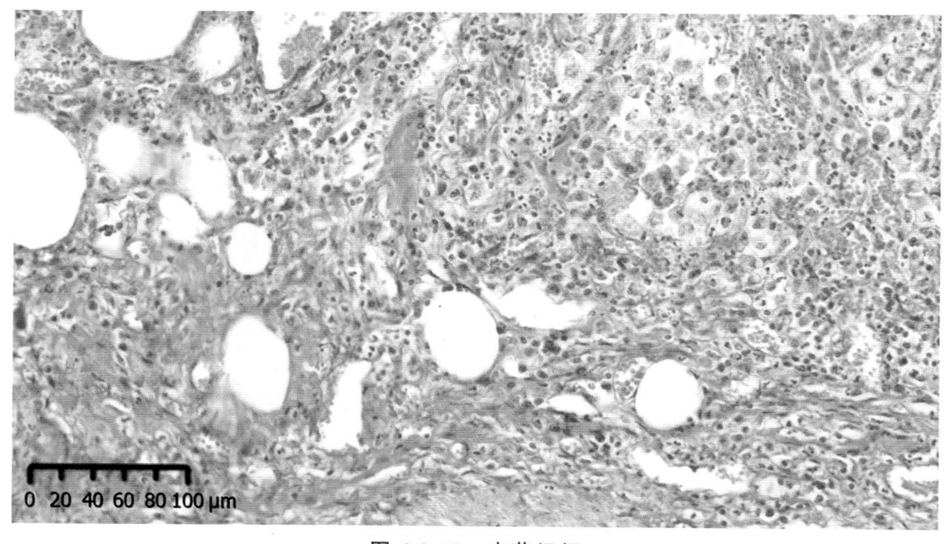

图 6-2-17　肉芽组织

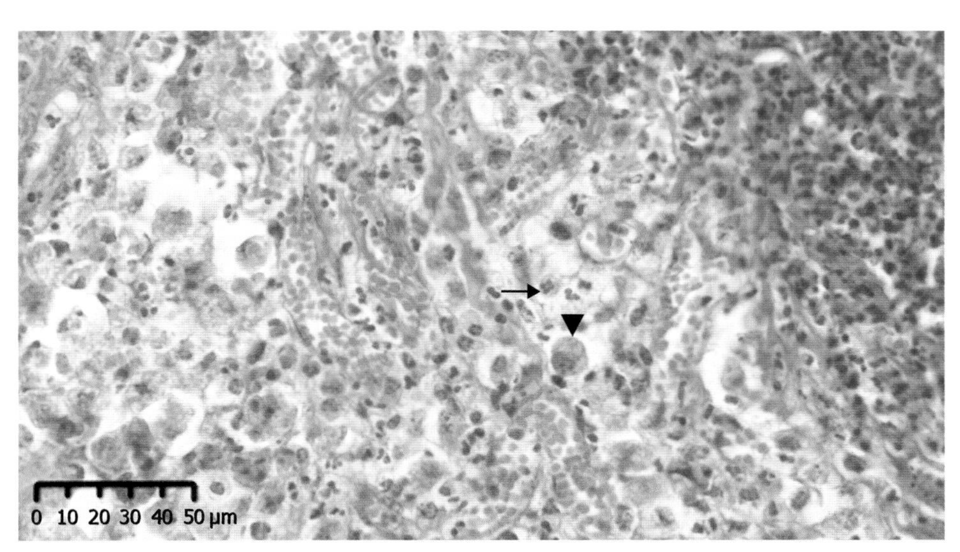

图 6-2-18　炎性细胞有中性粒细胞(箭头所示)、巨噬细胞(三角形所示)

三、绘图作业

1. 马动脉血栓及机化。
2. 牛第一胃创伤愈合。

实验七

炎　　症

——变质性炎

【学习提要】

炎症(inflammation)是动物机体对各种致炎因素及其所引起的损伤产生的防御性反应，同时往往还伴有发热、白细胞增多等全身反应。炎症反应的发生和发展取决于损伤因子和机体反应性两方面的综合作用。当机体遭受有害刺激物的作用，特别是微生物感染时，在受作用的局部会发生一系列复杂的炎症反应。在这个反应过程中，炎症局部表现出3种基本的病理变化：变质(alteration)、渗出(exudation)和增生(proliferation)。

不同类型的炎症和同一炎症的不同时期3种基本病变所表现出的程度不同，例如急性炎症和炎症的早期通常以变质和渗出为主，增生较轻，慢性炎症和炎症的后期主要以增生为主，变质和渗出较轻，三者之间相互影响，相互联系，共同构成炎症的整个过程。病理解剖学依据炎症局部的病变，将炎症分为变质性炎(alterative inflammation)、渗出性炎(exudative inflammation)和增生性炎(proliferative inflammation)。

变质是指炎灶局部组织、细胞发生变性、坏死和物质代谢障碍。在炎症的发生发展过程中，变质是炎灶组织遭受损伤的结果，同时也是炎症应答的诱因，使得炎症呈现环环相扣的链式发展过程。变质发生主要有2个方面的原因，一是致炎因子的直接损伤作用；二是炎症应答的副作用。致炎因子的直接损伤作用，如创伤、中毒、缺血、缺氧等因素所引起的炎症中，在早期变质表现十分显著，随后才出现炎症的渗出和增生等反应，其变质常是诱发炎症应答的主要因素。但在另一些炎症中，变质常伴随炎症的发展才变得明显，如化脓性炎症、病毒性肝炎等，在这类炎症中，致炎因子的直接损伤作用轻微，但所引起的炎症应答在清除致炎因子时，对组织能产生显著的损害。

变质性炎的特征是炎灶组织细胞变质性变化明显，而炎症的渗出和增生现象轻微。常见于各种实质器官，如肝、心、肾等。常由各种中毒或一些病原微生物的感染所引起，主要病变为组织器官的实质细胞出现明显的变性和坏死，如细胞发生颗粒变性、水泡变性、脂肪变性、玻璃样变性等以及坏死，间质发生黏液样变性、结缔组织玻璃样变性、纤维素样坏死等。

炎症应答的损伤机制与炎症过程中血管充血、血栓形成、炎性水肿、理化性质改变有关，同时，炎症过程中损伤的组织细胞释放的溶酶体酶类、钾离子等各种生物活性物质，促进了炎区组织的溶解和坏死，因此，炎症细胞应答的免疫损伤与炎症介质所介导的损伤作用有密切的关系。不同的炎症，组织的变质程度是不同的，这主要和致炎因子的性质和机体的反应性有关，如过敏状态的机体发生炎症时，变质变化更为明显。

一、目的要求

1. 掌握变质性炎症的病理变化特点。

2. 识别各种炎症细胞的主要形态特点。

二、实验内容

(一)肉眼标本

1. 猪丹毒肾淤血浊肿(固定标本)(图 7-1-1)

肾肿大,包膜下见灰白色不规则斑点,质度脆,切面皮质部见灰白色放射条纹。整个肾呈暗紫色淤血状态,尤其弓状动脉区更明显。肾盂黏膜灰白色光滑。

2. 鸡巴氏杆菌病肝小点坏死(固定标本)(图 7-1-2)

肝脏稍肿大,被膜下散在针尖大灰黄色小点。

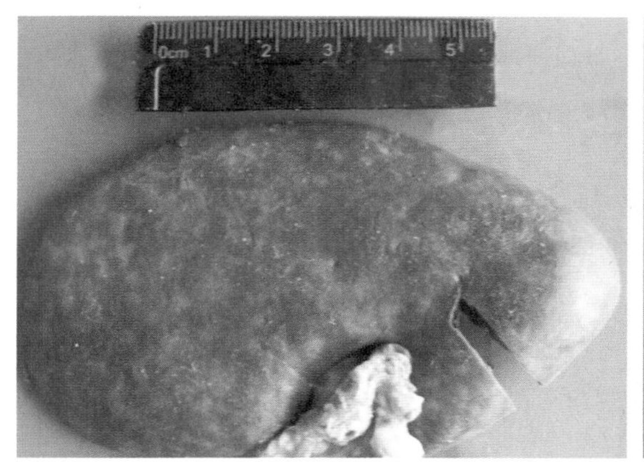

图 7-1-1　猪丹毒肾淤血浊肿(固定标本)

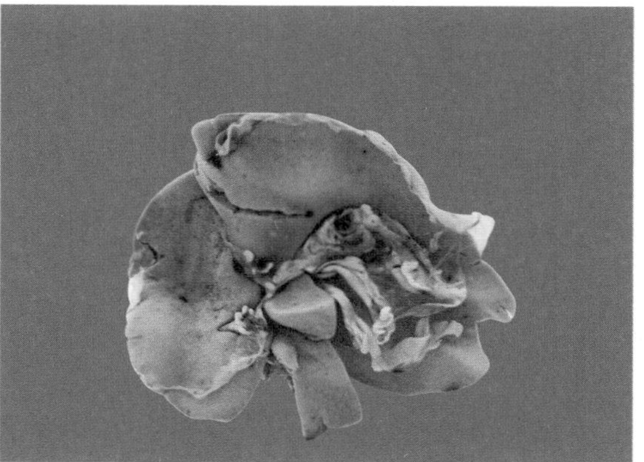

图 7-1-2　鸡巴氏杆菌病肝小点坏死(固定标本)

3. 口蹄疫心肌炎(图 7-1-3)

标本取自患恶性口蹄疫而死亡的羔羊。心脏表面黄白色无光泽斑状蜡样坏死。

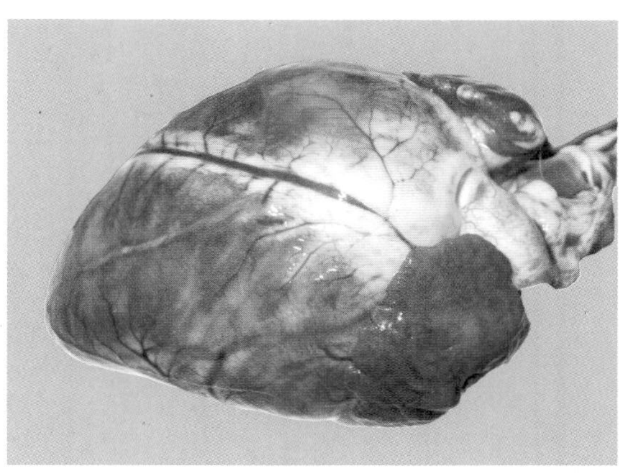

图 7-1-3　口蹄疫心肌炎

(二)组织切片

1. 猪口蹄疫心肌炎(图 7-2-1 至图 7-2-4)

观察要点:

①心肌纤维变性坏死、钙盐沉积。

②间质出血、水肿、血管壁变性。

③巨噬细胞、淋巴细胞浸润和间质成纤维细胞增生。

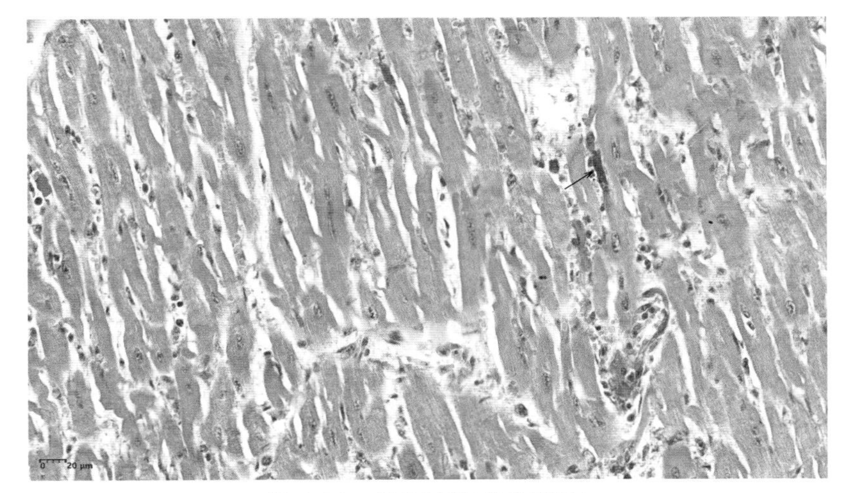

图 7-2-1　钙盐沉积(箭头所示)

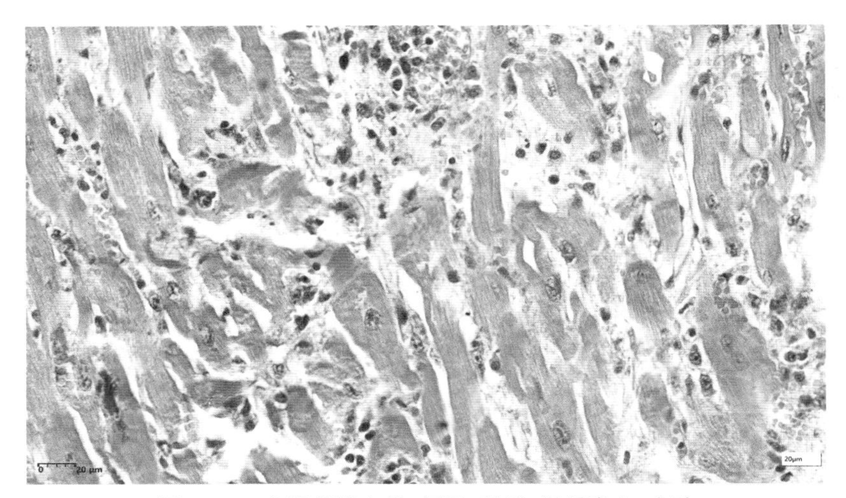

图 7-2-2　心肌纤维变性、坏死、断裂,间质出血、水肿

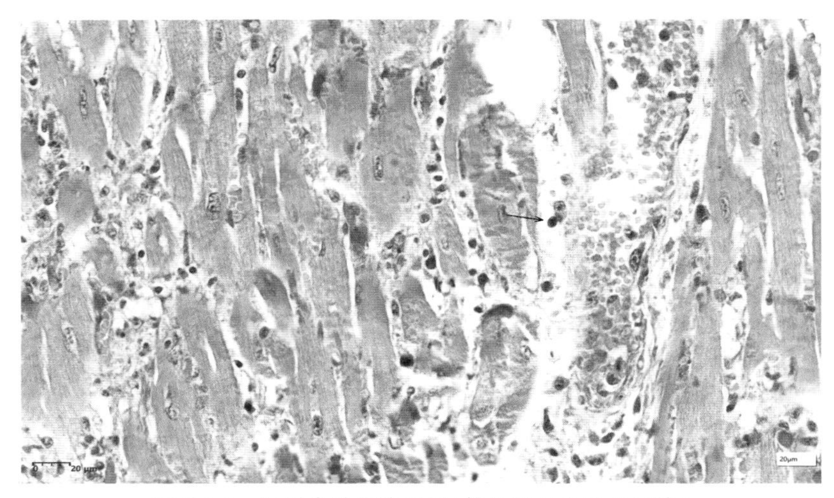

图 7-2-3　间质炎性细胞浸润(箭头所示为淋巴细胞)

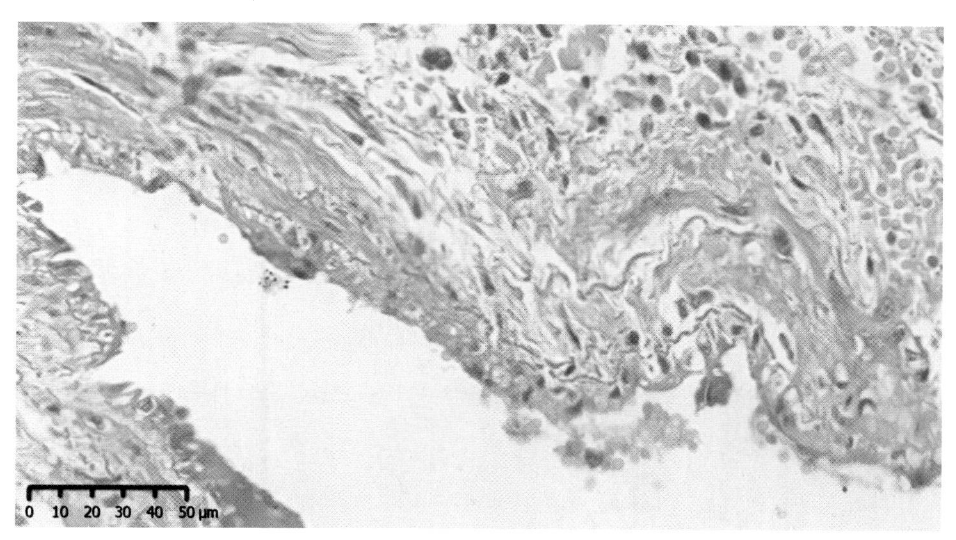

图 7-2-4　动脉壁结构疏松、水肿

2. 金丝猴心肌炎(图 7-2-5 至图 7-2-7)

心肌肥大,心肌纤维肿胀、疏松,肌原纤维间充满细小的颗粒;核肿大、核周围胞质多淡染(或呈空白)。

炎灶处肌纤维断裂,核固缩或消失。在断裂的肌纤维间大量炎性细胞浸润,毛细血管扩张,充血或出血。

炎性细胞以中性粒细胞为主。炎灶内的中性粒细胞一般 2～4 叶,呈花瓣状,胞质不清楚;部分炎性细胞核碎裂。在炎灶周围肌纤维间可看到胞质红染、核分叶、细胞界限比较清楚的中性粒细胞和成纤维细胞。

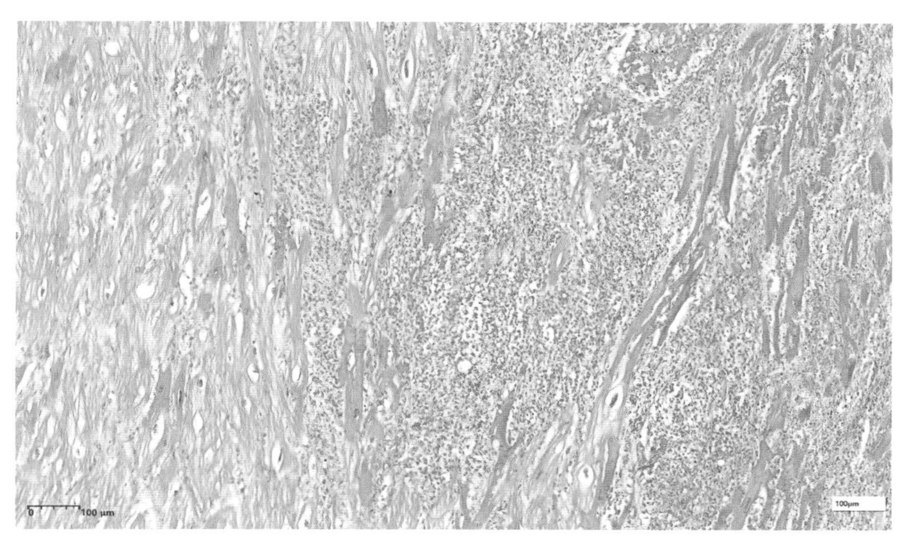

图 7-2-5　心肌纤维断裂,周围炎性细胞浸润

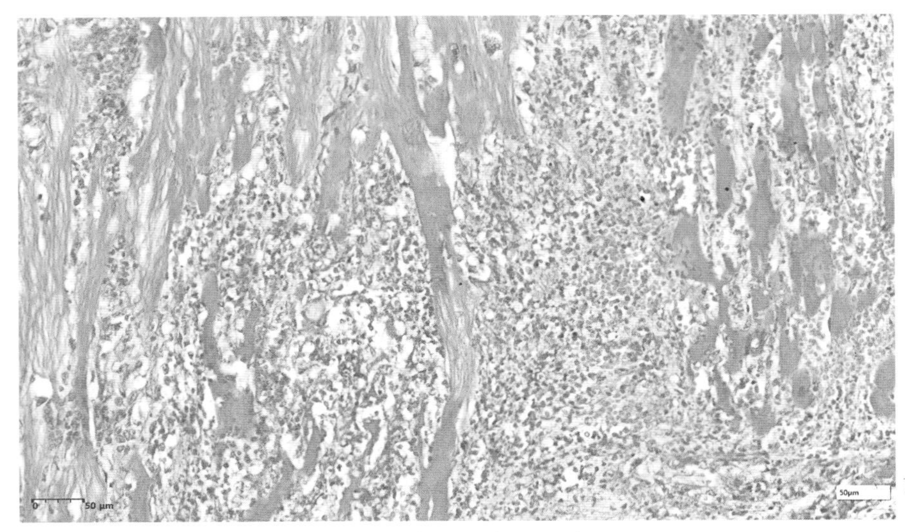

图 7-2-6 炎性细胞浸润，出血

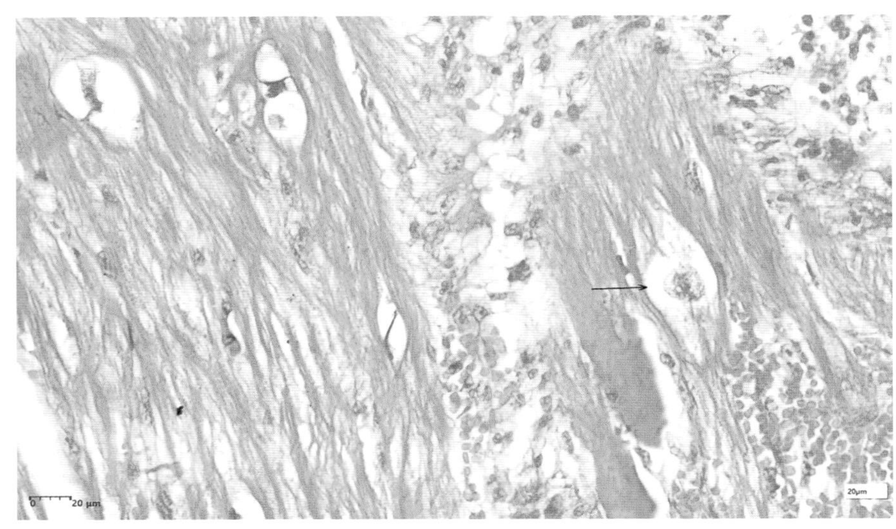

图 7-2-7 中性粒细胞浸润，心肌纤维肿胀、核肿大(箭头所示)

3. 肝炎(马传贫)(图 7-2-8 至图 7-2-11)

肝索细胞普遍脂肪变性，以大滴状空泡为主。

中央静脉和窦状隙狭窄，中央静脉内皮下水肿，充积红染均质渗出液。窦状隙内见枯否氏细胞肿大，增生，中性粒细胞浸润，吞噬含铁血黄素。

汇管区血管扩张充血，间质水肿，结构疏松，淋巴细胞、巨噬细胞浸润。

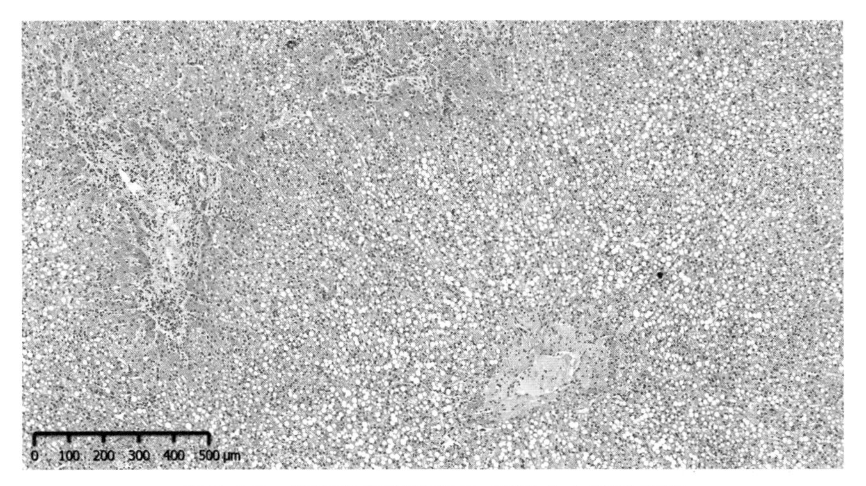

图 7-2-8　肝索细胞脂肪变性，胞质含大滴状空泡

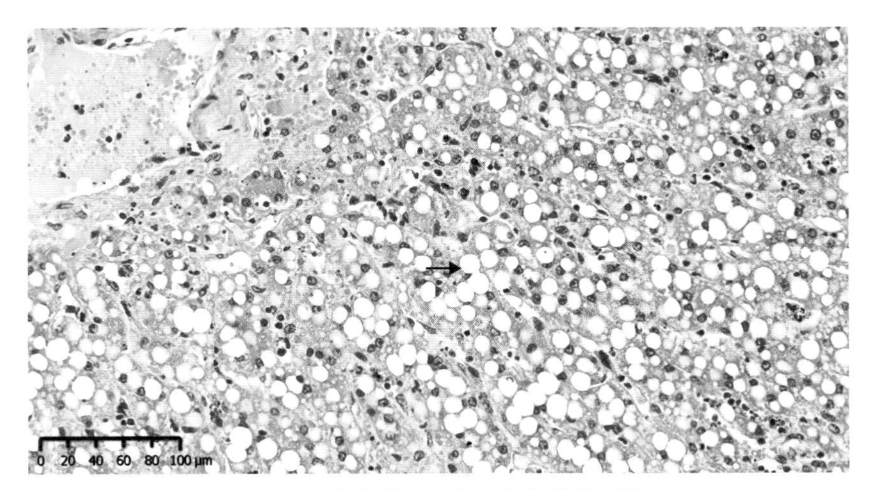

图 7-2-9　中央静脉充积红染均质渗出液，
窦状隙狭窄，肝细胞胞质含空泡(箭头所示)

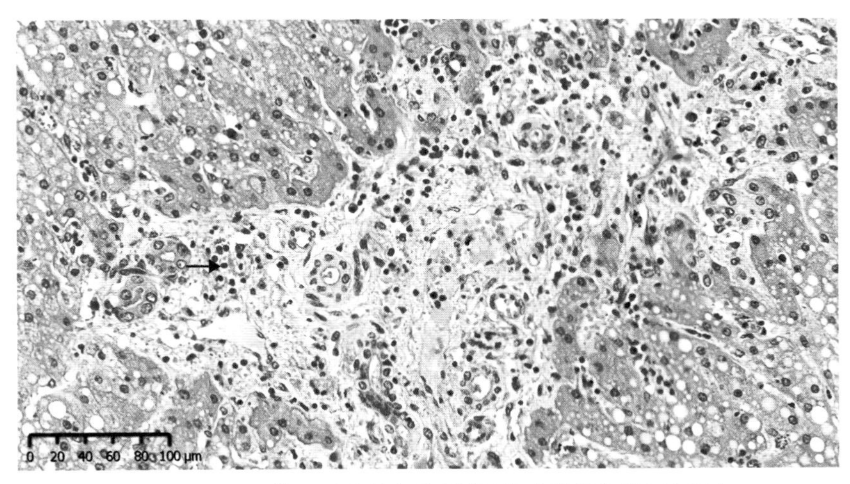

图 7-2-10　汇管区见炎性细胞浸润(箭头所示为淋巴细胞)

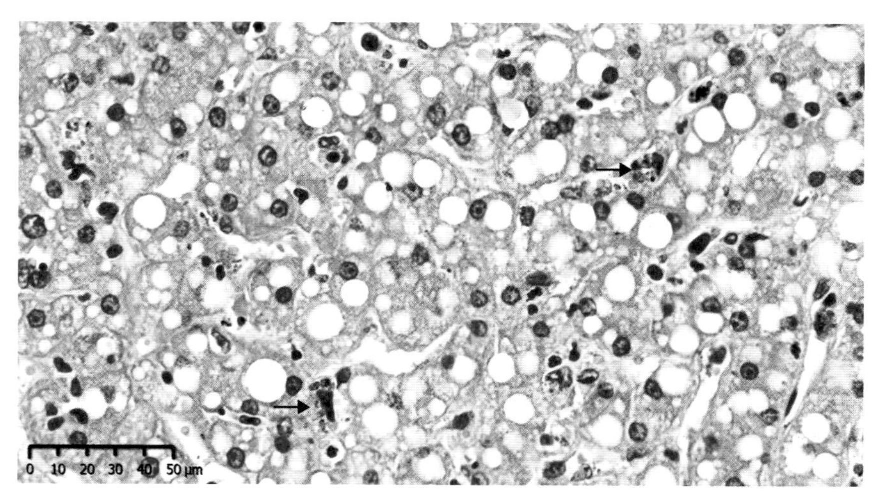

图 7-2-11　窦状隙内见枯否氏细胞吞噬含铁血黄素(箭头所示)

三、绘图作业

1. 猪口蹄疫心肌炎。

2. 肝炎(马传贫)病变。

实验八

炎　症

——渗出性炎

【学习提要】

渗出(exudation)是指血液中的血浆成分、细胞成分从血管内溢出到炎症区域(如组织间隙、体内管腔、体表等)的过程。由于血管中的血浆、白细胞的渗出是整个应答的核心,因此,常把炎症应答过程称为渗出。

渗出性炎(exudative inflammation)以渗出性变化为主,变质和增生轻微的一类炎症。其发生机制主要是微血管壁通透性显著增高引起的,炎灶内大量渗出物包括液体成分和细胞成分,不同的渗出性炎症其渗出物的成分和性状不同,依据渗出物的性质及病变特征,渗出性炎可分为卡他性炎(catarrhal inflammation)、浆液性炎(serous inflammation)、纤维素性炎(fibrinous inflammation)、化脓性炎(suppurative inflammation)、出血性炎(hemorrhagic inflammation)。

卡他性炎是指黏膜组织发生的一种渗出性炎症,渗出物溢出黏膜表面。依渗出物性质不同,卡他性炎又可分为浆液性卡他、黏液性卡他和脓性卡他。

浆液性炎是以渗出大量血浆为特征的炎症。渗出物主要是血浆中的白蛋白,纤维蛋白原较少,并有一定量的白细胞和脱落的上皮细胞。如积聚于表皮和真皮间可形成水泡。有少量不同类型的炎性细胞浸润。

纤维素性炎以渗出液中含有大量纤维素为特征。纤维素由血浆中聚合的纤维蛋白原渗出后形成。按炎灶组织坏死的程度,纤维素性炎可分为浮膜性炎和固膜性炎。浮膜性炎常发生在黏膜、浆膜和肺脏等处。其特征是渗出的纤维素形成一层淡黄色、有弹性的膜状物,被覆在炎灶表面,易于剥离,组织损伤较轻。发生在肺脏可表现为“肝变”,在心外膜出现时可形成“绒毛心”。肝脏、脾脏等器官表面渗出的纤维素常形成一层白膜附着于器官的浆膜面。固膜性炎又称纤维素性坏死性炎,常见于黏膜,渗出的纤维素与坏死的黏膜组织结合牢固,不易剥离,剥离后易形成溃疡。纤维素性渗出物可以通过白细胞释放的蛋白酶分解液化,从而被吸收。浮膜性炎,因组织损伤轻微,可迅速修复,而固膜性炎常需通过肉芽组织来修复,而浆膜的机化则可发生相邻器官粘连。

化脓性炎是以渗出大量嗜中性粒细胞为特征,伴有不同程度的组织坏死和脓液形成,常见于葡萄球菌、链球菌、绿脓杆菌、棒状杆菌等化脓性细菌感染。由于发生原因和部位的不同,化脓性炎形成脓肿(abscess)、蜂窝织炎(phlegmonous inflammation)、表面化脓和积脓(empyema)等不同形式。脓肿是局限性化脓性炎症，由脓腔、脓液和脓膜组成。化脓(suppuration)是炎灶嗜中性粒细胞大量渗出，并引起组织液化坏死，生成脓液的过程。蜂窝织炎是一种弥漫性化脓性炎症，大量嗜中性粒细胞在较疏松的组织间隙中弥漫浸润，使得病灶与周围正常组织分界不清。表面化脓是指浆膜或黏膜组织的化脓性炎。黏膜表面化脓性炎又称脓性卡他，嗜中性粒细胞主要向黏膜表面渗出，深部组织不出现明显的炎性细胞浸润现象。当这种病变发生在浆膜或胆囊、输卵管的黏膜时，脓液会在浆膜腔或胆囊、输卵管内蓄积形成积脓。

当炎症灶内的血管壁损伤较重，致渗出物中含有大量红细胞时，称为出血性炎。出血性炎的炎症灶渗出物中含有大量红细胞，往往与其他渗出性炎症混合存在。

一、目的要求

1. 掌握渗出性炎症的病理变化特点。
2. 识别各种炎症细胞的主要形态特点。

二、实验内容

(一)肉眼标本

1. 虎肠黏膜卡他(固定标本)(图 8-1-1)

肠黏膜粉红色充血，表面附着大量黏液。

2. 化脓性支气管肺炎(固定标本)(图 8-1-2)

由马棒状杆菌引起。肺切面上可见以支气管为中心，呈黄白色、粟粒状或较大的小结节。肺组织充血呈暗红色。

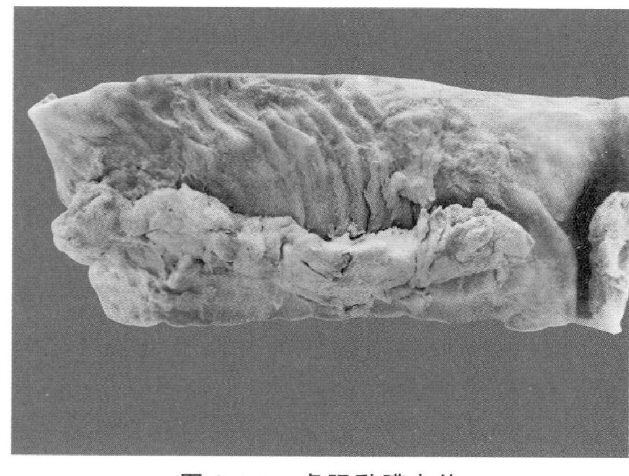

图 8-1-1　虎肠黏膜卡他(固定标本)

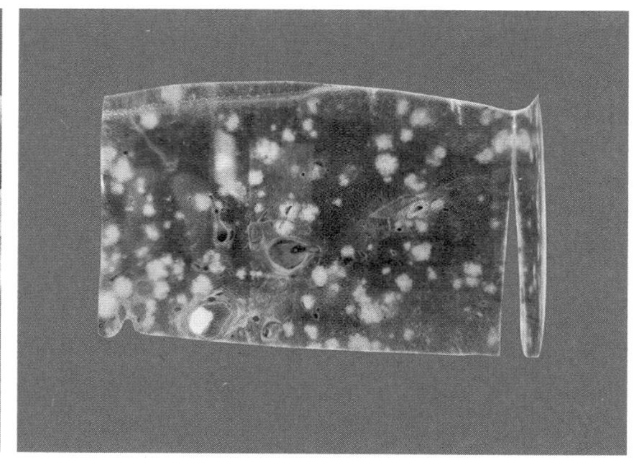

图 8-1-2　化脓性支气管肺炎(固定标本)

3. 肝脏化脓性炎(图 8-1-3)

标本取自患坏死杆菌病而死亡的犊牛肝脏，肝脏表面和切面散在分布大小不等的黄白色的脓肿，形成脓肿性肝炎的病变。

4. 牛乳房浆液性炎(图 8-1-4)

标本取自因乳腺炎继发败血症而死亡的奶牛，切开腹部皮肤，皮下疏松结缔组织呈淡黄色胶冻状，局部见轻度出血。

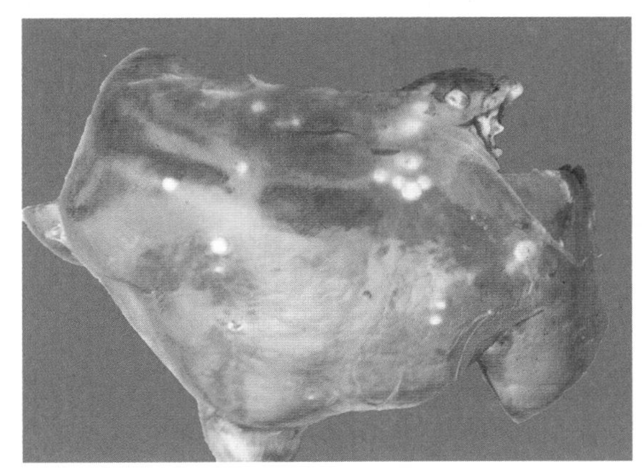

图 8-1-3 肝脏化脓性炎

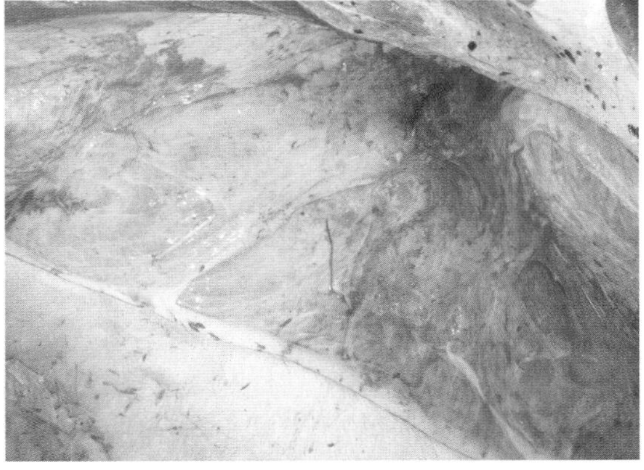

图 8-1-4 牛乳房浆液性炎

5. 猪肺疫——浆液性纤维素性肺炎(肺表面)(图 8-1-5)

肺体积肿胀，边缘钝圆。表面可见不同部位颜色不一样，有的部位呈灰色，有的部位呈暗红色，质地较实。

6. 猪肺疫——浆液性纤维素性肺炎(肺切面)(图 8-1-6)

肺切面见小叶间质水肿增宽，肺小叶呈灰色、暗红色和紫黑色等多色彩，肺泡积血或含浆液性纤维素性渗出而呈致密结构。

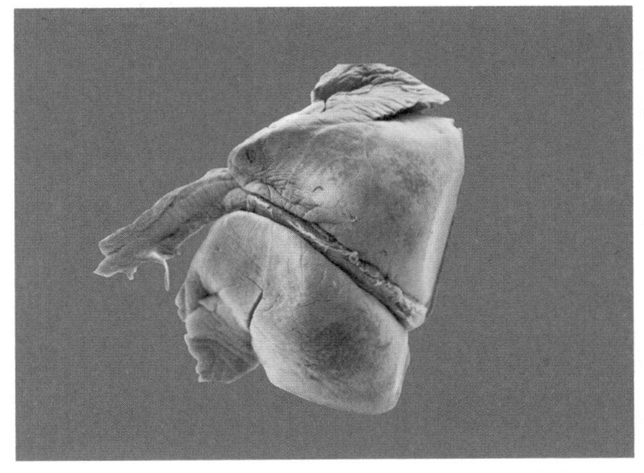

图 8-1-5 猪肺疫——浆液性纤维素性肺炎(肺表面)

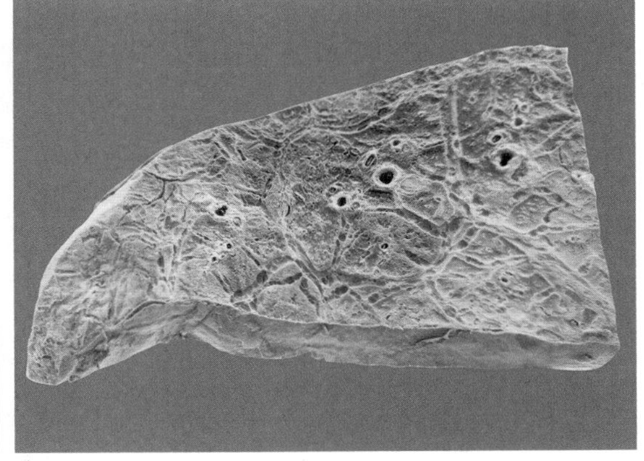

图 8-1-6 猪肺疫——浆液性纤维素性肺炎(肺切面)

7. 牛创伤性纤维素性心囊炎(固定标本)(图 8-1-7)

心外膜显著增厚，表面不平，颗粒状隆起。心囊腔积多量脓性、纤维素样物质。心外膜与横膈、网胃粘连。

8. 浆液性-出血性炎(图 8-1-8)

标本取自患气肿疽死亡的奶牛一侧臀部，可见皮下疏松结缔组织严重增厚，呈黑红色胶冻样，即出血性胶样浸润。

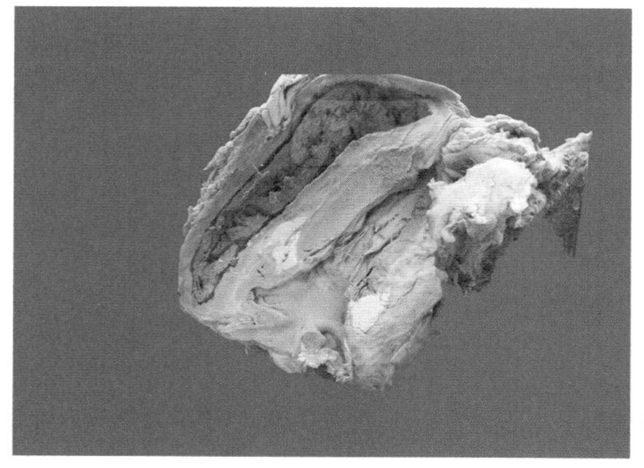

图 8-1-7 牛创伤性纤维素性心囊炎（固定标本）

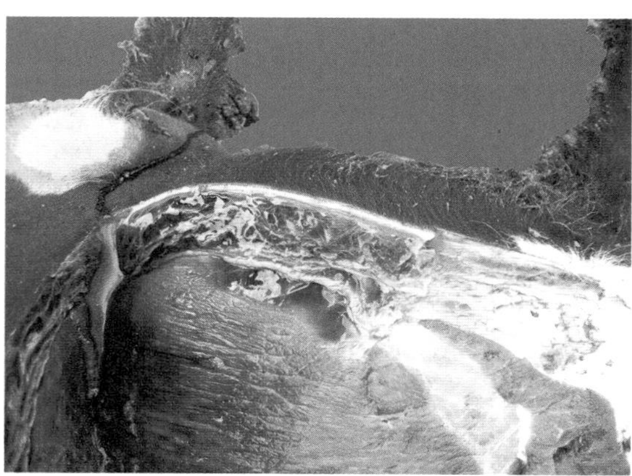

图 8-1-8 浆液性-出血性炎

9. 出血性肠炎(图 8-1-9)

标本取自患梭菌性肠炎而死亡的猪大结肠，肠黏膜严重出血呈弥漫性黑红色，黏膜面积有大量黑红色血液。

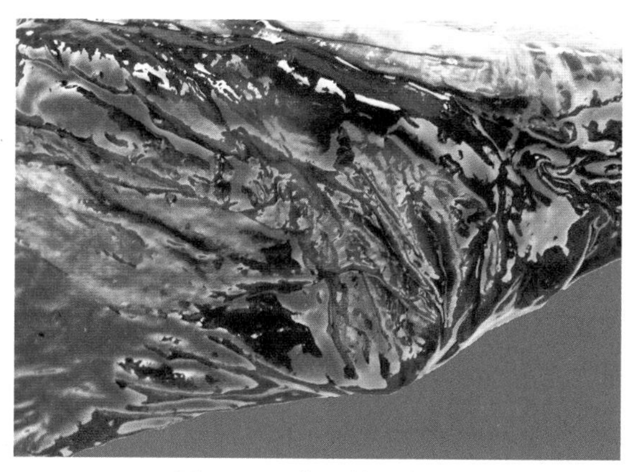

图 8-1-9 出血性肠炎

(二)组织切片

1. 马肠炭疽——纤维素性坏死性肠炎（图 8-2-1 至图 8-2-4）

黏膜表面呈红染、疏松、网状物质是渗出的纤维素，蓝染微细颗粒是细菌丛。

黏膜层上皮坏死脱落，呈红染团块。固有层组织、血管、肠腺及各种细胞成分也坏死，呈红染颗粒状，融合成一片。细胞核溶解或浓缩。靠近黏膜基部，肠腺上皮尚存，但也都脱离基底膜，并见多量淋巴细胞、中性粒细胞浸润。黏膜下层炎性水肿，局灶出血。

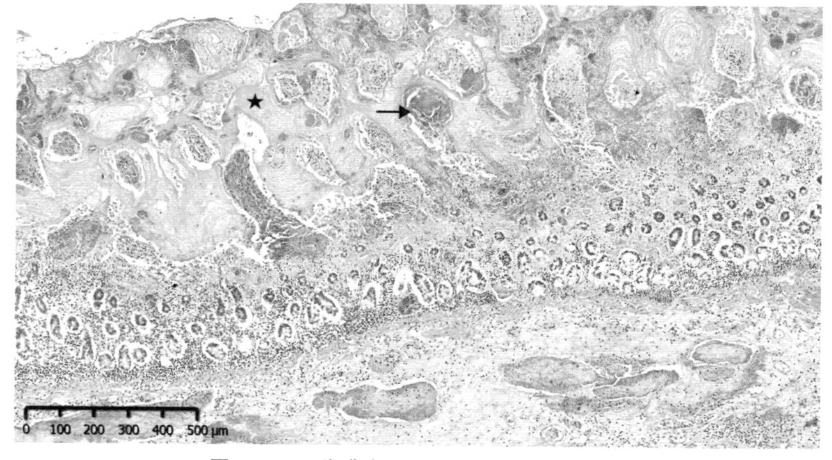

图 8-2-1 黏膜表面大量纤维素和细菌丛

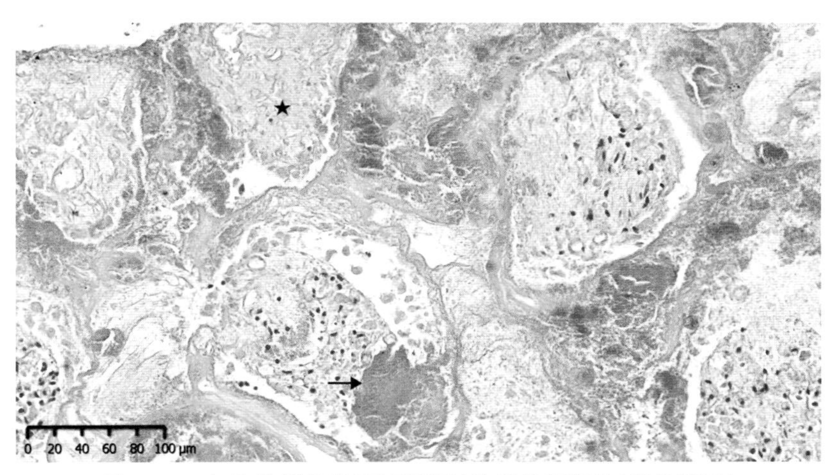

图 8-2-2　红染的纤维素(星号所示)和蓝染细菌丛(箭头所示)

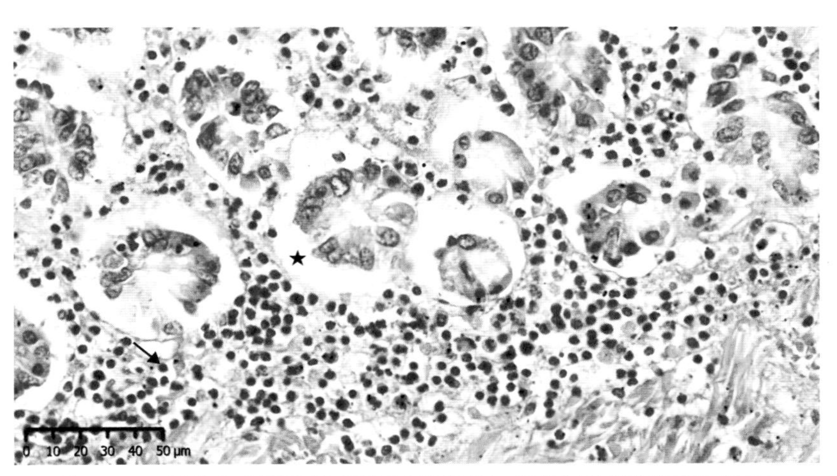

图 8-2-3　肠腺上皮脱离基底膜(星号所示),炎性细胞浸润(箭头所示)

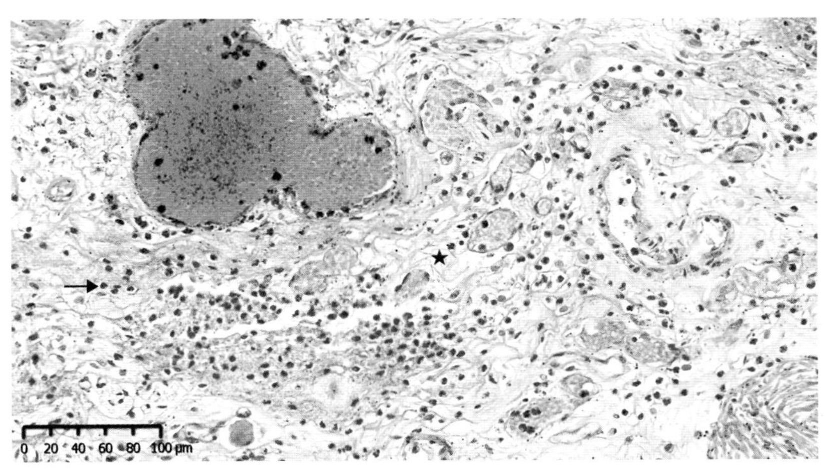

图 8-2-4　黏膜下层水肿(星号所示),炎性细胞浸润(箭头所示)

2. 牛化脓性支气管肺炎(图 8-2-5 至图 8-2-7)

观察要点：

①以细支气管为中心，以肺小叶为单位出现不同程度的炎症。

②细支气管扩张，上皮变性或坏死、脱落，混杂中性粒细胞或脓汁，充积管腔中。

③周围呼吸性细支气管和肺泡充积脓性渗出物或中性粒细胞浸润。

④部分肺泡扩张，上皮脱落，有的肺泡腔内充积红染蛋白液。

⑤肺间质水肿增宽。

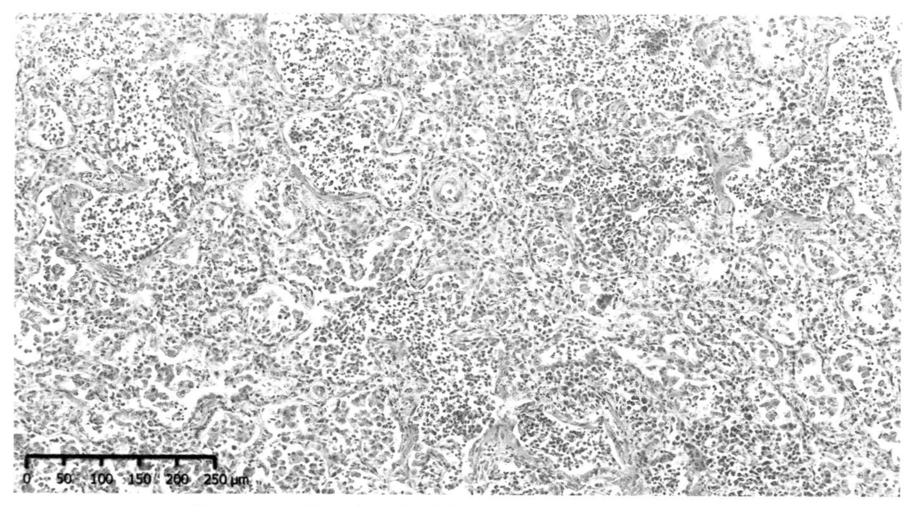

图 8-2-5　肺泡内充积脓性渗出物，中性粒细胞浸润

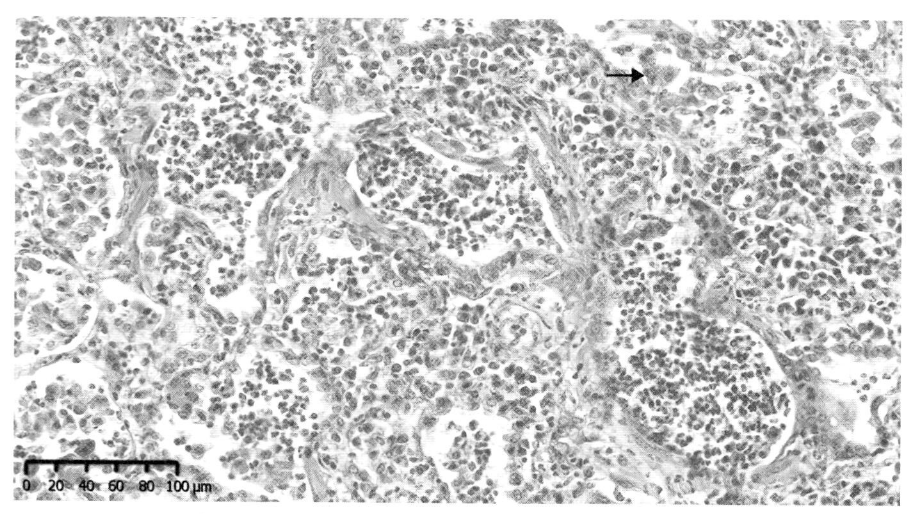

图 8-2-6　肺泡上皮脱落(箭头所示)

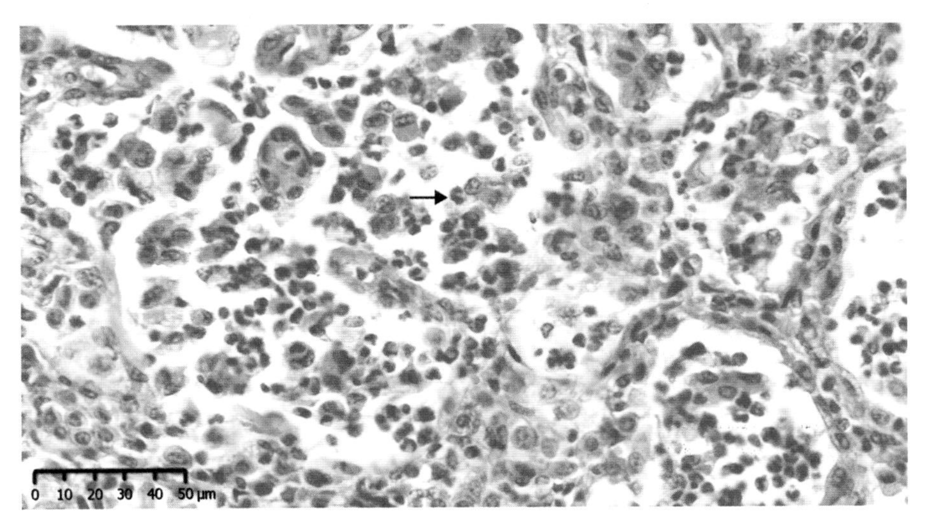

图 8-2-7　肺泡腔充满分叶核的中性粒细胞(箭头所示)

3. 犊牛肺炎性水肿(图 8-2-8 至图 8-2-12)

低倍镜下见各肺小叶病变一致,肺泡腔中充盈水肿液,细胞成分增多;在肺泡腔中或贴附在肺泡壁上可见红染的团块或条索;细支气管管腔扩张,上皮脱落;血管扩张,管壁极疏松,内皮脱落;肺膜下和小叶间质水肿、增宽、淋巴管扩张,形成淋巴栓。

高倍镜下见肺泡腔中的水肿液因含纤维蛋白而呈丝网状。细胞为大吞噬细胞、淋巴细胞、嗜酸性粒细胞和少量的中性粒细胞。红染的团块或条索是浓染的纤维蛋白。部分肺泡壁的基膜或弹性纤维呈红染的线条是玻璃样变。

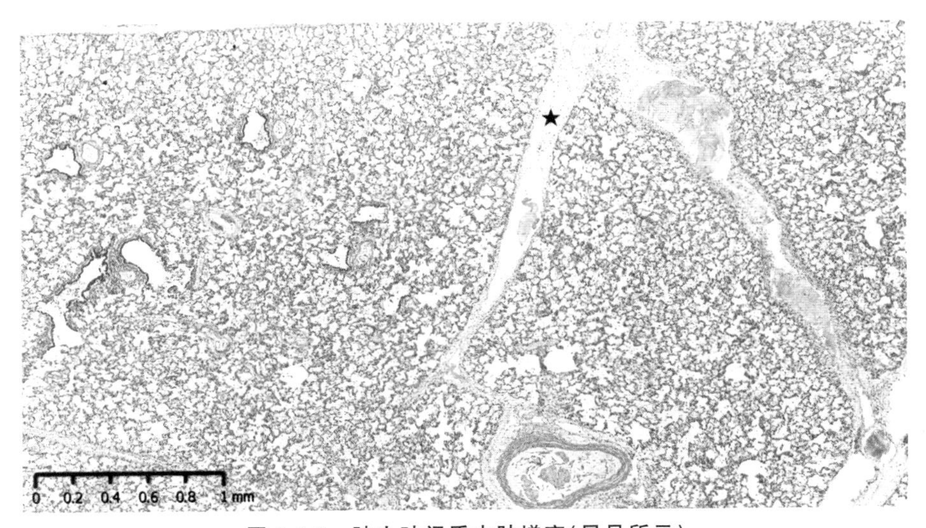

图 8-2-8　肺小叶间质水肿增宽(星号所示)

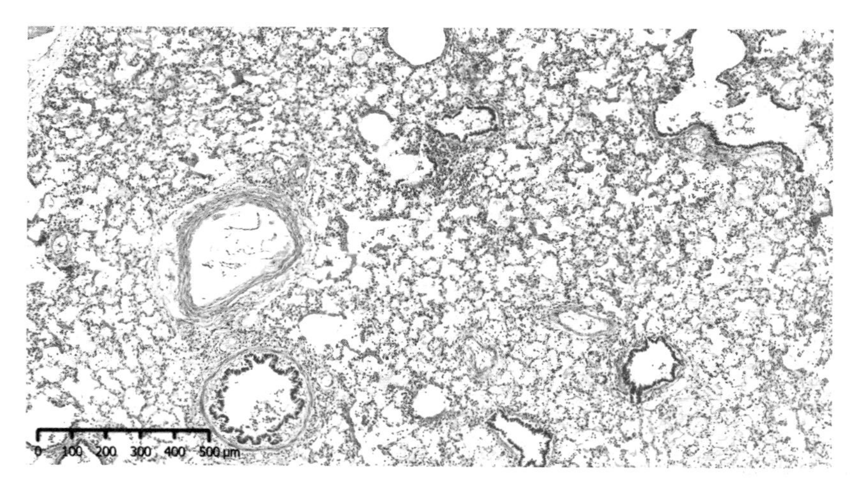

图 8-2-9　肺泡腔中充盈水肿液，细胞成分增多

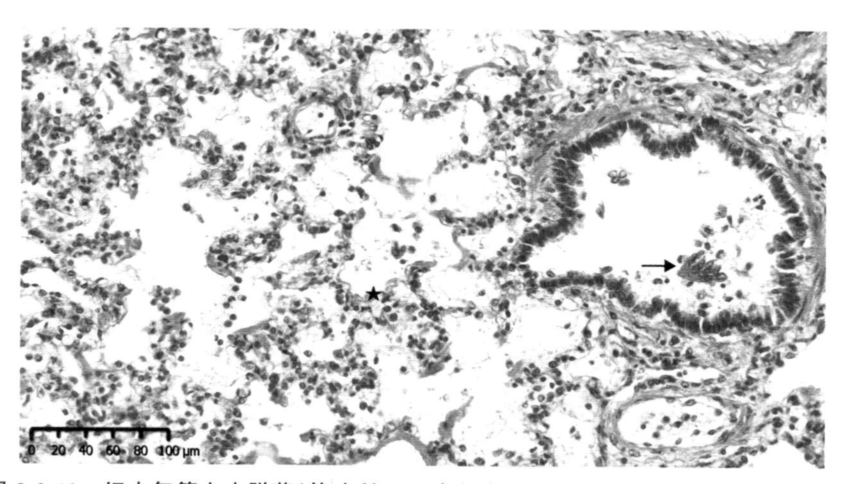

图 8-2-10　细支气管上皮脱落（箭头所示），肺泡壁上可见红染的纤维蛋白（星号所示）

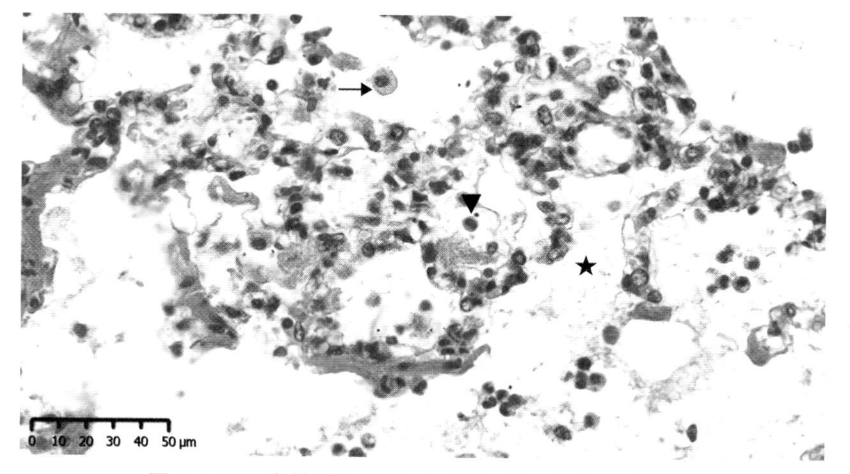

图 8-2-11　炎性细胞浸润，包括巨噬细胞（箭头所示）、嗜酸性粒细胞（三角形所示）等，肺泡腔中的水肿液呈丝网状（星号所示）

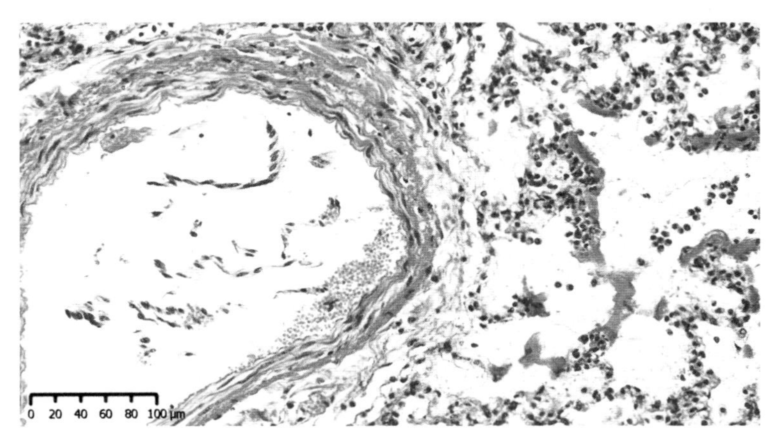

图 8-2-12　血管扩张，管壁疏松，内皮细胞脱落

4. 猪小肠卡他性炎（图 8-2-13 至图 8-2-15）

部分黏膜上皮脱落，黏膜表面有少量黏液。

黏膜上皮和肠腺上皮杯状细胞增多，黏液分泌亢进。

黏膜固有层毛细血管扩张充血，淋巴细胞和浆细胞等增多。

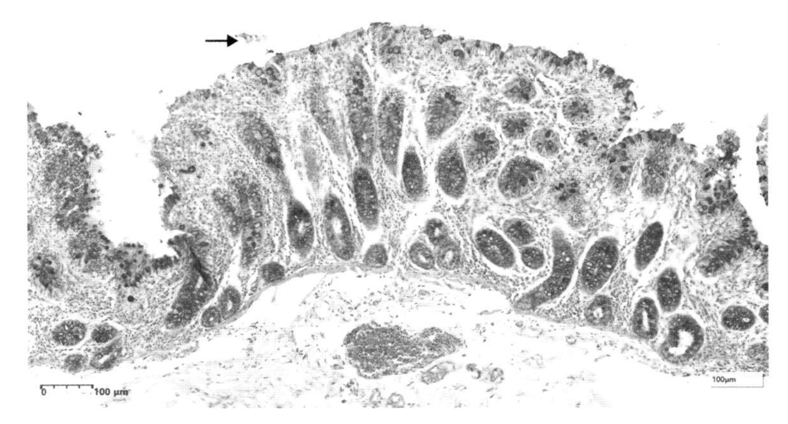

图 8-2-13　部分黏膜上皮脱落（箭头所示）

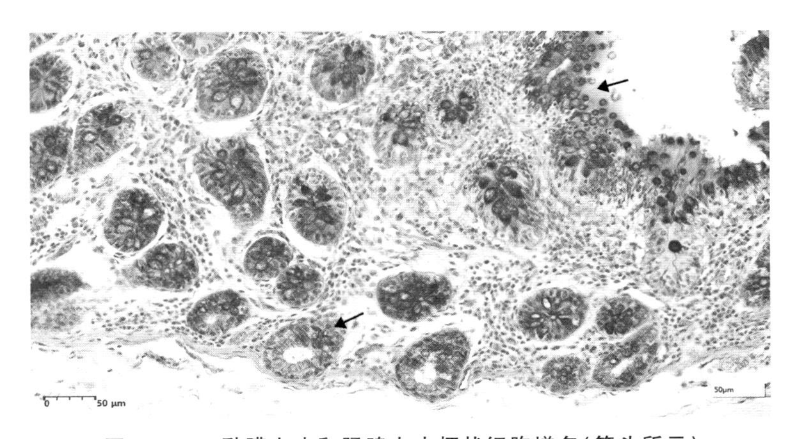

图 8-2-14　黏膜上皮和肠腺上皮杯状细胞增多（箭头所示）

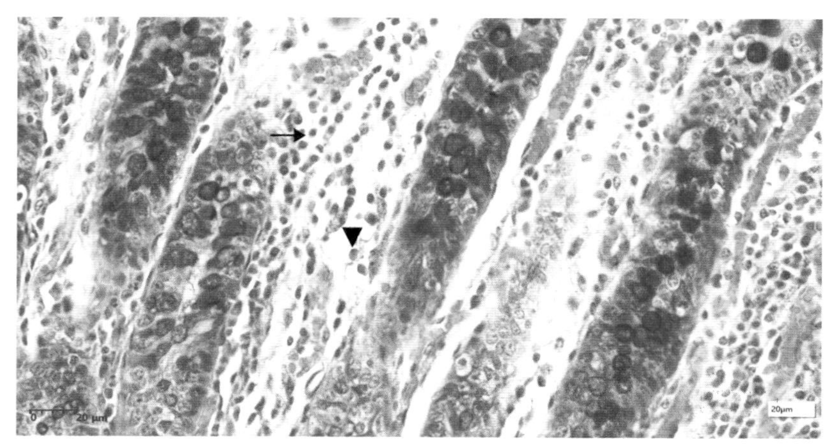

图 8-2-15　固有层毛细血管扩张充血，淋巴细胞（箭头所示）和浆细胞（三角形所示）浸润

三、绘图作业

1. 牛转移性化脓灶。
2. 犊牛肺炎性水肿。

实验九

炎　症

——增生性炎

【学习提要】

在致炎因子或组织崩解产物的刺激下，炎症局部细胞分裂增殖的现象，称为增生(proliferation)。包括实质细胞和间质细胞的增生。

增生性炎是以组织、细胞的增生为主要特征的炎症。增生的细胞成分包括巨噬细胞、成纤维细胞和组织内的其他类细胞。一般为慢性炎症，但也可呈急性经过。根据病变特点，一般可将增生性炎分为一般增生性炎和特异性增生性炎。

一般增生性炎是指炎症过程中，增生的组织不形成特殊结构。急性经过时增生的细胞多为淋巴细胞和单核—巨噬细胞系统的细胞，有时在增生后形成结节；慢性经过时多以纤维结缔组织增生为主，多为损伤组织的修复过程，常导致器官组织硬化。

特异性增生性炎是一种在炎症局部形成以巨噬细胞增生为主的界限清楚的结节状病灶为特征的增生性炎。结核分枝杆菌、鼻疽杆菌和放线菌等可引起形态结构相对特异的肉芽肿。典型的结核结节中心是干酪样坏死，内含坏死的组织细胞和钙盐，以及结核分枝杆菌，周围是大量增生的巨噬细胞以及由巨噬细胞转化而来的上皮样细胞和多核巨细胞(郎汉斯巨细胞，Langhans giant cells，细胞核较整齐地分布在胞质边缘)，在外围常有大量的淋巴细胞积聚和纤维组织包裹。

炎症的结局有痊愈、迁延不愈及蔓延扩散。蔓延扩散是指在机体抵抗力低下、病原微生物毒力强、数量多的情况下，病原微生物可不断繁殖，并沿组织间隙向周围组织、器官蔓延，或通过淋巴管、血管向全身扩散。炎症灶的病原微生物或某些毒性产物可侵入循环血液或被吸收入血，引起菌血症(bacteremia)、毒血症(toxemia)、败血症(septicemia)和脓毒败血症(pyosepticemia)等。菌血症是指细菌经血管或淋巴管进入血流，血液中可检验到细菌，但无全身中毒的现象。毒血症是指细菌的毒素或其他毒性产物被吸收入血而引起机体中毒的现象。败血症是指细菌入血后大量生长繁殖，产生毒素，引起全身中毒症状和一些病理变化的现象。死于败血症的动物全身性病理变化表现有：尸僵不全，血凝不良，常发生溶血现象；皮肤、皮下、黏膜、浆膜、实质器官等处可见多发性出血点或出血斑；脾脏和全身各处的淋巴结高度肿大；心脏、肝脏、肾脏等器官实质细胞发生严重变性甚至坏死；肺脏出血、淤血、水肿；肾上腺变性、出血。神经系统镜检可见充血、水肿、神经细胞变性等病变。脓毒败血症是指由化脓性细菌引起的并继发引起全身性、多发性小脓肿灶的现象。

一、目的要求

1. 掌握增生性炎的病理变化特点。
2. 识别各种炎症细胞的主要形态特点。

二、实验内容

(一)肉眼标本

1. 牛副结核肠黏膜增生性炎(固定标本)(图 9-1-1)

肠黏膜肿胀增厚呈脑回状,黏膜表面粗糙无光泽,呈微细颗粒样。

2. 牛结核性肉芽肿(图 9-1-2)

牛结核肺表面密布大小不等的灰白色结核性肉芽肿。

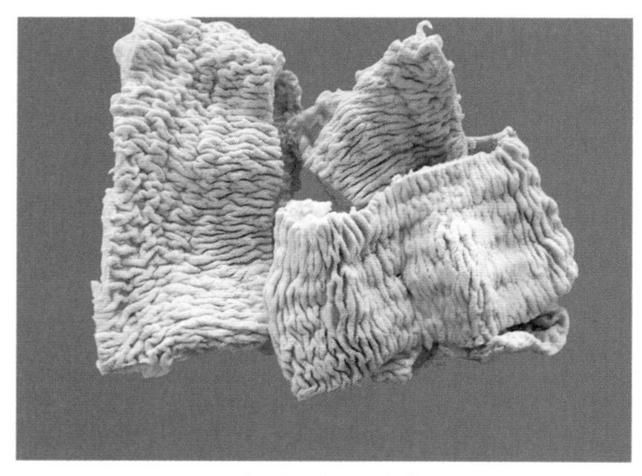

图 9-1-1 牛副结核肠黏膜增生性炎(固定标本)

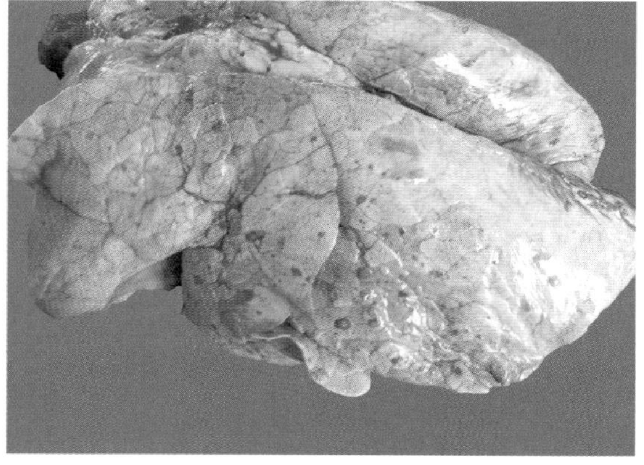

图 9-1-2 牛结核性肉芽肿

3. 牛结核性肉芽肿(局部)(图 9-1-3)

标本取自患全身性结核病的犊牛肺。肺深红色实变,表面弥散分布针尖大小至花生米粒大小的白色特异性增生性炎炎灶,也称为肉芽肿。

4. 猪副伤寒盲肠黏膜坏死性肠炎(固定标本)(图 9-1-4)

盲肠黏膜呈大片坏死,表面附麸皮样物质,质硬脆易碎,污灰色,深达黏膜固有层,结肠黏膜表面可见圆形中央凹陷的坏死灶。表面也见污灰色附着物。

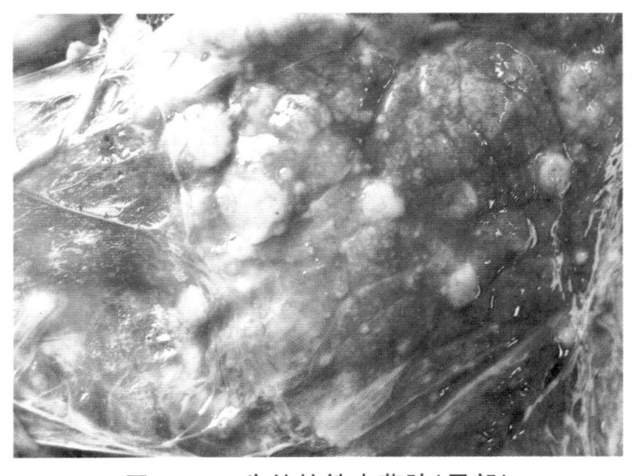

图 9-1-3　牛结核性肉芽肿(局部)

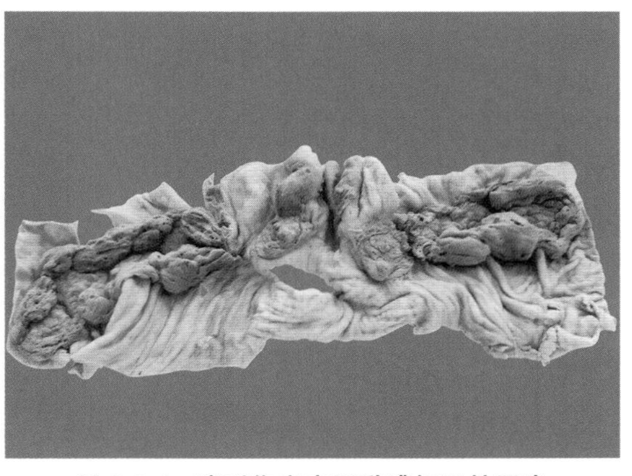

图 9-1-4　猪副伤寒盲肠黏膜坏死性肠炎(固定标本)

(二)组织切片

1. 牛慢性增生性小肠炎(图 9-2-1 至图 9-2-4)

黏膜上皮脱落,绒毛增粗,黏膜层增厚。黏膜固有层上皮样细胞增生,大量淋巴细胞增生和部分嗜酸性粒细胞浸润。偶见多核巨细胞,尚可见少数肠腺上皮细胞增生,核浓染密集。黏膜下层淋巴细胞轻度增多,淋巴管扩张。肌层和浆膜层未见明显异常。

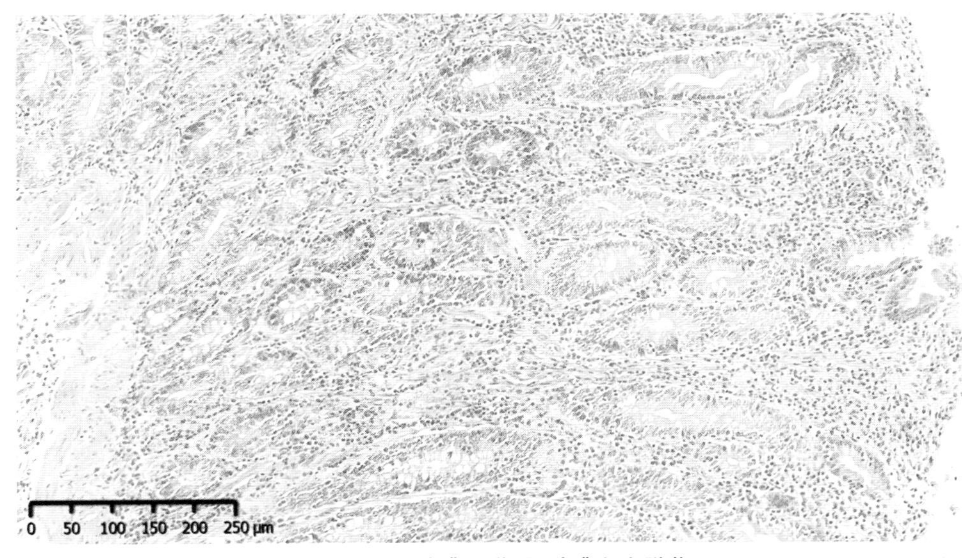

图 9-2-1　黏膜层增厚,黏膜上皮脱落

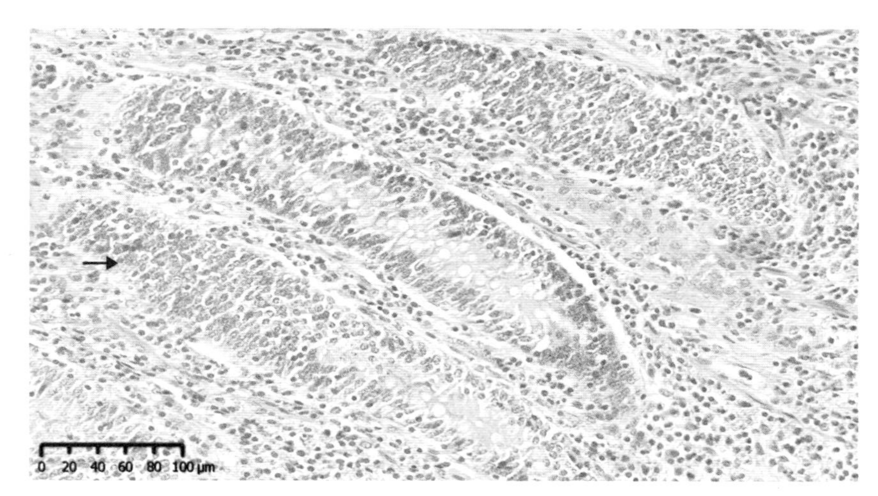

图 9-2-2 黏膜固有层肠腺上皮细胞增生(箭头所示)

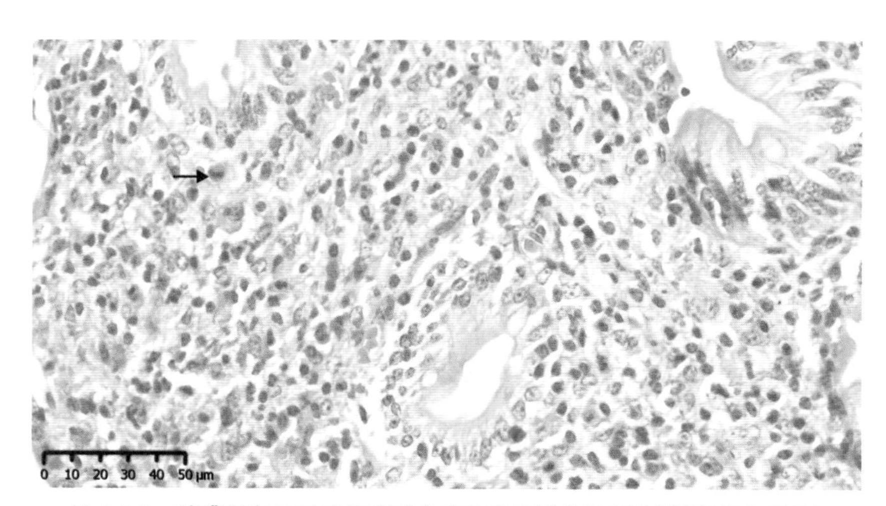

图 9-2-3 黏膜固有层淋巴细胞增生和部分嗜酸性粒细胞浸润(箭头所示)

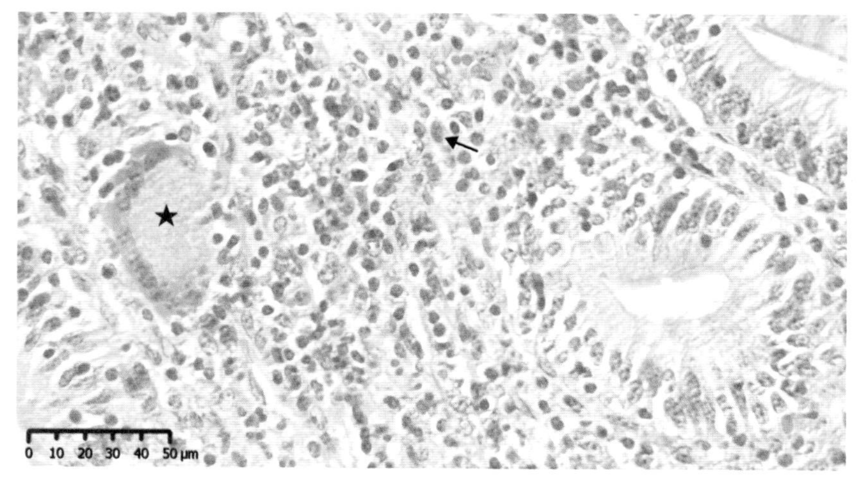

图 9-2-4 黏膜固有层上皮样细胞增生(箭头所示),偶见多核巨细胞(星号所示)

2. 牛淋巴结结核(图 9-2-5 至图 9--2-8)

重点观察：肉芽肿的组织结构。

坏死灶中央原组织结构破坏——呈干酪样坏死，坏死灶邻近为肉芽肿，可见朗汉斯巨细胞、上皮样细胞。此种病变为特异性的结核结节。此外可见肉芽组织包膜，由纤维细胞平行排列，还可见多量淋巴细胞浸润。

思考题：试述肉芽组织与肉芽肿有什么不同。

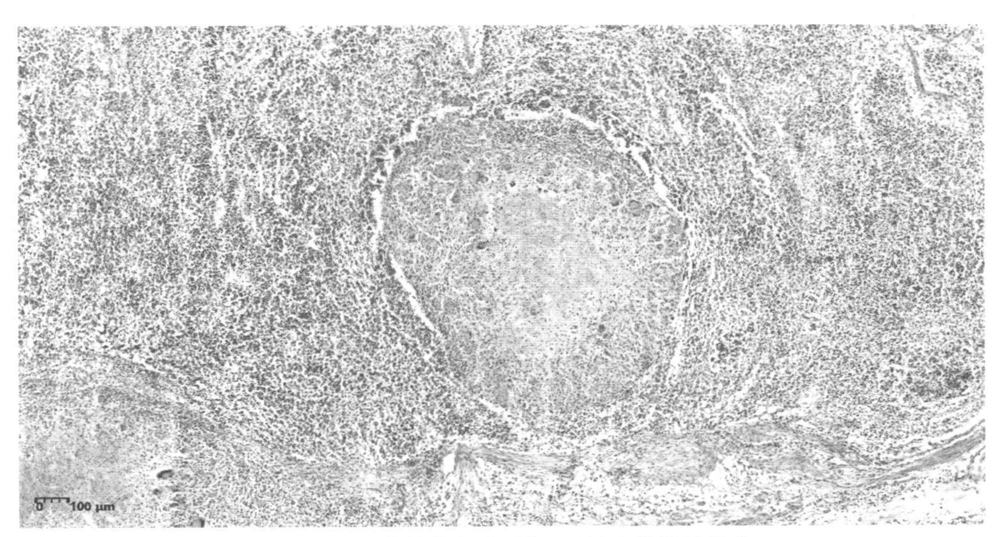

图 9-2-5 正常结构部分破坏，可见肉芽肿性结节

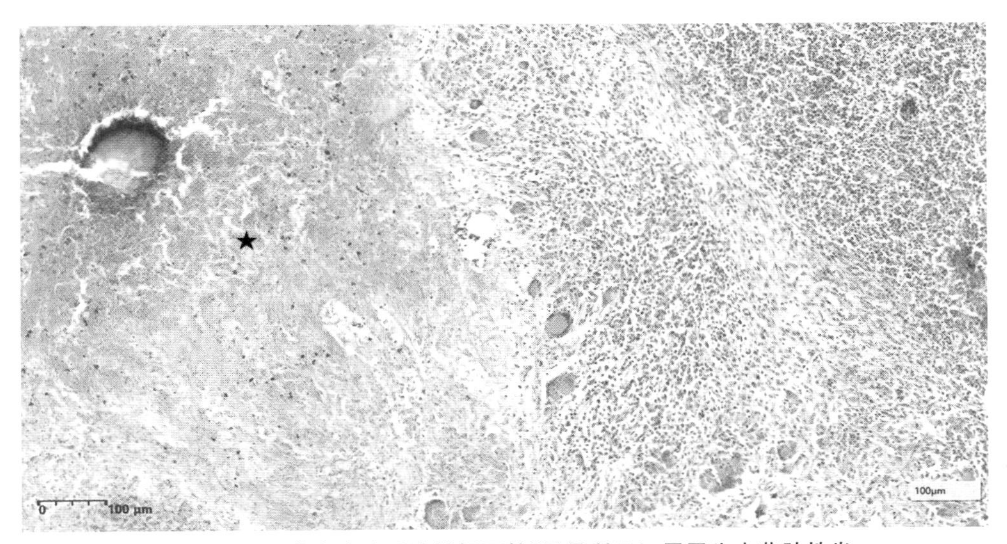

图 9-2-6 结节中央为干酪样坏死灶(星号所示)，周围为肉芽肿性炎

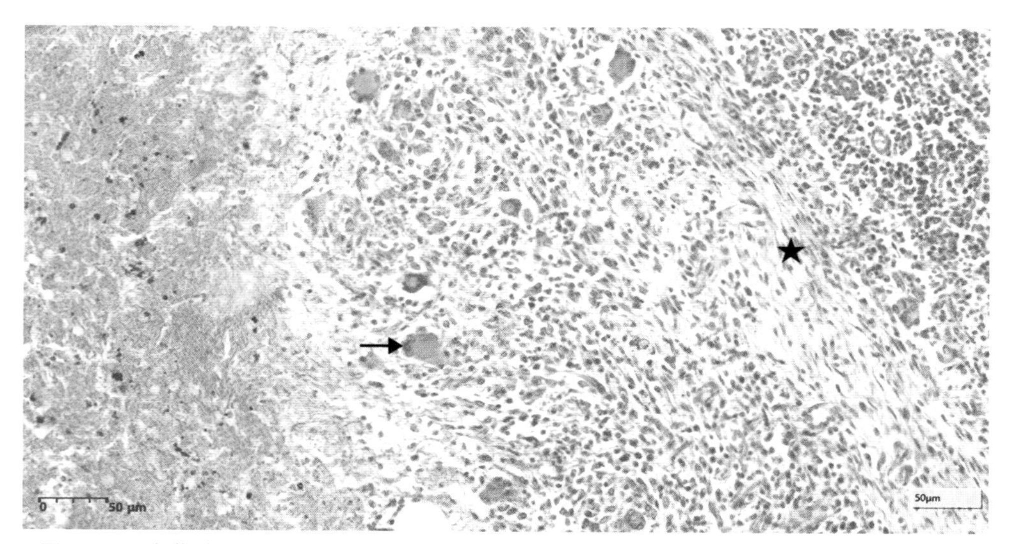

图 9-2-7　肉芽肿性炎层可见朗汉斯巨细胞(箭头所示)，周边有成纤维细胞分布(星号所示)

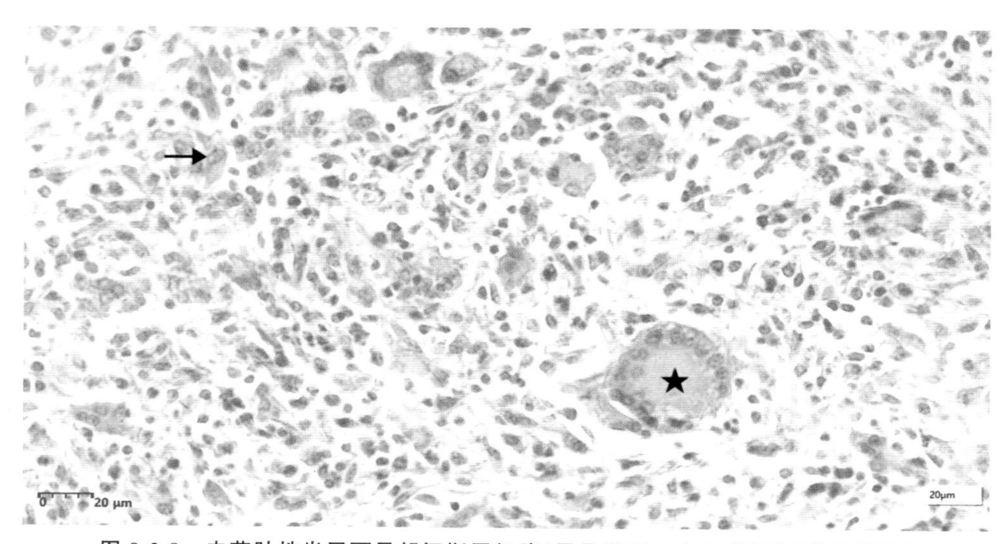

图 9-2-8　肉芽肿性炎层可见朗汉斯巨细胞(星号所示)、上皮样细胞(箭头所示)

3. 牛副结核肠系膜淋巴结增生性炎(图 9-2-9 至图 9-2-12)

淋巴结皮质部大量巨噬细胞和多核巨细胞呈弥散性增生，淋巴细胞相对减少，没有典型的淋巴小结形成。

髓质淋巴窦增宽，上皮样细胞和巨噬细胞增生，髓索细小。

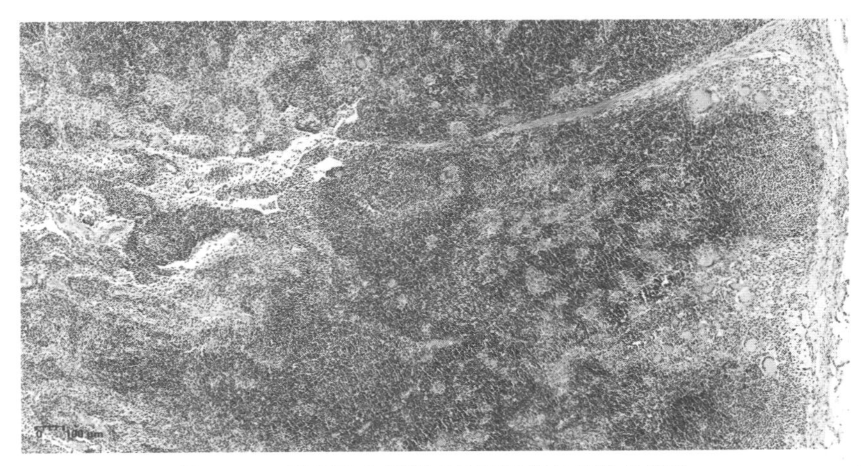

图 9-2-9　淋巴结皮质部多核巨细胞呈弥散性增生

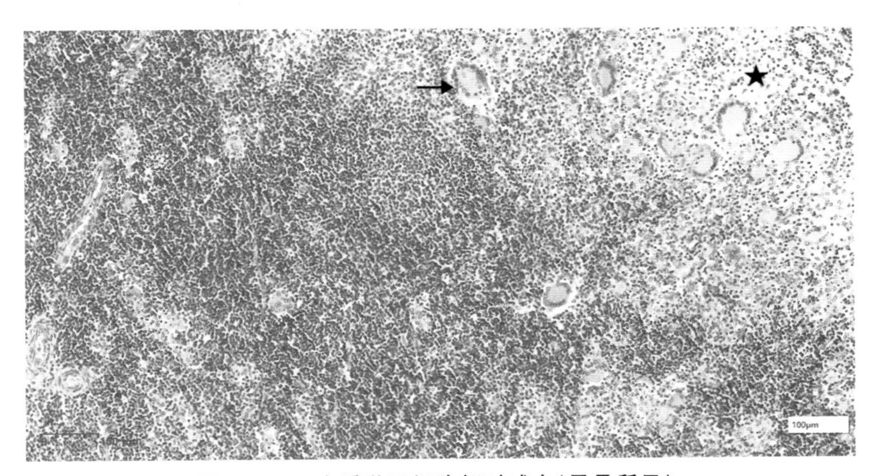

图 9-2-10　皮质淋巴细胞相对减少(星号所示)，
多核巨细胞增生(箭头所示)

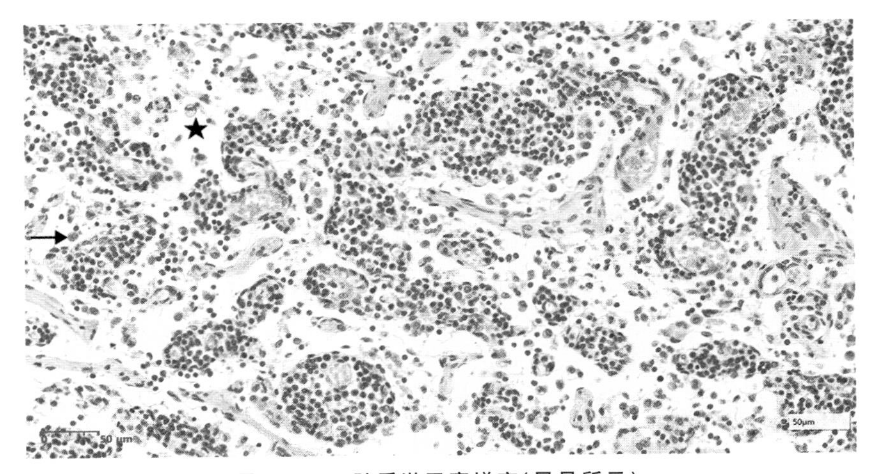

图 9-2-11　髓质淋巴窦增宽(星号所示)，
上皮样细胞和巨噬细胞增生(箭头所示)，髓索细小

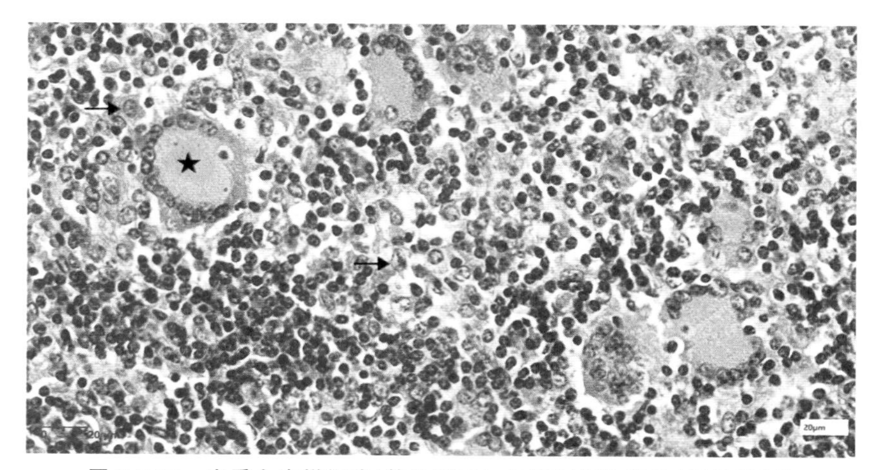

图 9-2-12　皮质上皮样细胞(箭头所示)、多核巨细胞增生(星号所示)

三、绘图作业

1. 牛副结核小肠增生性炎。
2. 牛淋巴结结核。

实验十

肿　　瘤

【学习提要】

肿瘤(tumor,neoplasia)是机体在各种致瘤因素作用下局部组织的细胞在基因水平上失去了对其生长的正常调控,导致过度增生和异常分化而形成的新生物。其常表现为组织器官的局灶性或弥漫性肿大。

肿瘤的形状多种多样,有乳头状、菜花状、绒毛状、蕈状、息肉状、结节状、分叶状、弥漫肥厚状、溃疡状和囊状等。肿瘤外形上的差异与它的发生部位、组织来源、生长方式和良恶性有关。发生在体表的良性肿瘤往往呈乳头状;发生在黏膜表面的良性肿瘤常呈绒毛状、蕈状、息肉状;发生在皮下和实质器官内的良性肿瘤多呈结节状并有包膜;发生在卵巢的良性肿瘤常呈囊状。除表现上述形状外,恶性肿瘤常伴有出血和坏死,体表的恶性肿瘤还可破溃而形成溃疡。肿瘤的体积大小不等,数量通常是一个,有时也可为多个。肿瘤的大小与肿瘤的良恶性、生长时间以及发生部位有关。肿瘤的质地与肿瘤种类、实质和间质的比例以及有无变性和坏死有关。

肿瘤的组织结构比较复杂,基本成分分为实质和间质 2 类。肿瘤的实质就是肿瘤细胞,是肿瘤的主要成分。肿瘤的间质包括结缔组织、神经、血管和淋巴管,是肿瘤的支架,起着支持和营养肿瘤实质的作用。良性肿瘤的异型性低,恶性肿瘤的异型性高。异型性(atypia)主要是指肿瘤细胞形态和组织结构上与正常组织细胞的差异,异型性大小是肿瘤组织分化高低和成熟程度的主要标志。成熟度高、分化好的良性肿瘤生长较缓慢;成熟度低、分化差的肿瘤生长较快,短期内即可形成明显的肿块。由于血液及营养供应相对不足,其易发生坏死和出血。

肿瘤的生长方式一般有膨胀性生长、浸润性生长和外生性生长。膨胀性生长是多数良性肿瘤所表现出的生长方式,多与周围组织界限清楚。浸润性生长是大多数恶性肿瘤的生长方式,肿瘤细胞分裂增生,浸润并破坏周围组织,因此,恶性肿瘤一般没有包膜。发生在体表、体腔表面或管腔性器官(如消化道、泌尿生殖道等)表面的肿瘤,常向表面生长,形成凸起的乳头状、息肉状、蕈状或菜花状的肿物,这种生长方式称为“外生性生长”或“凸起性生长”。良性肿瘤和恶性肿瘤均可呈外生性生长,恶性肿瘤的浸润性生长不仅可在原发部位生长和蔓延,而且还可通过直接蔓延或转移扩散到动物机体的其他部位。

良性肿瘤和恶性肿瘤的命名是不同的。一般良性肿瘤按照其自身的组织来源或结合肿瘤的形态特点等,都称为“瘤”(-oma)。恶性肿瘤的命名则比较复杂:上皮组织来源的恶性肿瘤,称之为“癌”(carcinoma);间叶组织来源(包括纤维结缔组织、肌肉、脂肪、骨、软骨、脉管以及淋巴、造血组织等)的恶性肿瘤,称之为“肉瘤”(sarcoma);某些幼稚组织及神经组织来源的恶性肿瘤，常用“××母细胞瘤”或“××成母细胞瘤”的命名方式；形成乳头状及囊状结构的腺癌，称之为“乳头状囊腺癌”。如果一个肿瘤中既有癌又有肉瘤的结构，则称之为“癌肉瘤”。有些肿瘤成分复杂或组织来源尚有争论，则在肿瘤的名称前面加上“恶性”二字，如恶性畸胎瘤等。有些恶性肿瘤以发现者的名字命名，如马立克病和劳斯氏肉瘤。

良性肿瘤与恶性肿瘤的区别，主要依其组织分化程度、生长方式、生长速度、有无转移和复发以及对机体的影响等方面综合判断，尤其是通过显微镜观察肿瘤细胞组织排列方式异型性、细胞异型性等加以区分。

一、目的要求

1. 掌握肿瘤生长方式及外形。
2. 掌握良性肿瘤和恶性肿瘤的主要区别。

二、实验内容

(一)肉眼标本

1. 恶性淋巴瘤(图 10-1-1)

标本取自患恶性淋巴瘤死亡的黑熊。肠系膜淋巴结明显肿大，质硬，呈灰白色。

2. 肝癌(图 10-1-2)

标本取自患肝癌死亡的犬。肝脏表面弥散分布大小不等的黄白色肿瘤结节。

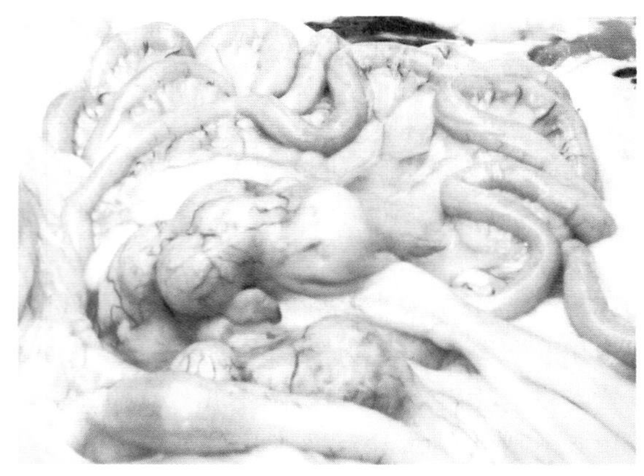

图 10-1-1　恶性淋巴瘤

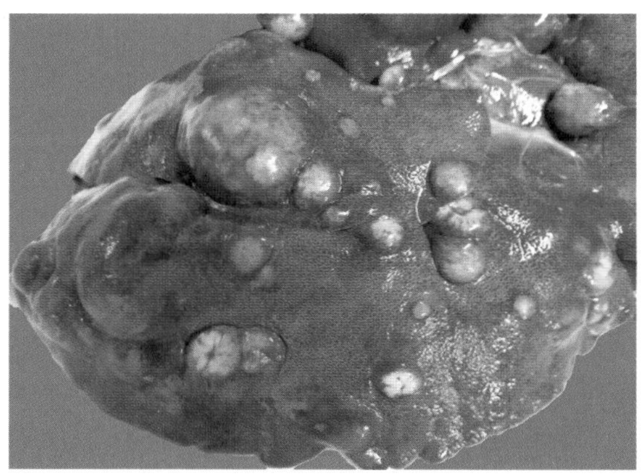

图 10-1-2　肝癌

3. 睾丸精原细胞瘤(图 10-1-3)

标本取自患睾丸精原细胞瘤的犬。一侧睾丸异常肿大，表面可见黑红色病变区。其体积是对侧正常睾丸的多倍。

4. 睾丸精原细胞瘤(切面)(图 10-1-4)

标本取自患睾丸精原细胞瘤的病犬。睾丸异常肿大，切面可见呈结节状的灰白色有透明感有光泽的肿瘤组织，污黑红色出血坏死肿瘤组织散在分布。

图 10-1-3　睾丸精原细胞瘤

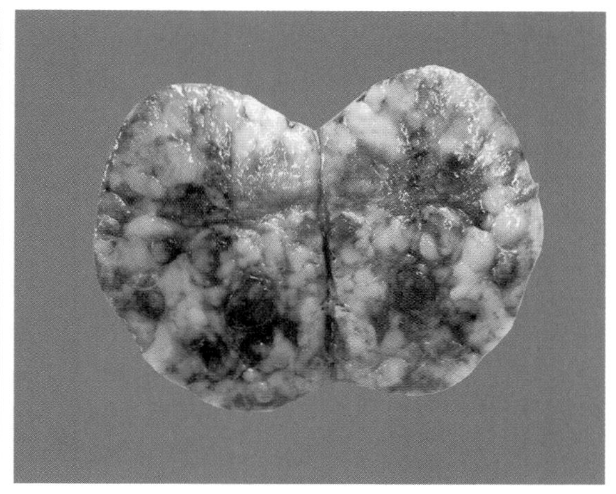

图 10-1-4　睾丸精原细胞瘤(切面)

5. 鸡马立克病(内脏型)(固定标本)(图 10-1-5)

肝实质中见黄豆大灰白色肿物,呈圆形隆起的结节状。

6. 鸡马立克病(神经型)(固定标本)(图 10-1-6)

右腰荐神经丛肿胀增粗,支配一侧的肌肉发生萎缩。

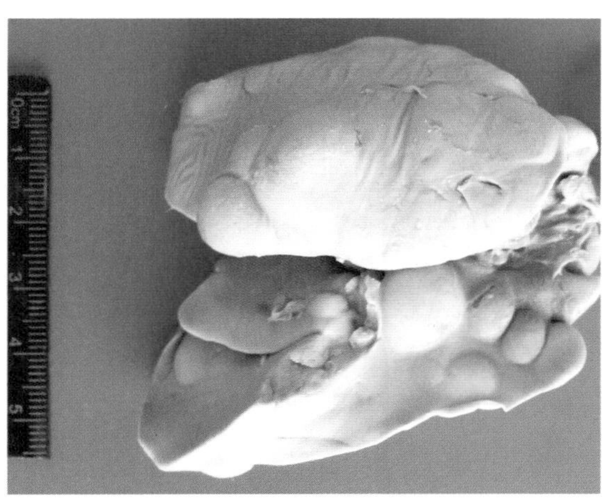

图 10-1-5　鸡马立克病(内脏型)
(固定标本)

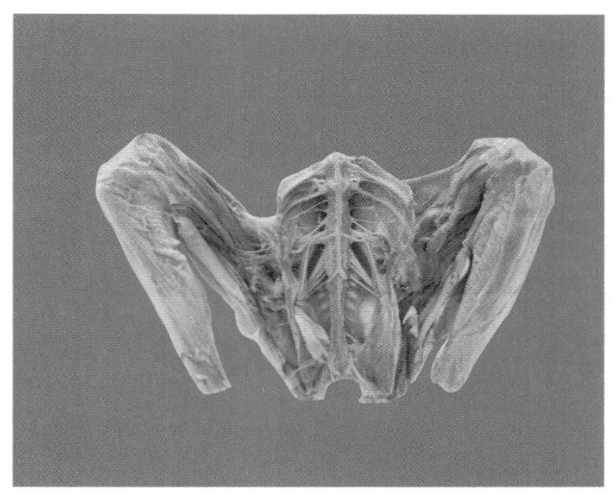

图 10-1-6　鸡马立克病(神经型)
(固定标本)

7. 鸡马立克病(皮肤型)(固定标本)(图 10-1-7)

颈、翅和腿部见蘑菇状肿物,灰白色,质如脂肪,表面见毛孔,切面一致灰白色,结构细腻,有的表面皮肤破烂。

8. 鸡弥漫性淋巴细胞增生症——肝(固定标本)(图 10-1-8)

肝肿大充满整个腹腔,表面光滑,呈不匀的灰红和暗红色彩,质度脆弱。

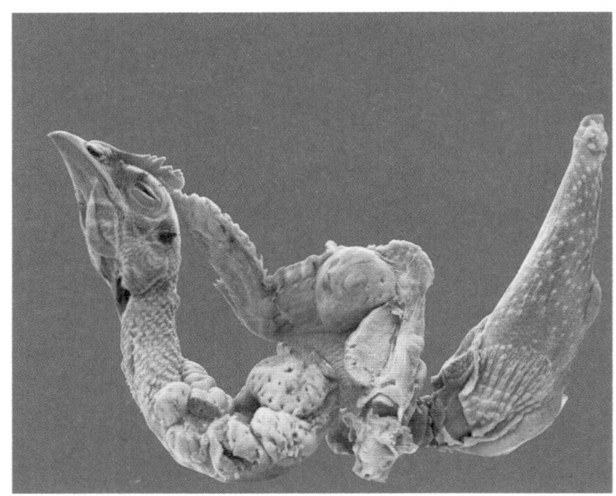

图 10-1-7　鸡马立克病(皮肤型)
(固定标本)

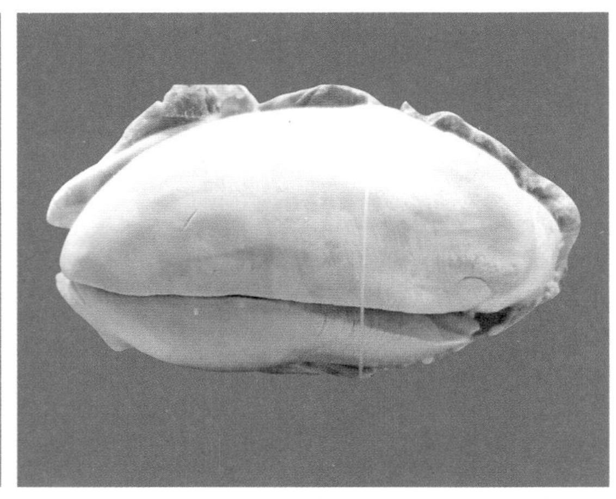

图 10-1-8　鸡弥漫性淋巴细胞增生症——肝
(固定标本)

9. 鸡弥漫性淋巴细胞增生症——肾(固定标本)(图 10-1-9)

前、中、后三叶肾均明显肿大,表面光滑,质度和颜色一致。

10. 鸡结节性淋巴细胞增生症——肝(固定标本)(图 10-1-10)

肝肿大中等度,表面散在多量黄豆大圆形隆起的结节,其边界清楚,灰白色,质如油脂。腔上囊见有肿物。

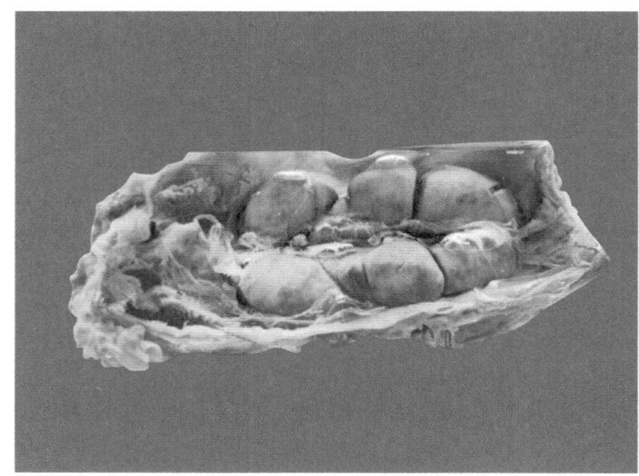

图 10-1-9　鸡弥漫性淋巴细胞增生症——肾
(固定标本)

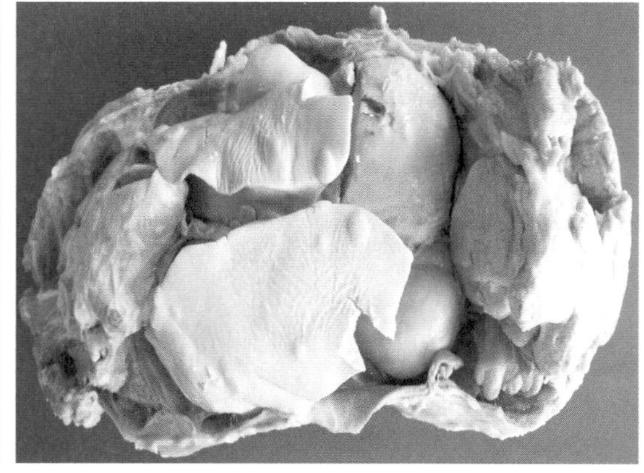

图 10-1-10　鸡结节性淋巴细胞增生症——肝
(固定标本)

11. 鸡跗关节滑膜瘤(固定标本)(图 10-1-11)

在鸡跗关节处突出于表面生长圆形肿物,体积较大,质度坚实,表明可见痂皮。

12. 鸡骨石化症(固定标本)(图 10-1-12)

腿部胫骨和翅部肱骨增粗,呈梭形,质度硬实,髓腔变小,骨质增厚(向内外增生)。

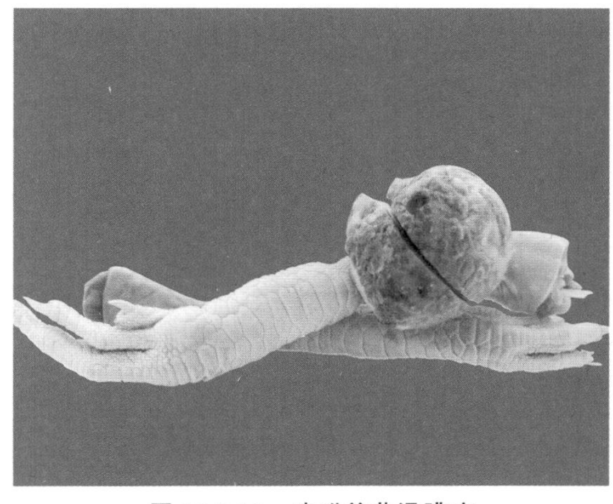

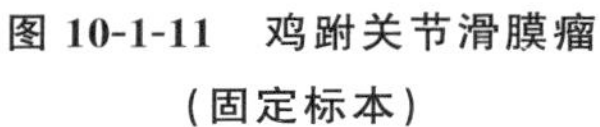

图 10-1-11　鸡跗关节滑膜瘤
（固定标本）

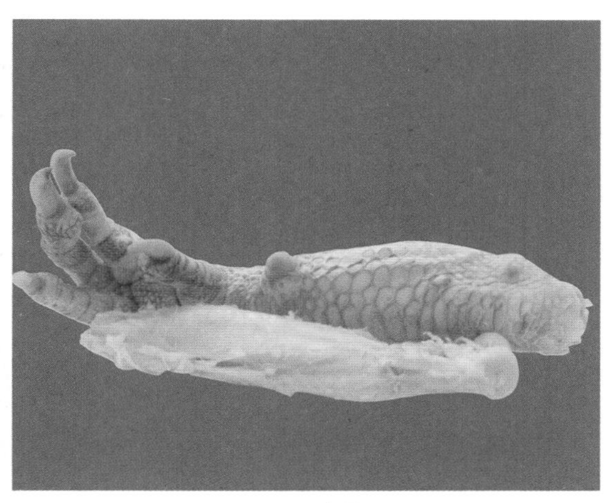

图 10-1-12　鸡骨石化症
（固定标本）

13. 骡驹唇皮肤乳头状瘤（固定标本）（图 10-1-13）

产后第 3 天的骡驹下唇部长一个黑色乳头状瘤，有一短柄与唇相连，瘤体由大量片状小叶组成。

14. 鸡舌咽癌（固定标本）（图 10-1-14）

在左舌根部咽黏膜上长一个肿物，表面为不平干燥脆弱的纤维素样物质，有根与舌和咽部分相连，把舌尖挤向右侧，肿物堵住口腔和咽前部。

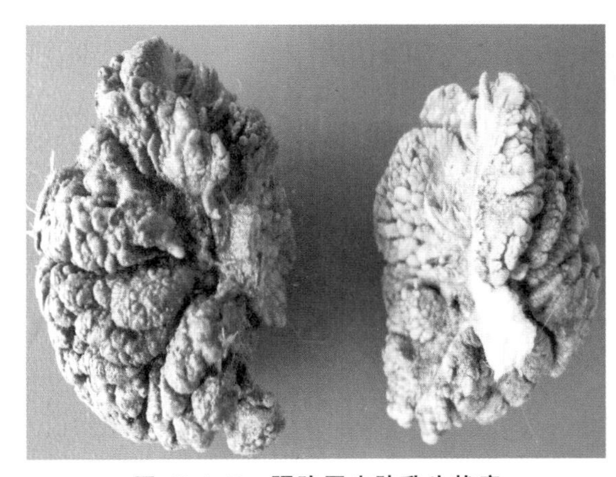

图 10-1-13　骡驹唇皮肤乳头状瘤
（固定标本）

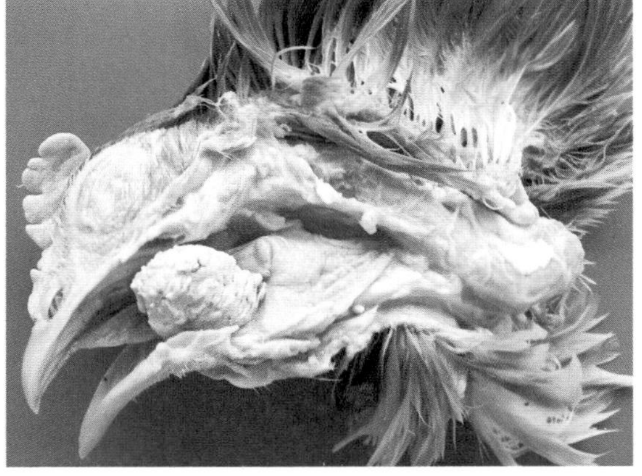

图 10-1-14　鸡舌咽癌
（固定标本）

（二）组织切片

1. 兔肝胆管乳头状瘤（球虫引起）（图 10-2-1 至图 10-2-3）

胆管扩张，上皮细胞高度增生，呈树枝状向管腔内突起。增生的上皮细胞中可见球虫裂殖体。管腔中可见多量球虫卵囊、脱落的上皮细胞、坏死物质等。汇管区结缔组织增生，胆管增生。

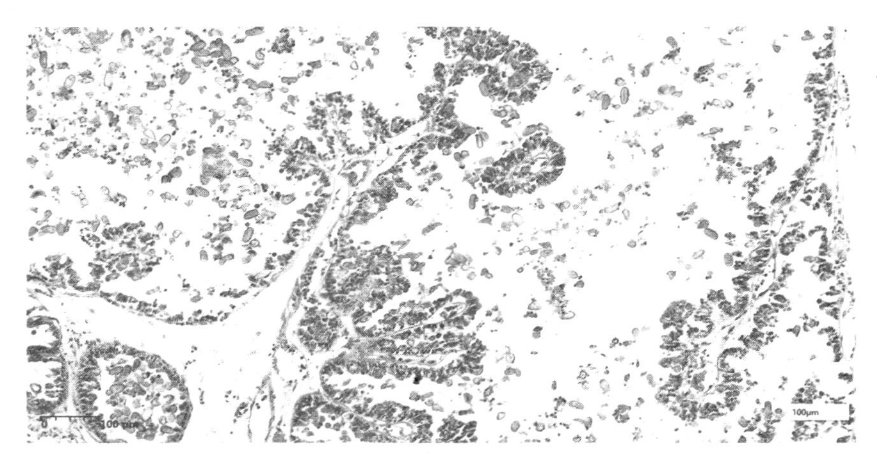

图 10-2-1　兔肝胆管乳头状瘤，胆管上皮增生呈树枝状向管腔突起

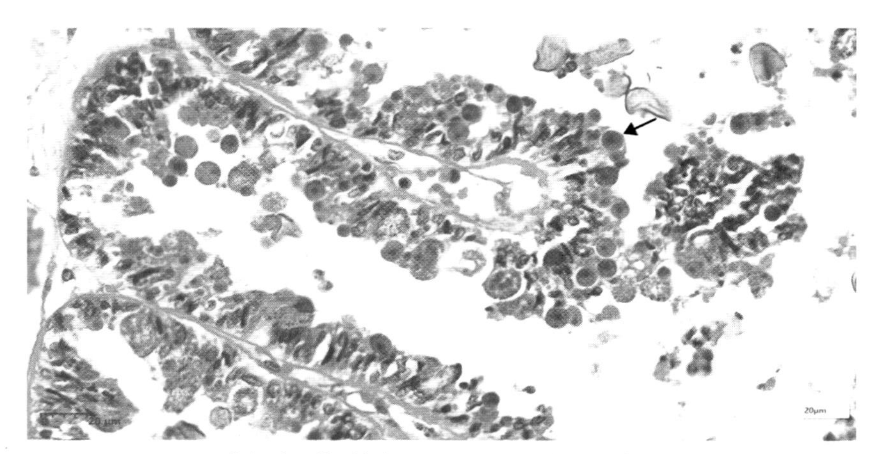

图 10-2-2　球虫裂殖体（箭头所示），上皮细胞胞质内呈红染圆形状

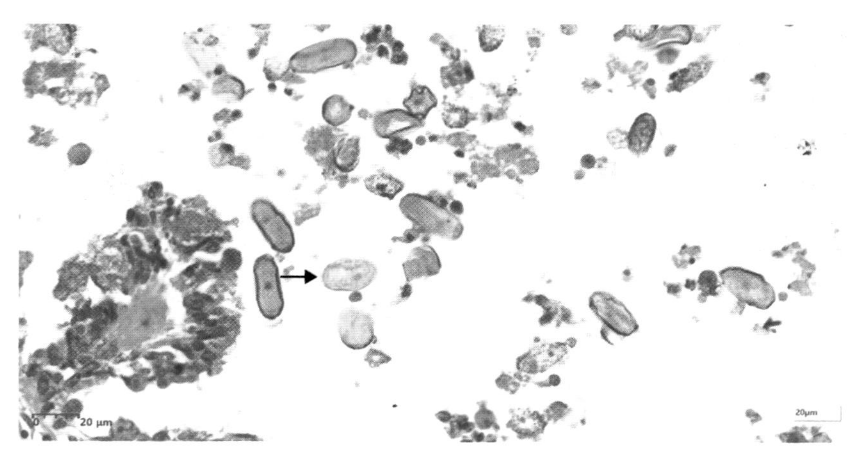

图 10-2-3　球虫卵囊（箭头所示），在管腔内，呈椭圆形透明状

2. 犬肝转移性肉瘤（原发部位在乳房间质）（图 10-2-4 至图 10-2-6）

肝实质内见肿瘤结节，由 2 种形态的细胞组成：

①细胞大,圆形或椭圆形,核膜厚,染色质颗粒粗,胞质多,红染,有的互相融合。
②细胞核圆或椭圆形,染色较深,染色质颗粒粗,胞质少,呈梭形。
两种细胞均见核分裂象和退变的细胞,并有坏死和白细胞浸润。肿物和肝实质分界清楚。

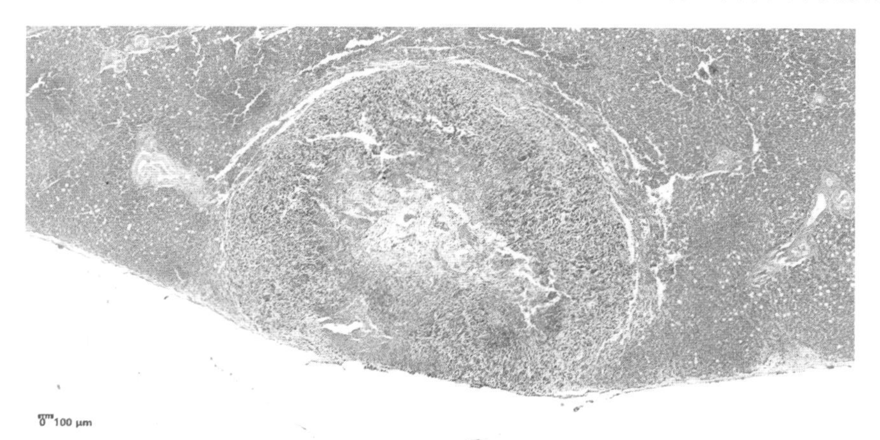

图 10-2-4 犬肝转移性肉瘤,在肝组织中可见一圆形边界清楚的转移瘤

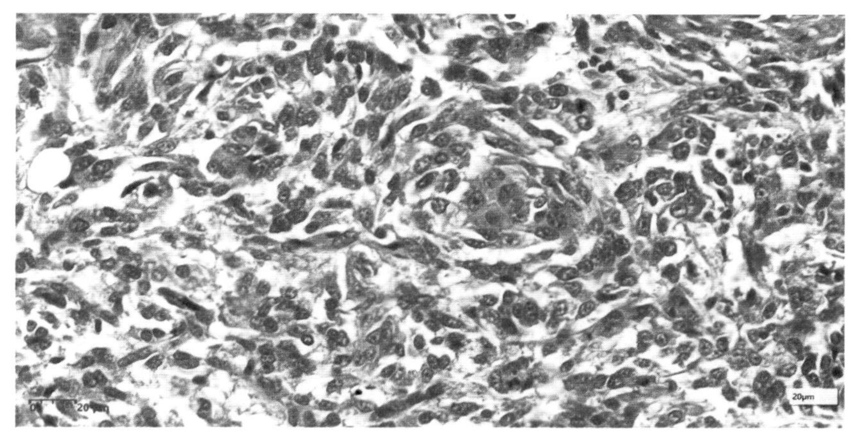

图 10-2-5 肿瘤结节内 2 种形态的细胞

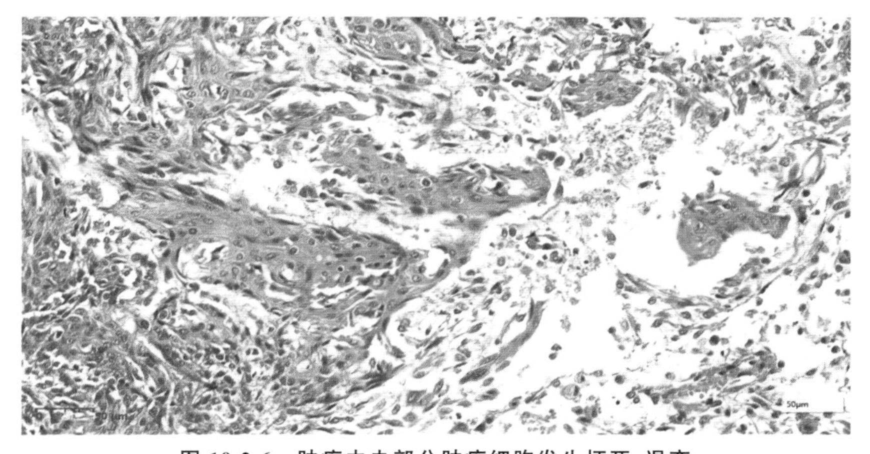

图 10-2-6 肿瘤中央部分肿瘤细胞发生坏死、退变

3. 欧洲野牛皮肤鳞状细胞癌(图 10-2-7 至图 10-2-10)

癌巢呈索状或团块状伸入真皮。可见形成癌巢和癌珠。

癌细胞异型性大,大小不一。核大,染色质颗粒粗,核膜厚。胞质多,红染,退变的细胞呈水泡样变和红色角质化。

间质为红染胶原纤维束,粗大均质。真皮层可见少量淋巴细胞浸润。

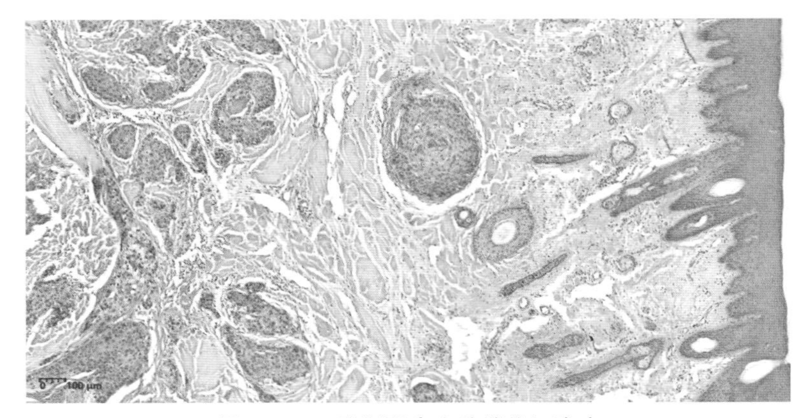

图 10-2-7　欧洲野牛皮肤鳞状细胞癌

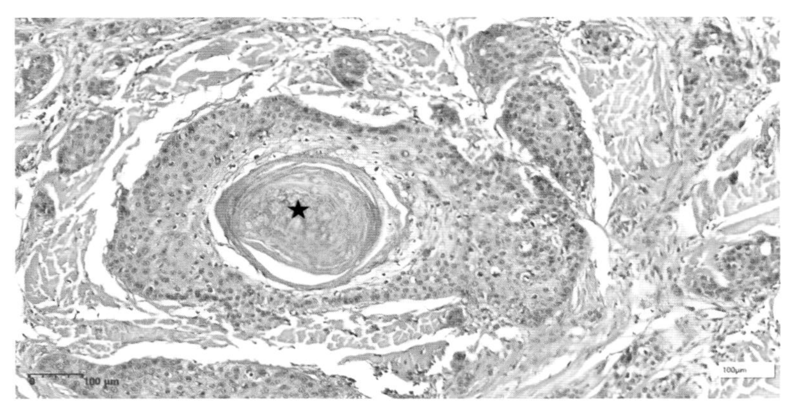

图 10-2-8　癌巢和癌珠(星号所示)

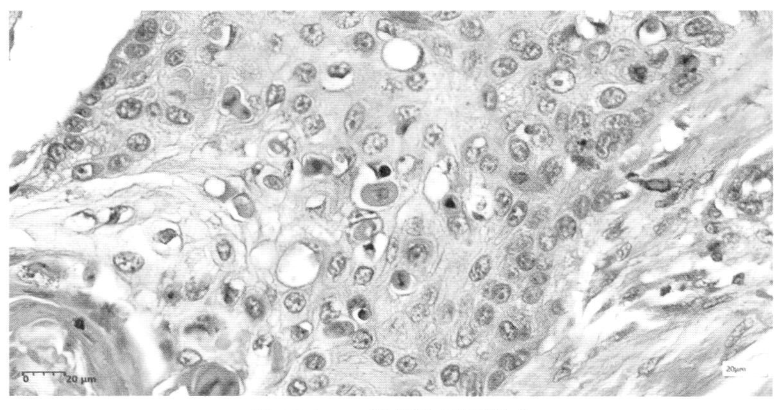

图 10-2-9　癌细胞异型性大

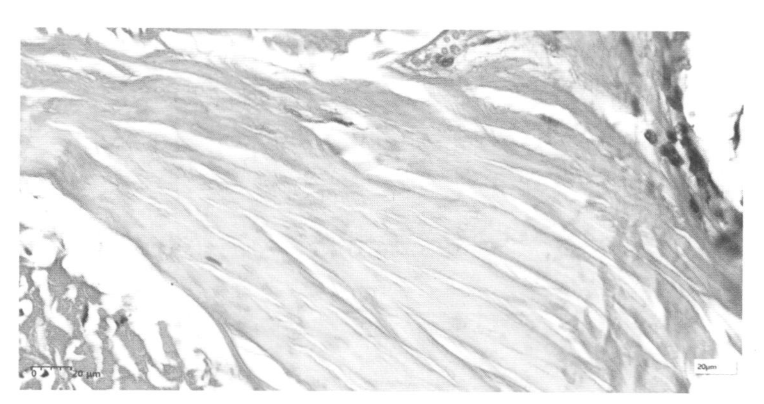

图 10-2-10　间质为红染胶原纤维束

4. 乳腺腺瘤(图 10-2-11、图 10-2-12)

肿物被纤维结缔组织分隔成大小不一的小叶状结构,增生的细胞主要为腺上皮细胞,细胞围绕排列成管状或堆积分布呈片状,管腔内含有多少不等的分泌物。

腺上皮细胞排列紧密,细胞呈圆形或椭圆形,细胞界限不清,胞核呈圆形或椭圆形,呈泡状,胞质较少,嗜酸性。

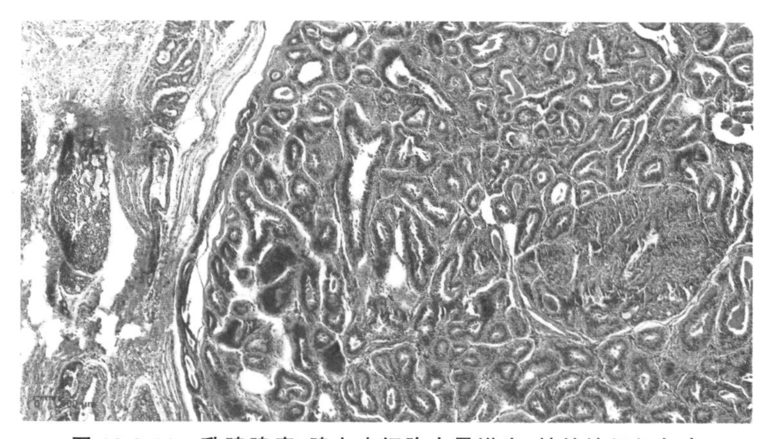

图 10-2-11　乳腺腺瘤,腺上皮细胞大量增生,被结缔组织包裹

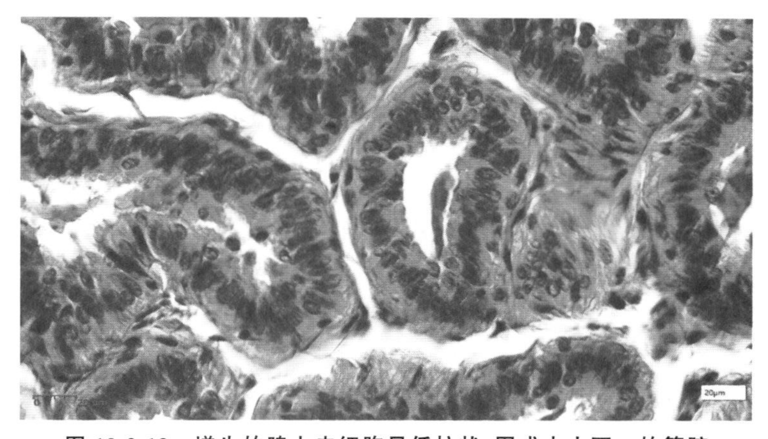

图 10-2-12　增生的腺上皮细胞呈低柱状,围成大小不一的管腔

5. 平滑肌瘤(图 10-2-13、图 10-2-14)

肿物被膜完整,由较薄的结缔组织被膜包裹,肿物主要位于真皮层,细胞成分较单一。

肿瘤细胞是形态比较一致的梭形平滑肌细胞,呈束状、编织状或波浪状排列,细胞界限不清。胞质呈嗜酸性,粉染,胞质呈圆形、椭圆形、长梭形,弱嗜碱性,淡蓝染,核仁较为明显。

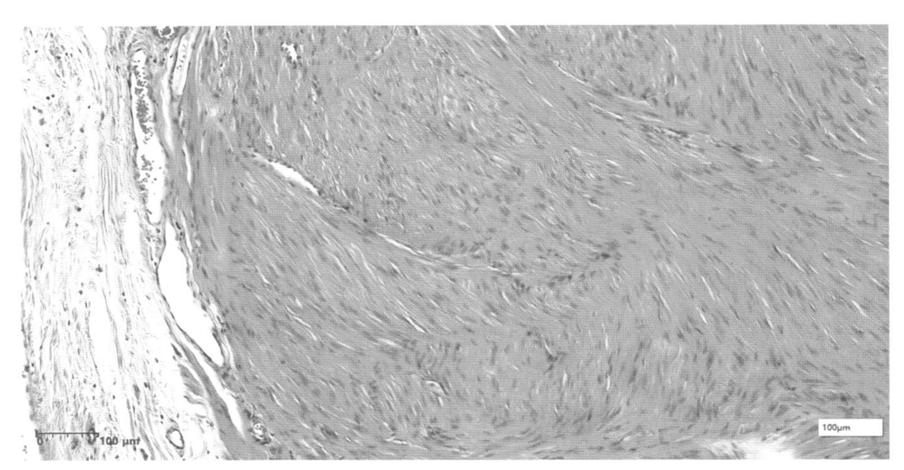

图 10-2-13　平滑肌瘤,肿瘤细胞排列呈束状、编织状、波浪状

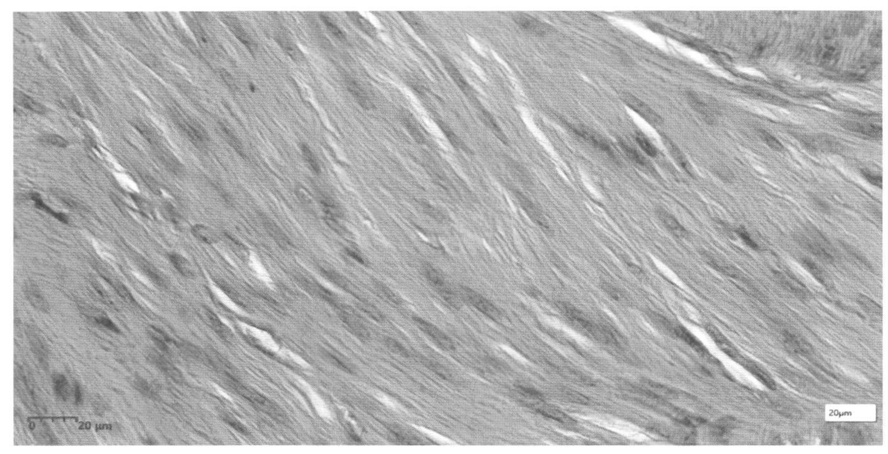

图 10-2-14　梭形平滑肌细胞,细胞异型性不大,有丝分裂象少见

6. 肾母细胞瘤(图 10-2-15 至图 10-2-17)

增生的肿瘤细胞被纤维结缔组织分隔成岛状,肿瘤细胞呈实性、侵袭性、不规则性生长。

可见不同数量的胚胎上皮(肾小球芽和小管)、未分化的胚芽和黏液瘤性间质(间质)。

一簇上皮内陷到腔内形成肾小球样结构,又称“胚胎肾小球”。肾小球和小管处于不同的分化阶段,胚胎肾小球周围有大小不一的不规则小管,有的形成小腺泡或小管,有的伸长扩张形成集合管样结构。

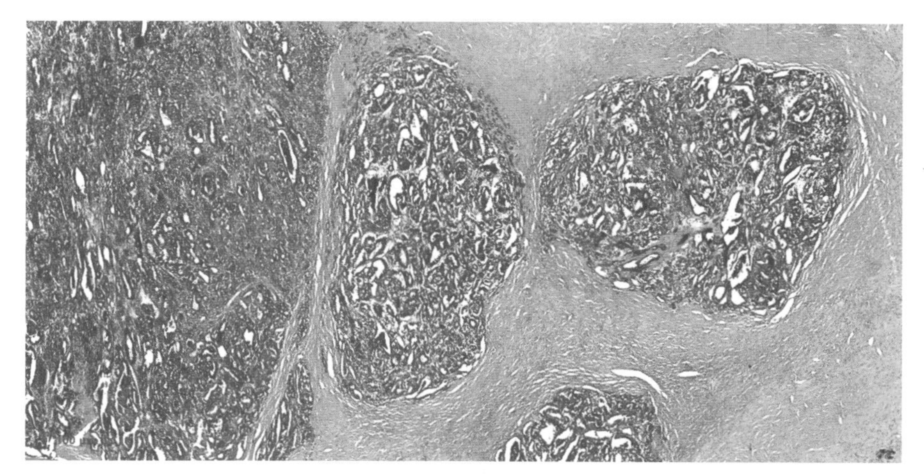

图 10-2-15 肾母细胞瘤，增生的肿瘤细胞被纤维结缔组织分隔呈岛状

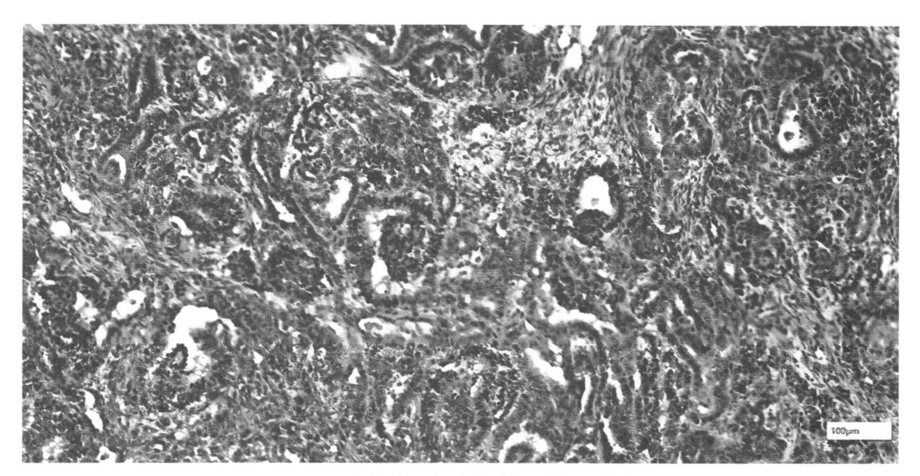

图 10-2-16 胚胎上皮、未分化的胚芽和黏液瘤性间质

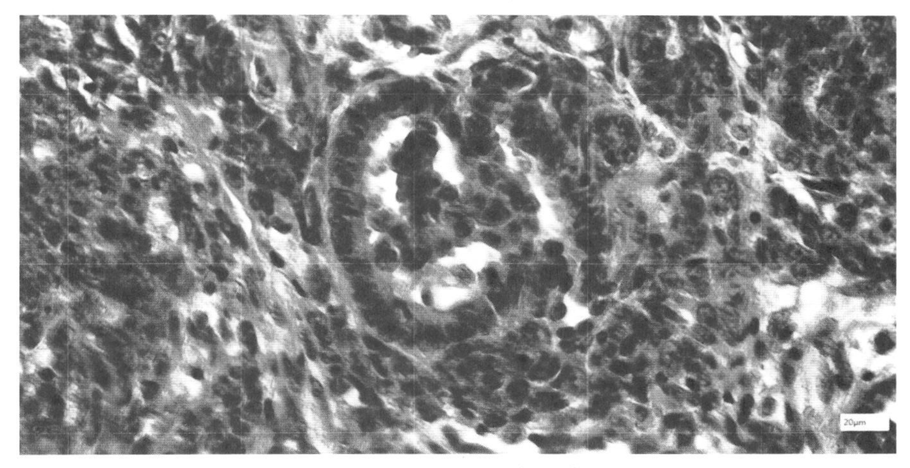

图 10-2-17 胚胎肾小球

三、绘图作业

1. 兔肝胆管乳头状瘤。
2. 欧洲野牛皮肤鳞状细胞癌。

实验十一

心血管系统病理学

【学习提要】

心血管系统是由心脏、动脉、静脉和毛细血管组成的一个封闭的管道。当心血管系统发生机能性或器质性疾病时，就必然引起全身或者局部血液循环紊乱，进而导致各组织器官发生代谢、机能和结构方面的改变，甚至造成对生命的威胁。反之，机体其他器官和组织一旦发生疾患，也必定以不同方式和不同程度影响心血管系统，使其功能和结构发生改变。

本章主要论述心脏机能障碍和心血管系统各部分的炎症，即心内膜炎（endocarditis）、心肌炎（myocarditis）、心包炎（pericarditis）以及脉管炎（vasculitis）。

心内膜炎（endocarditis）是指心内膜的炎症。动物的心内膜炎通常由细菌感染引起，常常伴发于慢性猪丹毒、链球菌、葡萄球菌等化脓性细菌的感染过程中。根据病变特征，心内膜炎可分为疣状心内膜炎（verrucose endocarditis）和溃疡性心内膜炎（ulcerative endocarditis）。疣状心内膜炎以心瓣膜损伤轻微和形成疣状赘生物（血栓）为特征；溃疡性心内膜炎又称败血性心内膜炎，其病变特征是心瓣膜受损较严重、炎症侵入瓣膜的深层并见明显的坏死和大的血栓性疣状物形成。心内膜炎发展到后期，一方面形成的血栓性疣状物和瓣膜变性坏死造成的缺损由肉芽组织修复机化，导致瓣膜闭锁不全或瓣膜口狭窄，而发展为瓣膜病；另一方面血栓脱落进入血液循环，形成血栓性栓子。瓣膜病和血栓性栓子以及引起的栓塞和梗死对机体都会造成严重后果，甚至危及生命。

心肌炎（myocarditis）是指心肌的炎症。动物的心肌炎一般呈急性经过，而且伴有明显的心肌纤维变性和坏死过程。根据炎症发生的部位和性质，心肌炎可分为实质性心肌炎（parenchymatous myocarditis）、间质性心肌炎（interstitial myocarditis）和化脓性心肌炎（suppurative myocarditis）。实质性心肌炎以心肌纤维的变质性变化为主，渗出和增生没有前者变化明显。发生实质性心肌炎时，炎症性病变多为局灶状，呈灰白色或灰黄色斑块或条纹，散布于黄红色心肌的背景上，形成形似虎皮的斑纹，成为“虎斑心”。间质性心肌炎以心肌间质的渗出性变化明显，炎性细胞呈弥漫性或结节性浸润，而心肌纤维变质性变化比较轻微为特征，可发生于传染性和中毒性疾病过程中。化脓性心肌炎以心肌内形成大小不等的脓肿为特征，常由化脓性细菌感染所引起，如葡萄球菌、链球菌等。非化脓性心肌炎的病灶可发生机化，最后形成灰白色的纤维化斑块。化脓性心肌炎病灶常以包囊形成、钙化及纤维化而告终。

心包炎(pericarditis)是指心包的壁层和脏层浆膜的炎症,可表现为局灶性或弥漫性。动物的心包炎多呈急性经过,通常伴发于其他疾病过程中,有时也以独立疾病(如牛创伤性心包炎)的形式表现出来。心包炎按其炎性渗出物的性质可区分为浆液性、纤维素性(浆液-纤维素性)、化脓性、浆液-出血性等类型,但兽医临诊上最常见的是浆液-纤维素性心包炎(serous-fibrinous pericarditis)。浆液-纤维素性心包炎主要由传染性因素引起。早期炎性渗出物常为浆液性,随着炎症的发展,毛细血管损伤加重,纤维蛋白渗出,发展为浆液-纤维素性或纤维素性心包炎。发生纤维素性心包炎时,纤维素不断沉积,随着心脏的搏动,沉积在心外膜上的纤维素形成绒毛状,称此现象为"绒毛心"。纤维素性心包炎呈慢性经过时,被覆心包壁层和脏层的纤维素往往发生机化,称此为"盔甲心"。

脉管炎(vasculitis)可分为动脉炎(arteritis)和静脉炎(phlebitis)。动脉炎是指动脉管壁的炎症,根据炎症侵害的部位可分为动脉内膜炎(endarteritis)、动脉中膜炎(mesarteritis)和动脉周围炎(periarteritis)。动脉管壁各层均发炎,则称为全动脉炎(panarteritis)。静脉炎是指静脉管壁的炎症,通常分为急性和慢性 2 种类型。

一、目的要求

掌握心内膜炎、心肌炎和心外膜炎的病理特征。

二、实验内容

(一)肉眼标本

1. 猪丹毒增生性心瓣膜炎(图 11-1-1)

左心房室瓣的心房面,有疣性或菜花样增生物,表面不平,瓣膜闭锁不全。

2. 出血性心内膜炎(图 11-1-2)

标本取自患败血型大肠杆菌病死亡的犊牛。心内膜下严重出血,可见黑红色出血斑。

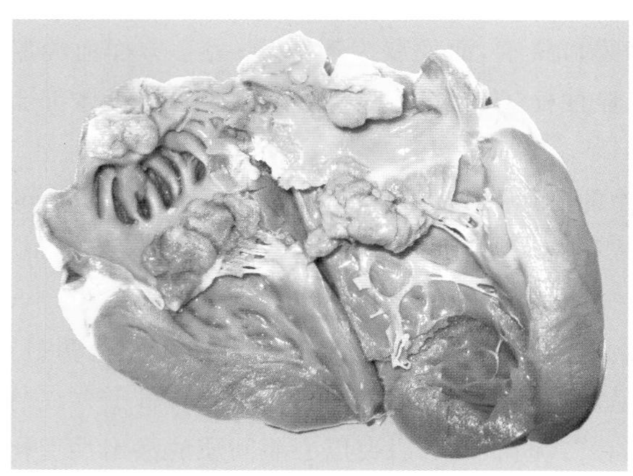

图 11-1-1　猪丹毒增生性心瓣膜炎

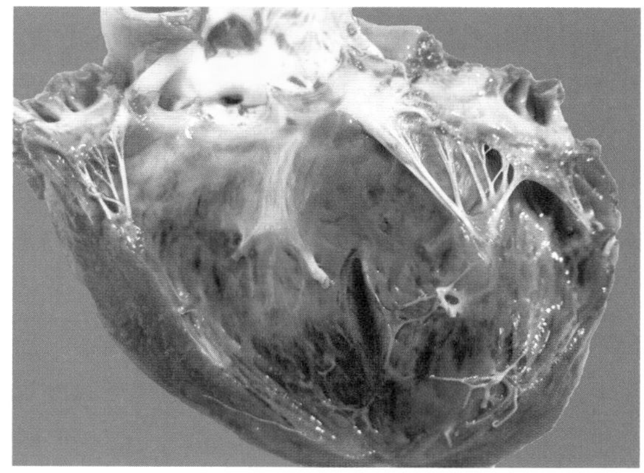

图 11-1-2　出血性心内膜炎

3. 虎斑心(固定标本)(图 11-1-3)

心肌的炎症病变为局灶状,呈灰黄色或灰白色斑状条纹,散布在黄红色心肌的衬底上。形似虎皮的斑纹。并伴有出血。

4. 虎斑心(图 11-1-4)

标本取自患恶性口蹄疫死亡的羔羊。心脏表面黄白色无光泽斑状变性坏死心肌与深红色相对正常心肌呈红黄相间的纹理,如虎皮的斑纹。

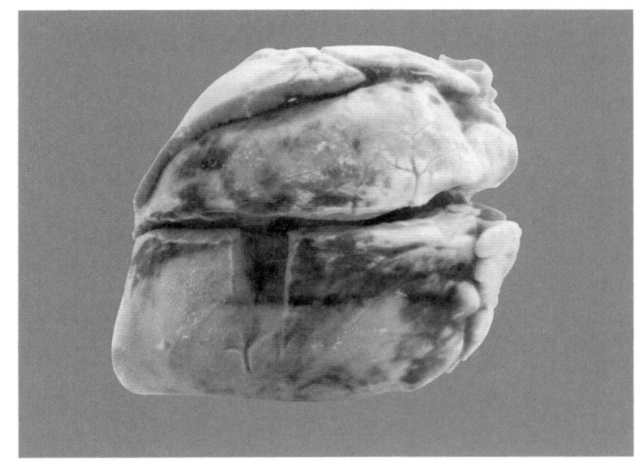

图 11-1-3　虎斑心
(固定标本)

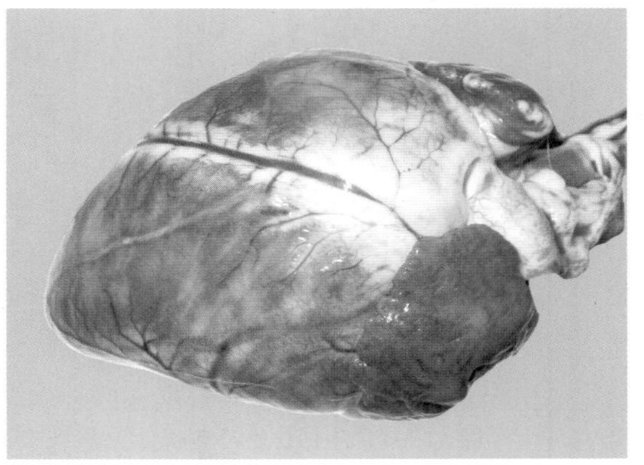

图 11-1-4　虎斑心

5. 浆液性心包炎(图 11-1-5)

羊巴氏杆菌病。心包腔内积有大量淡黄色透明浆液,心外膜充血和水肿。

6. 牛创伤性纤维素性心囊炎(固定标本)(图 11-1-6)

心外膜显著增厚,表面不平,颗粒状隆起。心囊腔积多量脓性、纤维素样物质。心外膜与横膈、网胃粘连。

图 11-1-5　浆液性心包炎

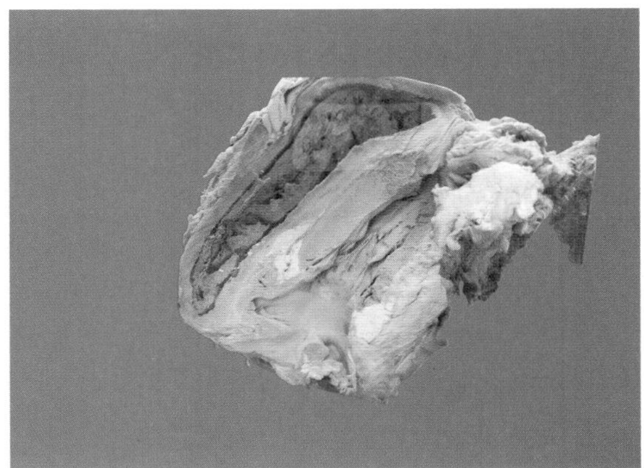

图 11-1-6　牛创伤性纤维素性心囊炎
(固定标本)

7. 牛创伤性心包炎(图 11-1-7)

心包腔增大,内有大量血样污浊液体,心包内表面和心脏外表面因渗出物机化而增厚,呈污绿色。

8. 纤维素性心包炎(绒毛心)(图 11-1-8)

犊牛大肠杆菌病。灰白色或黄白色丝状、网状或薄层膜状渗出的纤维素附着于心包壁层和心外膜表面。

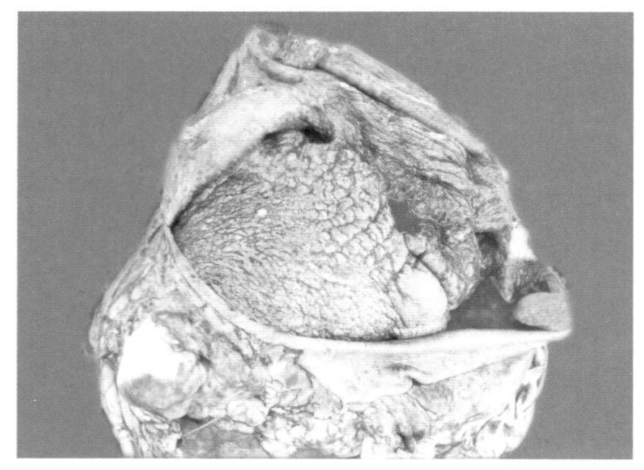

图 11-1-7　牛创伤性心包炎

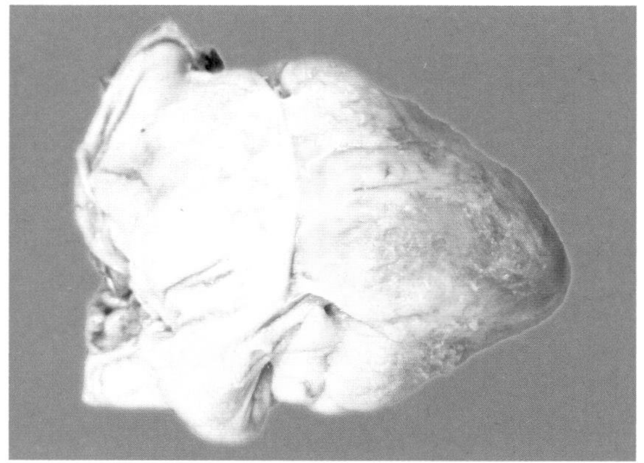

图 11-1-8　纤维素性心包炎(绒毛心)

9. 猪右心扩张(固定标本)(图 11-1-9)

胸膜肺炎引起右心扩张,右心腔扩张,心壁变薄。

图 11-1-9　猪右心扩张(固定标本)

(二)组织切片

1. 鸡心肌炎(图 11-2-1 至图 11-2-5)

心外膜轻度水肿,巨噬细胞浸润。

心外膜下肌组织呈局灶性炎症变化,表现为:

①心肌纤维肿胀、溶解、消失。巨噬细胞浸润,异嗜性粒细胞、成纤维细胞增生,形成瘢痕组织。

②间质成纤维细胞增生。

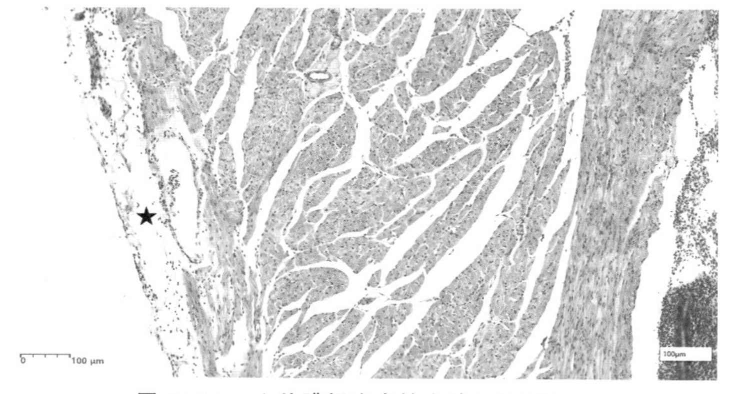

图 11-2-1　心外膜轻度炎性水肿(星号所示)

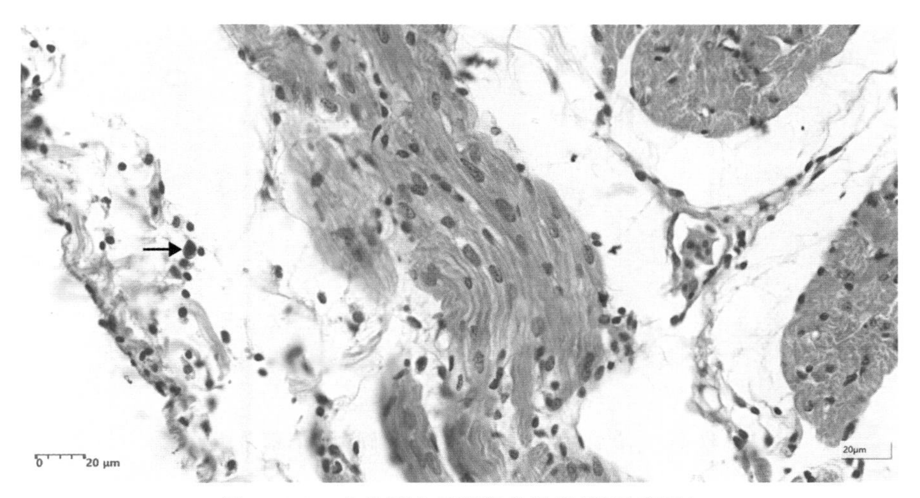

图 11-2-2　心外膜中巨噬细胞浸润(箭头所示)

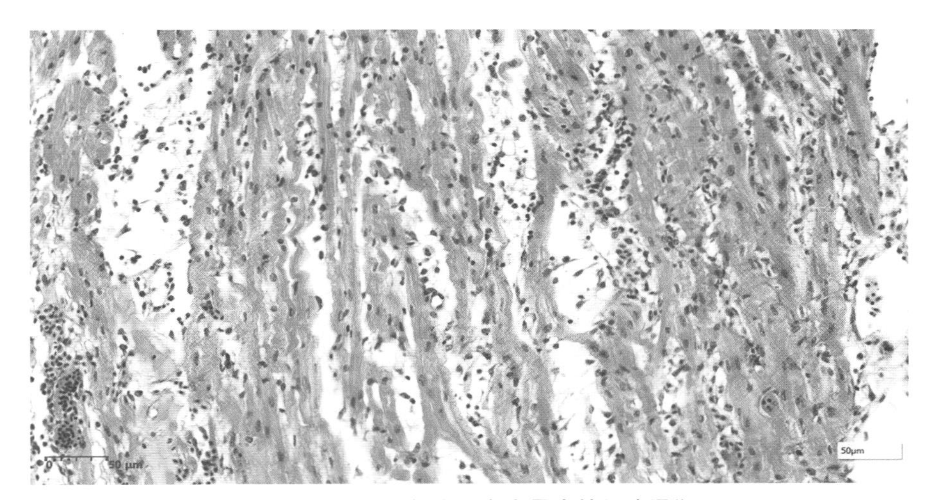

图 11-2-3　心肌纤维间有大量炎性细胞浸润

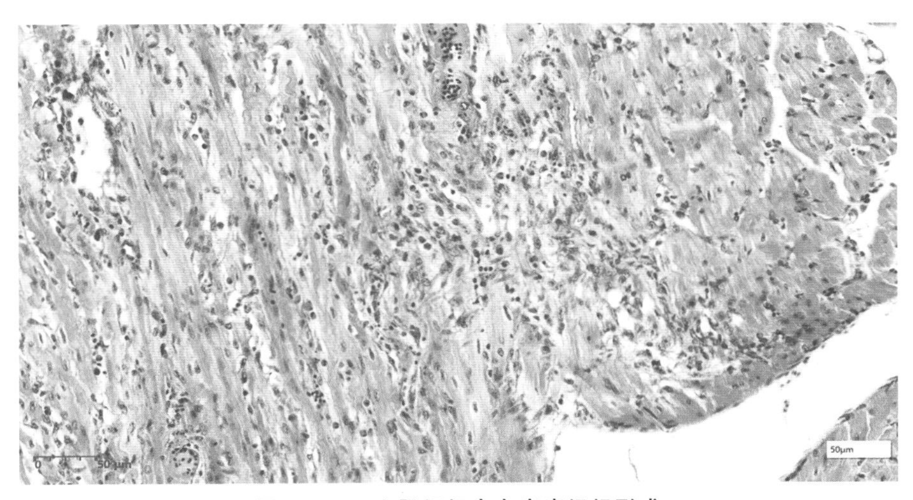

图 11-2-4　心肌组织中有瘢痕组织形成

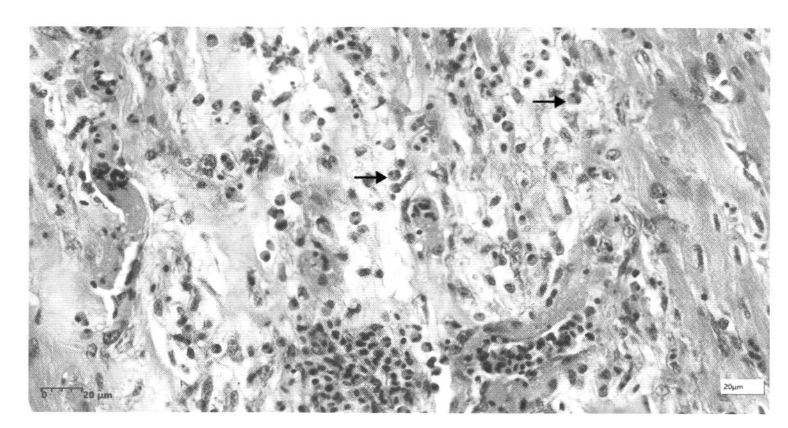

图 11-2-5　心肌纤维间有异嗜性粒细胞浸润(箭头所示)

2. 鸡心外膜心肌炎(图 11-2-6 至图 11-2-9)

心外膜增厚,上皮样细胞增生,淋巴细胞浸润,结缔组织细胞核破碎。

心外膜下心肌纤维变性、坏死、溶解,核破碎。邻近的间质增宽、水肿、上皮样细胞增生,淋巴细胞浸润。

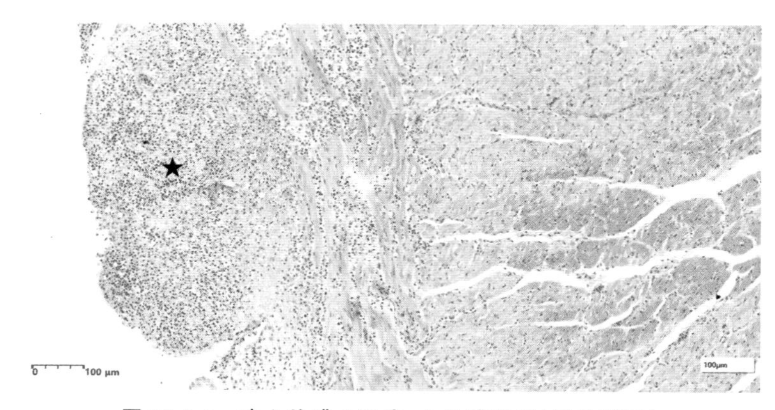

图 11-2-6　鸡心外膜心肌炎,心外膜增厚(星号所示)

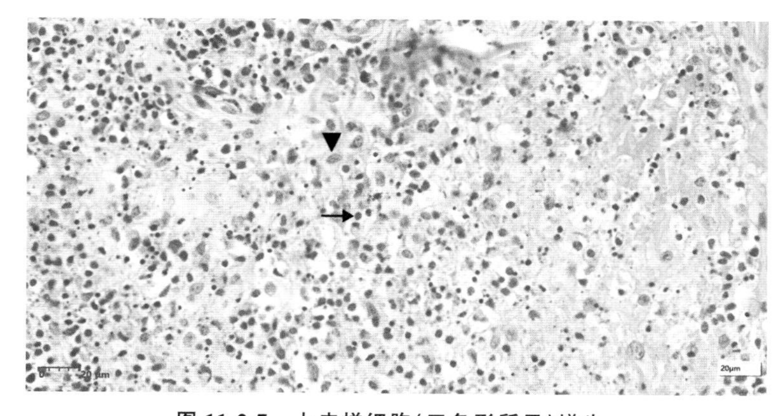

图 11-2-7　上皮样细胞(三角形所示)增生,淋巴细胞(箭头所示)浸润,结缔组织细胞核破碎

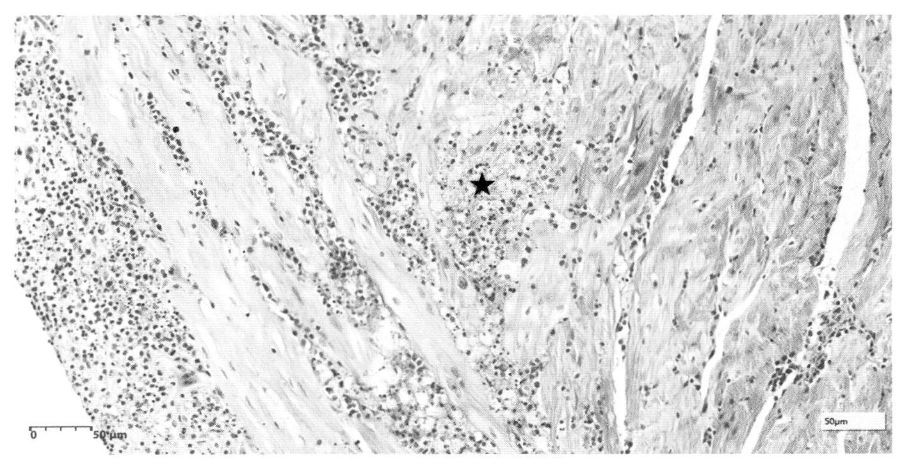

图 11-2-8　心外膜下心肌纤维变性、坏死(星号所示)

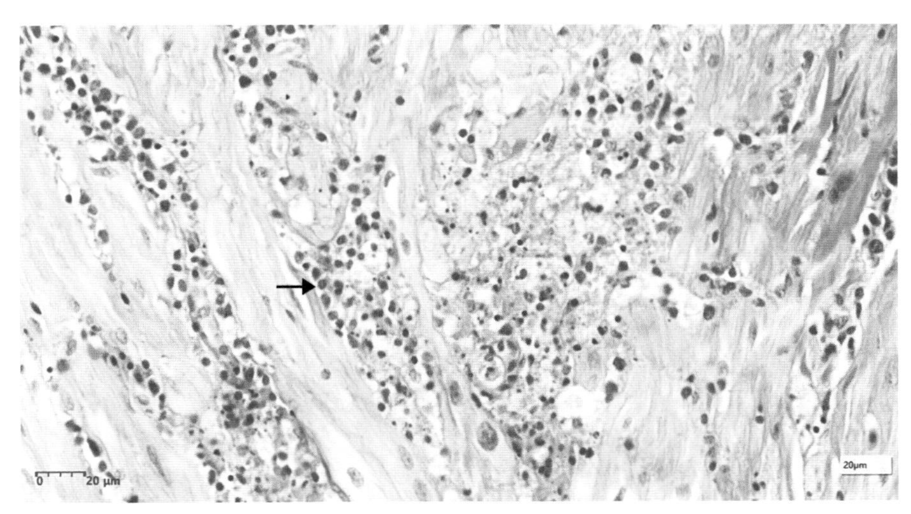

图 11-2-9　心肌纤维间炎性细胞浸润,主要为淋巴细胞(箭头所示)

3. 猪口蹄疫心肌炎

见炎症实验。

4. 猪丹毒增生性心瓣膜炎(图 11-2-10 至图 11-2-15)

增生物的表面红蓝相间(蓝染的团块是菌丛),没有结构。稍向下即可见红染纤维素条索或丝网状,其中夹杂细胞成分。再下主要是大量坏死崩解的中性粒细胞(所有这些都是增生物表面的血栓部分)。

增生物的主要结构是不同成熟程度的结缔组织,为胶原纤维和成纤维细胞,其中散在小血管和少量淋巴细胞。

图 11-2-10 心瓣膜表面增生物红蓝相间，无结构

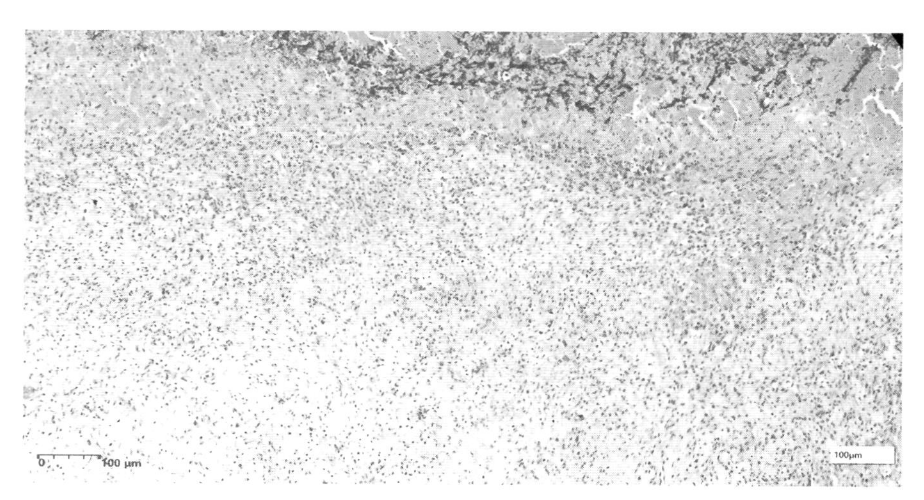

图 11-2-11 增生物下结缔组织增生

图 11-2-12 红染纤维素呈条索或丝网状，其中夹杂细胞成分

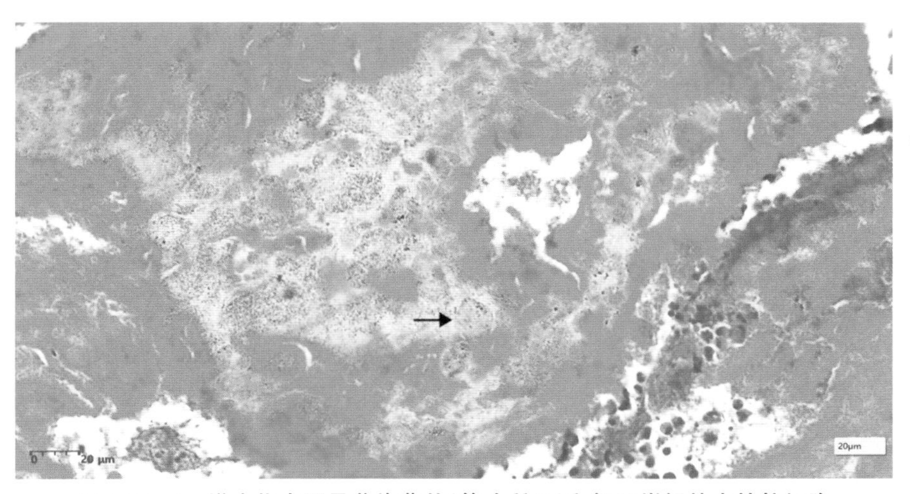

图 11-2-13　增生物中可见蓝染菌丛(箭头所示)和坏死崩解的中性粒细胞

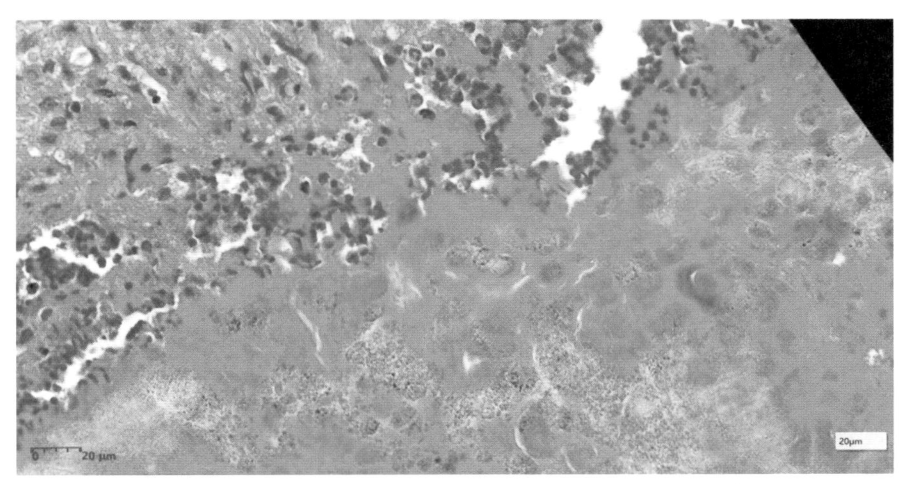

图 11-2-14　增生物下层可见大量坏死崩解的中性粒细胞

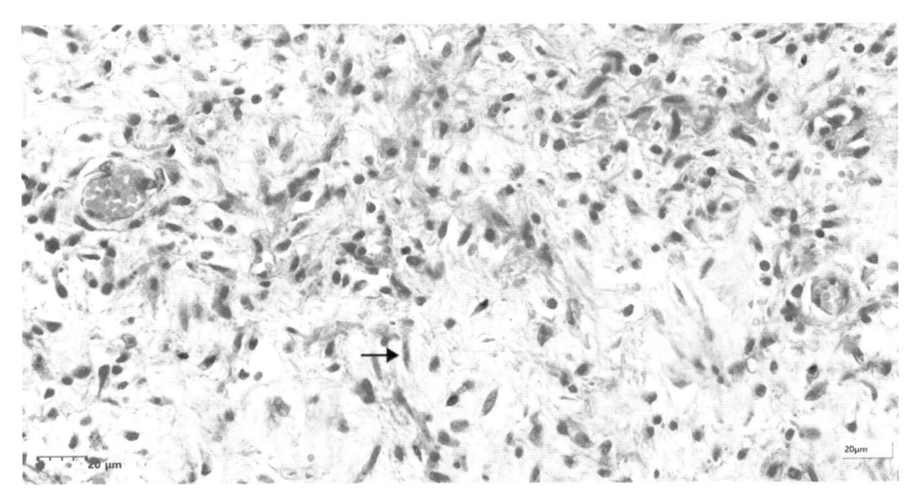

图 11-2-15　增生的结缔组织中,可见成纤维细胞(箭头所示)和少量淋巴细胞

5. 羊创伤性心外膜炎(脓肿)(图 11-2-16 至图 11-2-19)

心外膜下结缔组织增生。

增生组织中见脓肿:病灶中央呈红染无结构的颗粒状,边缘可见核碎裂的脓细胞,外裹以纤维性脓膜(成纤维细胞、胶原纤维、淋巴细胞和巨噬细胞)。

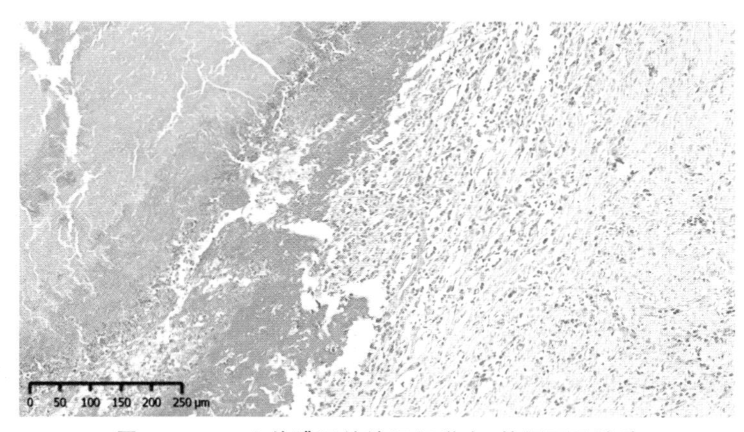

图 11-2-16 心外膜下结缔组织增生,其间可见脓肿

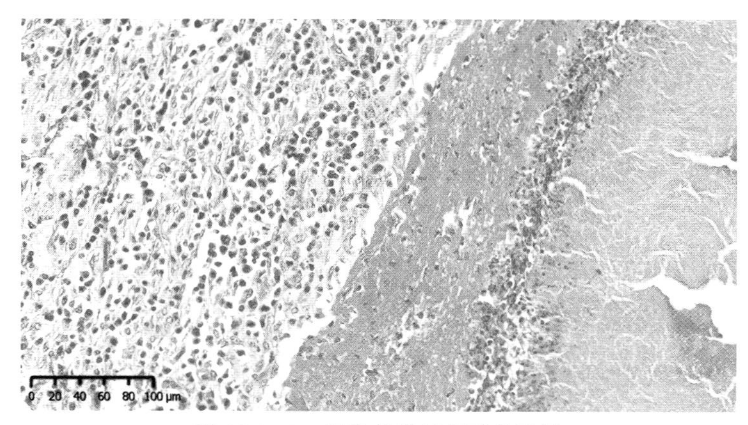

图 11-2-17 脓肿外裹以纤维性脓膜

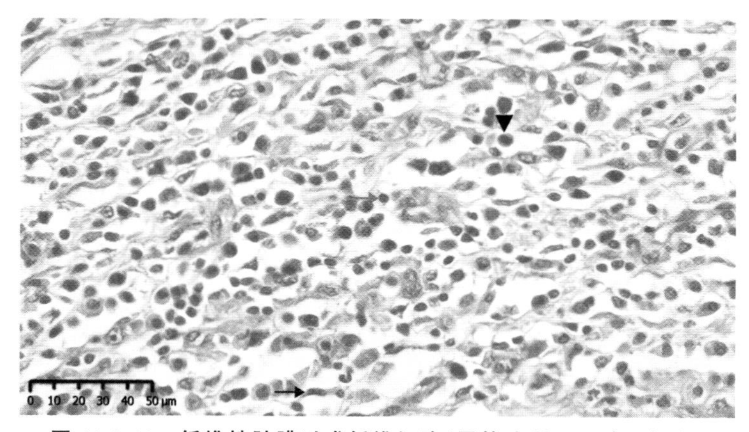

图 11-2-18 纤维性脓膜以成纤维细胞(黑箭头所示)、胶原纤维、淋巴细胞(红箭头所示)和巨噬细胞(三角形所示)为主

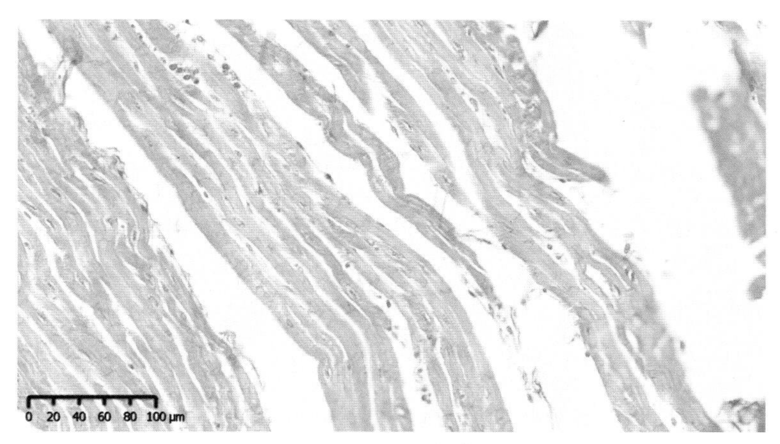

图 11-2-19　心肌组织水肿、间质增宽

6. 牛创伤性心外膜炎和心肌炎(图 11-2-20 至图 11-2-23)

心肌间质中见多量中性粒细胞和脓细胞以及蓝染的菌丛团块。心肌纤维退变。心外膜结构辨认不清,附着大量红染纤维素和中性粒细胞浸润。

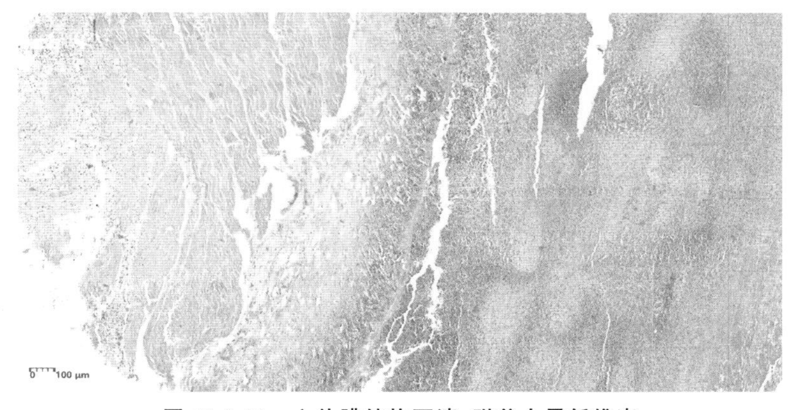

图 11-2-20　心外膜结构不清,附着大量纤维素

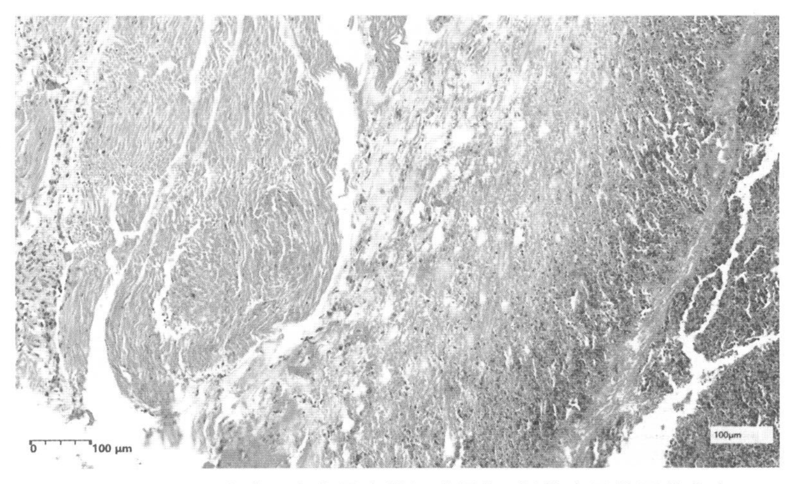

图 11-2-21　心外膜下有大量炎性细胞浸润,纤维素呈丝网状分布

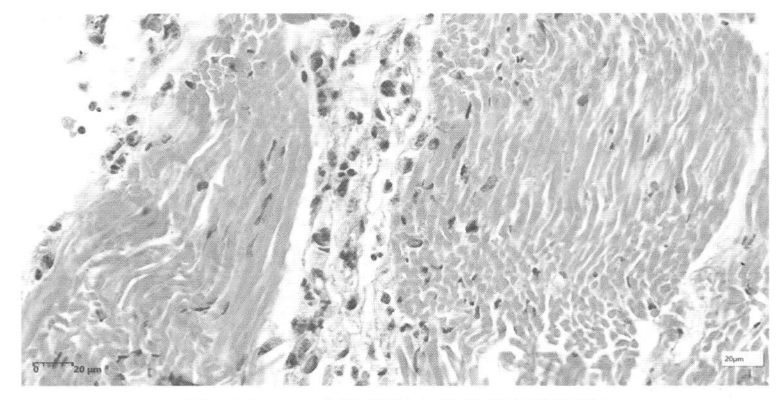

图 11-2-22　心肌间有大量炎性细胞浸润

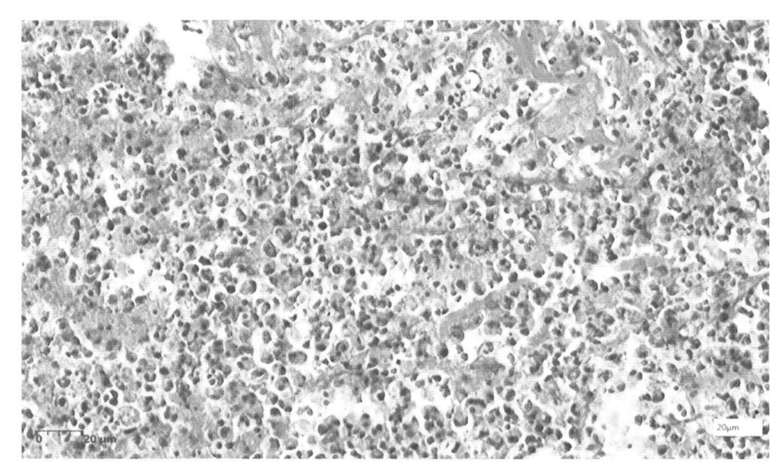

图 11-2-23　心肌间有多量嗜中性粒细胞浸润、可见蓝染菌丛

7. 大熊猫主动脉分支内膜及其下肌层黏液变性(图 11-2-24 至图 11-2-26)

①内皮完整。

②内皮下不同程度增厚,呈疏松淡染蓝色,散在梭形细长的细胞。

③内皮下肌层间质充积蓝染的黏液。肌组织结构排列紊乱。

图 11-2-24　主动脉分支内膜不同程度增厚

图 11-2-25　主动脉分支内皮完整,内皮下散在梭形细长细胞

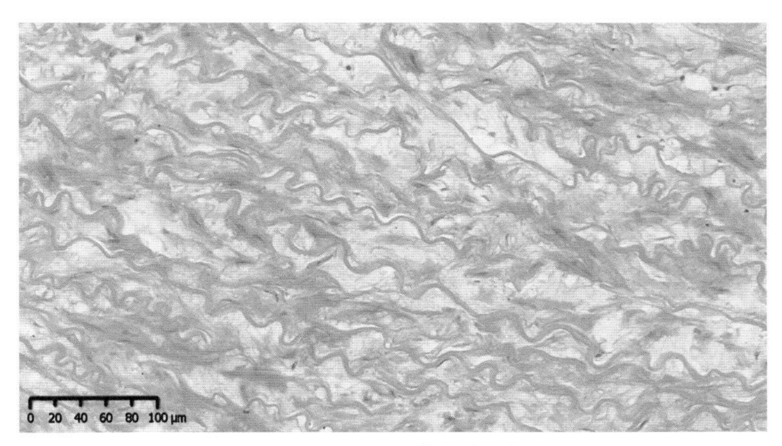

图 11-2-26　主动脉分支中膜的弹性纤维排列疏松

三、绘图作业

1. 鸡心外膜心肌炎。

2. 猪丹毒增生性心瓣膜炎。

实验十二

呼吸系统病理学

【学习提要】

呼吸系统是执行机体和外界进行气体交换的器官的总称，包括呼吸道(鼻腔、咽、喉、气管、支气管)和肺。外源性致病因子(病原微生物、有毒气体、粉尘等)易随呼吸进入呼吸系统引起疾病。最常见的呼吸系统疾病包括肺炎、肺气肿和肺萎陷。

肺炎按病变累及部位和范围的大小不同可分为小叶性肺炎、大叶性肺炎和间质性肺炎。

小叶性肺炎(lobular pneumonia)又称支气管肺炎，是以细支气管为中心、以肺小叶为单位的急性渗出性炎症，病变仅局限于肺小叶。其大多由细菌感染引起，经呼吸道侵入，首先在细支气管引起炎症，继而蔓延到细支气管周围及细支气管肺泡，引起细支气管周围炎和肺组织炎症。在少数情况下，病原菌经血流到达肺组织，引起血源性肺感染。眼观可见病变在肺组织中呈散在的灶状分布，病灶中心有发炎的细支气管。镜检可见细支气管腔有多量的浆液性、黏液性或脓性渗出物，其中含有大量中性粒细胞、脱落的黏膜上皮细胞，细支气管周围肺泡的肺泡壁毛细血管扩张、充血，肺泡内充满浆液、中性粒细胞。支气管肺炎多数经及时治疗，病因消除后可痊愈；若病因不能消除则转为慢性支气管肺炎或病变继续发展，引起肺坏疽、脓毒败血症等。

大叶性肺炎(lobar pneumonia)是以肺泡内渗出大量纤维素为特征的急性炎症，所以通常又称其为纤维素性肺炎(fibrinous pneumonia)。此型肺炎常侵犯一个大叶、一侧肺脏或全肺，肺组织发生大面积实变。引起纤维素性肺炎的病原微生物侵入肺脏的途径有血源性、气源性和淋巴源性 3 种。其主要侵入途径是气源性的，经呼吸道感染，沿支气管树扩散，侵入肺泡引起肺炎。大叶性肺炎病变的发展过程有明显的阶段性，大体可分为 4 期，即充血水肿期、红色肝变期、灰色肝变期和消散期。充血水肿期为大叶性肺炎的初期，特征是肺泡壁毛细血管充血和浆液性水肿。红色肝变期由充血水肿期发展而来，特征是肺泡壁毛细血管仍显著扩张充血，肺泡腔内有大量纤维素、红细胞渗出。灰色肝变期的特征是肺泡壁毛细血管充血现象减轻或消失，肺泡腔内充满大量纤维素和中性粒细胞，肺泡腔内的红细胞逐渐溶解。消散期的特征是渗出的中性白细胞崩解和渗出的纤维素溶解，肺泡上皮再生。大叶性肺炎上述各期的发展是连续的，彼此之间并无绝对界限。由于肺的各部先后受累，因此，在同一大叶或不同大叶的病变并非处于同一时期，故在同一肺脏上可见到不同时期的炎症变化，整个肺叶的切面上往往色彩不一，呈多色性的大理石样外观。大叶性肺炎的结局为消散吸收、痊愈、肺肉变，并发纤维素性胸膜炎或纤维素性化脓性胸膜炎或并发肺脓肿、肺坏疽甚至败血症。动物常在红色肝变期或灰色肝变期因窒息而死亡。

间质性肺炎(interstitial pneumonia)是指肺泡壁、支气管周围、血管周围及小叶间质等间质部位发生的炎症,特别是肺泡壁因增生、炎性浸润而增宽的炎性反应。许多原因可以引起间质性肺炎,病因不同发病机理也各不相同。眼观可见局灶性结节或硬块,灰红色或灰白色,质度硬实,缺乏弹性;镜检可见肺泡间隔、支气管周围、小叶间质等明显增宽,增宽的间质中淋巴细胞、巨噬细胞浸润。一般来说,急性过程的间质性肺炎能完全消散,预后良好。慢性过程的间质性肺炎引起肺组织弥漫性纤维化,可造成持久地呼吸机能障碍和肺动脉高压,肺动脉高压导致右心室肥大,进一步引起右心衰竭。

肺气肿(pulmonary emphysema)是指肺组织因空气含量过多而致肺脏体积过度膨胀。按肺气肿发生的部位可分为肺泡性肺气肿和间质性肺气肿 2 种,以肺泡性肺气肿较多见。

肺泡性肺气肿是指肺泡内含空气过多,引起肺泡过度扩张。肺泡性肺气肿的病因有阻塞性通气障碍、代偿性肺气肿、长期不合理的剧烈使役或过劳和老龄性肺气肿。眼观可见肺体积显著膨大,打开胸腔后,肺充满胸腔;镜检可见肺泡扩张,肺泡间隔变薄,有的断裂,相邻肺泡互相融合形成较大囊腔。短时间内发生的急性肺泡性肺气肿或慢性肺泡性肺气肿,在病因消除后可完全痊愈,严重的肺气肿,肺泡破裂可引起气胸。

间质性肺气肿是细支气管和肺泡发生破裂,空气进入肺间质而使间质含有多量气体。强烈、持久的深呼吸,咳嗽,胸壁穿透伤等造成肺泡、细支气管破裂,空气进入肺间质。在小叶间隔、肺胸膜下形成多量大小不等的一连串的气泡,小气泡可融合成大气泡。肺胸膜下的气泡破裂则形成气胸。气体也可沿支气管和血管周围组织间隙扩展至肺门、纵隔,并可到达肩部和颈部皮下,形成皮下气肿。

肺萎陷(collapse of lungs)是指原已充满空气的肺泡内空气含量减少甚至消失,以致肺泡呈塌陷关闭的状态。按肺萎陷发生的原因,可将肺萎陷分为压迫性肺萎陷和阻塞性肺萎陷 2 种类型。压迫性肺萎陷由肺内外的各种压力所引起,比较常见。阻塞性肺萎陷主要由于支气管、细支气管被阻塞,肺泡内残留气体逐渐被吸收,肺泡因而塌陷。肺萎陷的病理变化:眼观可见病变部位体积缩小,表面下陷,胸膜皱缩,肺组织缺乏弹性,似肉样,切面平滑均匀、致密;镜检可见肺泡壁彼此互相靠近、接触,呈平行排列,肺泡腔呈裂隙状;阻塞性肺萎陷的细支气管、肺泡内可见炎症反应,肺泡壁毛细血管扩张充血,肺泡腔内常见水肿液和脱落的肺泡上皮;压迫性肺萎陷细支气管和肺泡腔内无炎症反应。肺萎陷常是可逆的,只要病因消除,病变部分可再膨胀而恢复;如果病因不能消除,萎陷的肺组织间质结缔组织增生,发生肺纤维化;萎陷的肺组织抵抗力明显降低,易继发感染,发生肺炎等。

一、目的要求

掌握支气管肺炎、大叶性肺炎、间质性肺炎的病变特征。

二、实验内容

(一)肉眼标本

1. 猪支气管性肺炎(固定标本)(图 12-1-1)

可见病变小叶以支气管为中心,有不同程度的出血、渗出,在肺切面上呈现多色彩的景象。

2. 支气管肺炎(小叶性肺炎)(图 12-1-2)

羊超急性巴氏杆菌病。左肺表面散在单个肺小叶深红色炎症区域或多个肺小叶相融合的炎症区域。

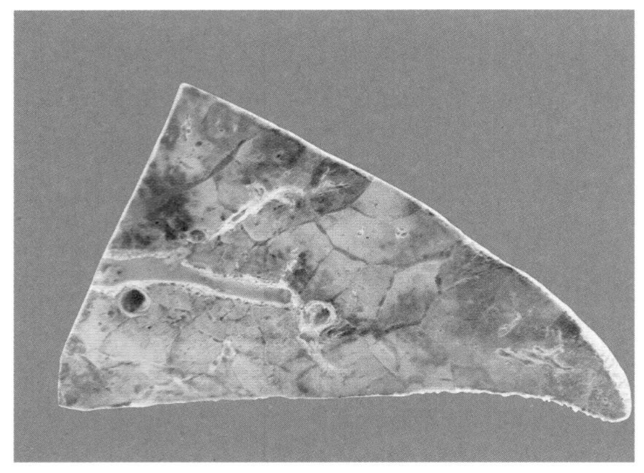

图 12-1-1　猪支气管性肺炎
(固定标本)

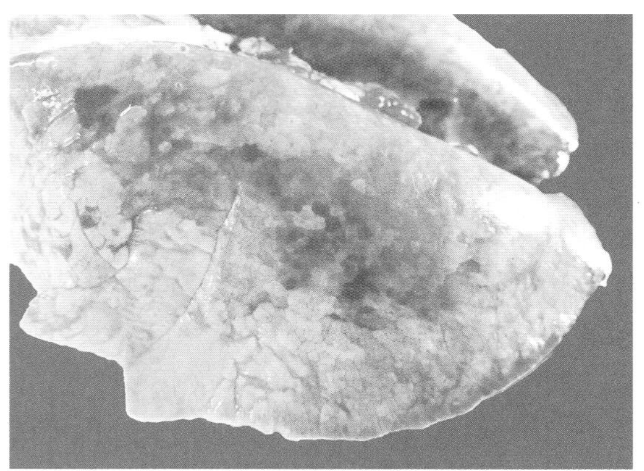

图 12-1-2　支气管肺炎(小叶性肺炎)

3.化脓性支气管肺炎(固定标本)(图 12-1-3)

马棒状杆菌引起。肺切面上可见以支气管为中心,呈黄白色、粟粒状或较大的小结节。肺组织充血呈暗红色。

4.大叶性肺炎(充血水肿期)(图 12-1-4)

羊急性巴氏杆菌病。肺脏明显肿大,呈红色,表面浸润有光泽。

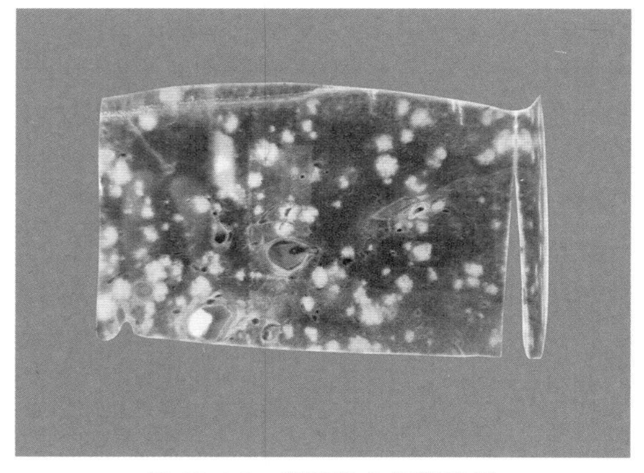

图 12-1-3　化脓性支气管肺炎
(固定标本)

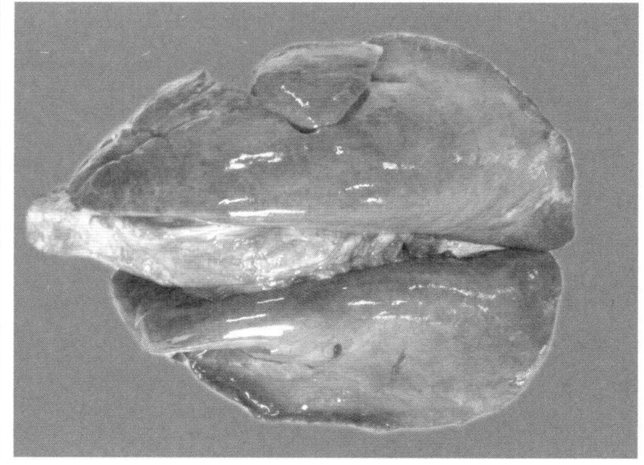

图 12-1-4　大叶性肺炎(充血水肿期)

5.大叶性肺炎(红色肝变期)(图 12-1-5)

牛巴氏杆菌病。肺切面肺小叶间质水肿增宽呈条索状,肺小叶因充血和出血呈暗红色至黑红色,肺脏质度硬实如肝脏。

6.间质性肺炎(图 12-1-6)

牛支原体肺炎。肺尖叶和心叶全部及膈叶大部分呈暗红色实变。

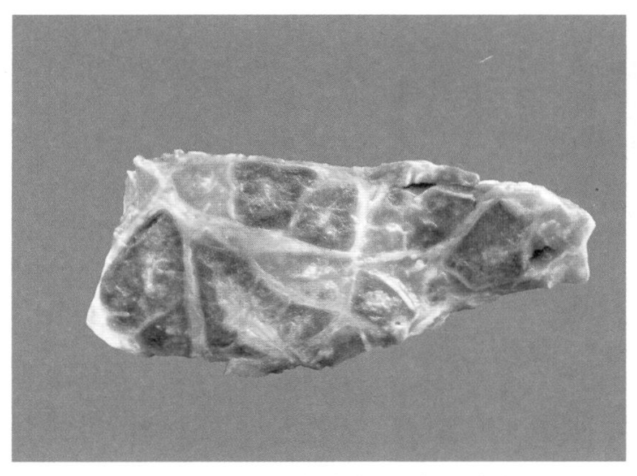

图 12-1-5　大叶性肺炎(红色肝变期)

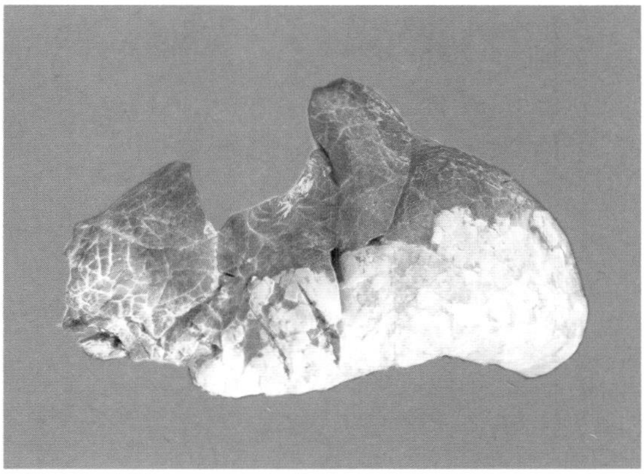

图 12-1-6　间质性肺炎

7. 牛肺气肿(图 12-1-7)

间质性和肺泡性肺气肿,肺间质增宽,内充满气体。

8. 牛甘薯黑斑病中毒肺气肿(图 12-1-8)

在肺切面上可见肺间质明显增宽,小叶内肺组织疏松,呈海绵网状。

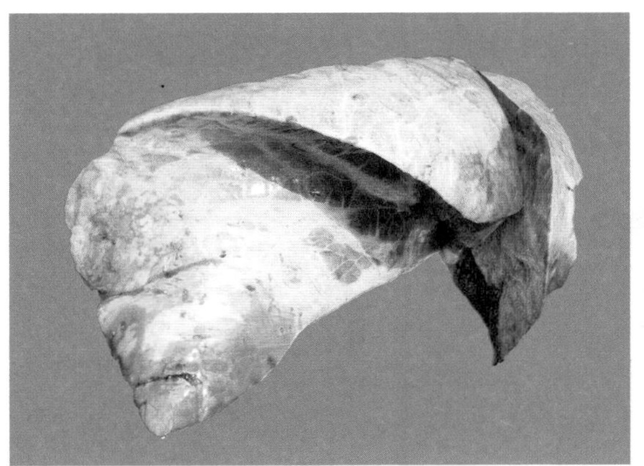

图 12-1-7　牛肺气肿

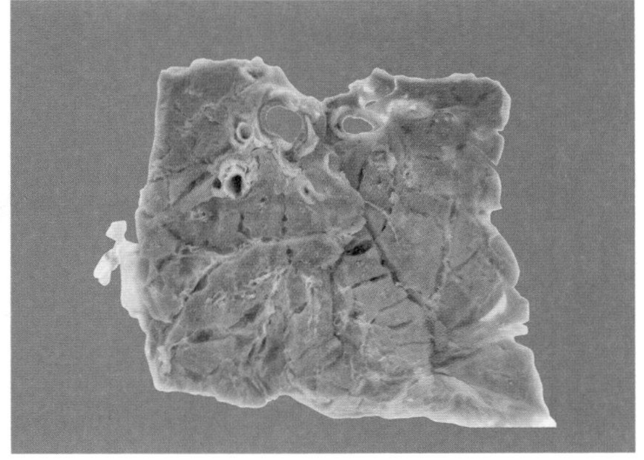

图 12-1-8　牛甘薯黑斑病中毒肺气肿

(二)组织切片

1. 豚鼠肺气肿(图 12-2-1 至图 12-2-3)

观察要点:

①小支气管或细支气管管腔窄,上皮皱缩。

②肺泡囊、肺泡腔高度扩张。

③肺泡隔菲薄、贫血。

④间质小静脉扩张充血。

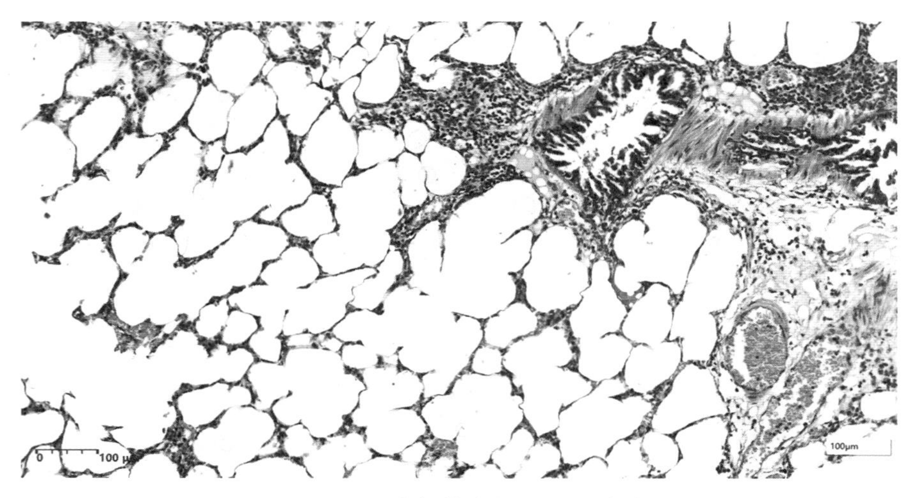

图 12-2-1　细支气管狭窄,上皮细胞皱缩

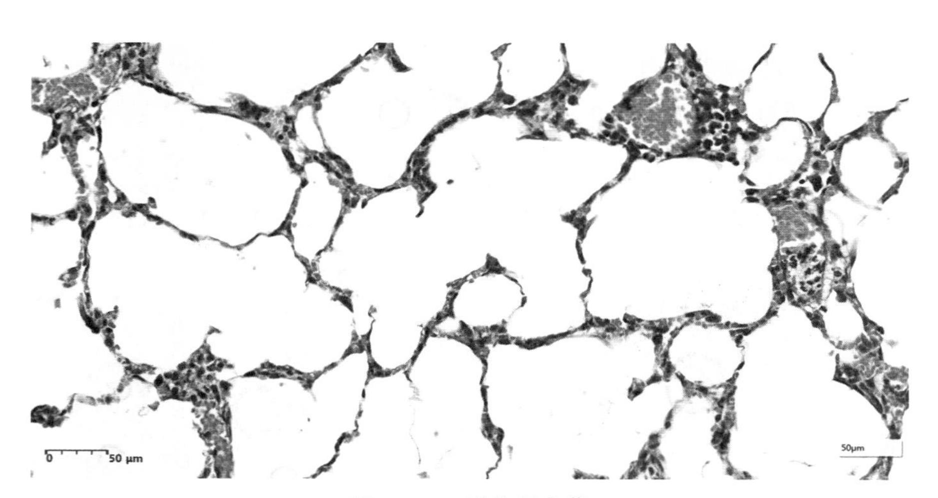

图 12-2-2　肺泡隔菲薄

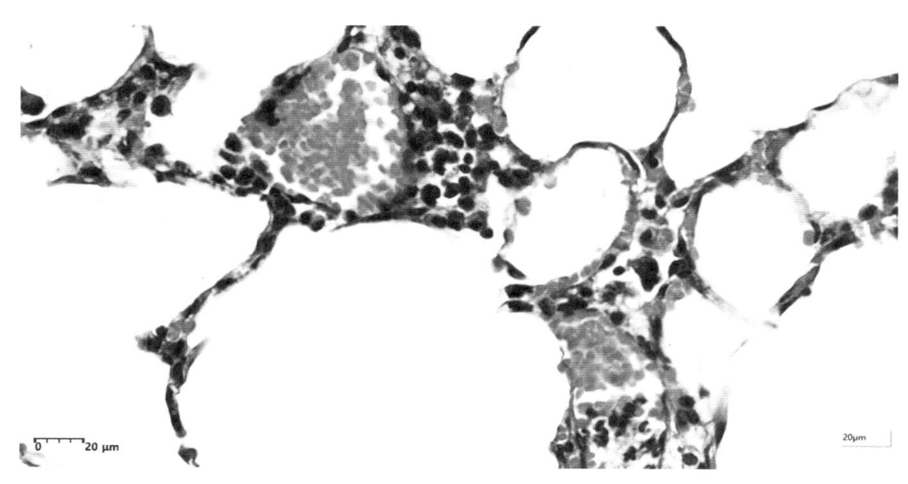

图 12-2-3　间质小静脉扩张

2.猪肺丝虫性肺肉变(图 12-2-4 至图 12-2-7)

观察要点:

①细支气管扩张,内积虫体段片,黏膜上皮杯状细胞增多,分泌亢进。

②肺泡内见虫卵,肺泡腔小,间质结缔组织高度增生。

③周围肺泡代偿性扩张。

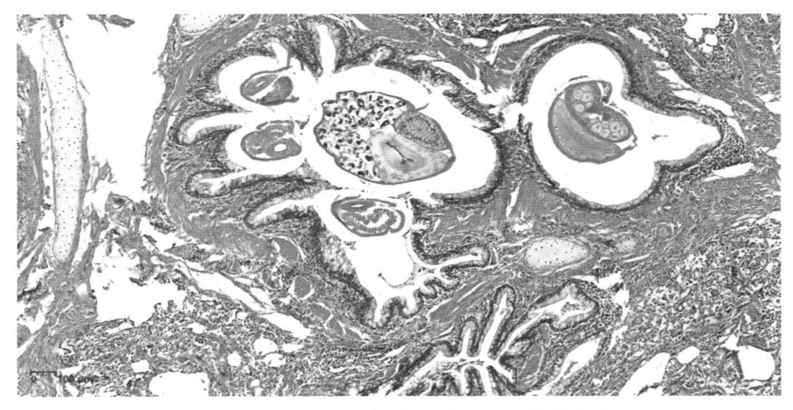

图 12-2-4　肺小支气管扩张,内积虫体片段

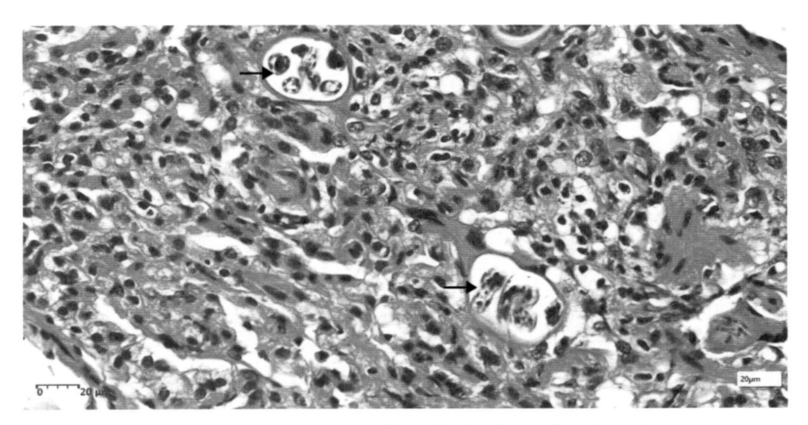

图 12-2-5　肺肉变小叶内的肺泡中可见虫卵(箭头所示)

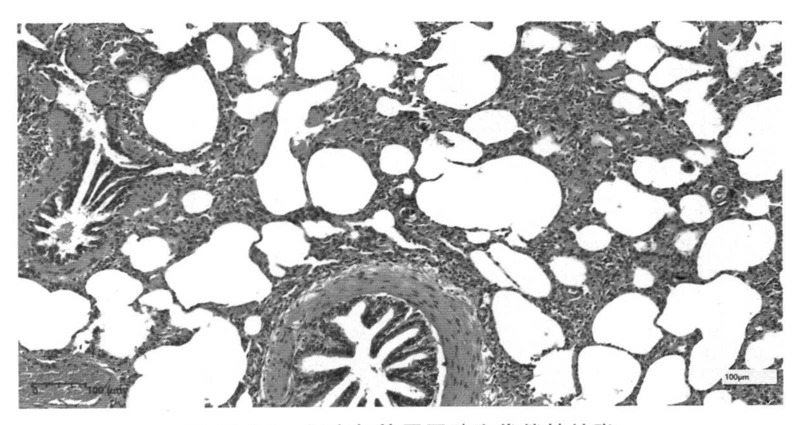

图 12-2-6　细支气管周围肺泡代偿性扩张

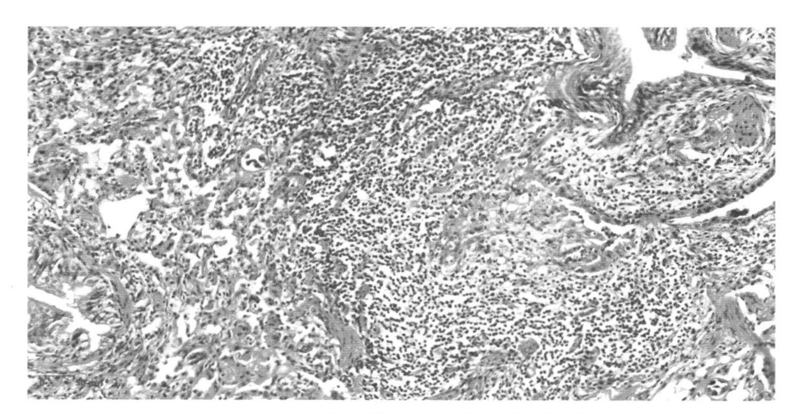

图 12-2-7　肺泡腔内大量炎性细胞浸润

3. 大叶性肺炎(图 12-2-8 至图 12-2-11)

观察要点：

①可见肺泡腔内充满纤维素性渗出物,并有大量的炎性细胞(主要是巨噬细胞),另外还可见脱落的肺泡上皮细胞。

②肺脏浆膜下、肺小叶间质和细支气管周围血管充血,组织疏松水肿。

③肺泡间隔毛细血管扩张充血。

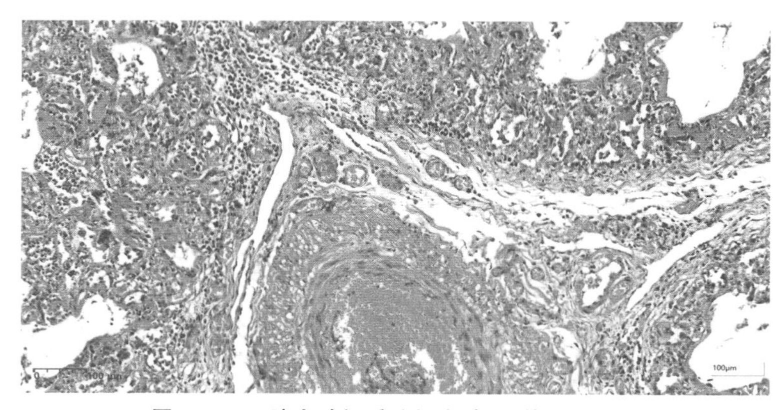

图 12-2-8　肺小叶间质疏松水肿,血管扩张充血

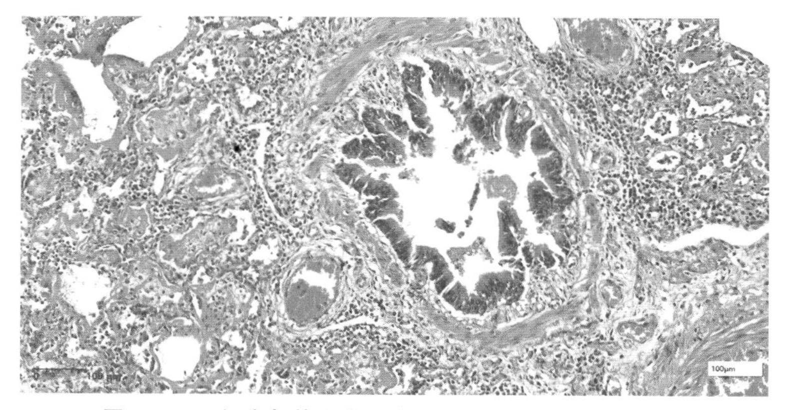

图 12-2-9　细支气管上皮细胞部分脱落,管腔内有渗出物

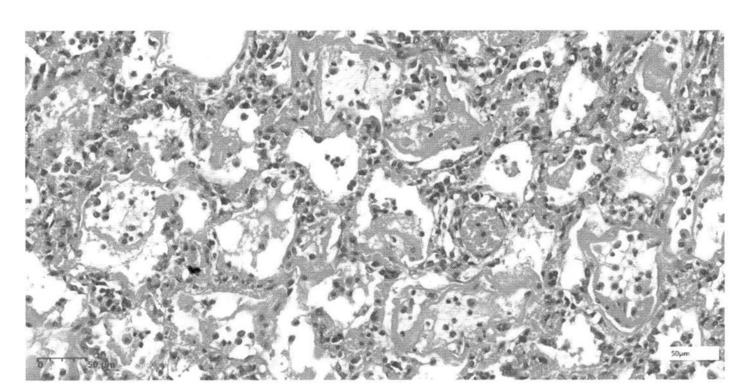

图 12-2-10　肺泡腔内充满了纤维素性渗出物

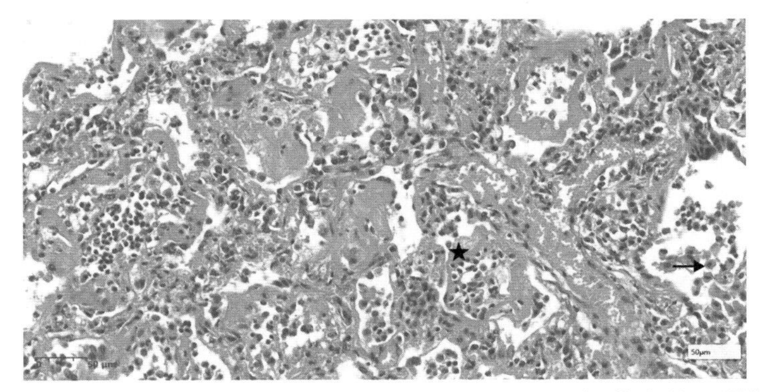

图 12-2-11　肺泡腔内透明膜形成(星号所示),巨噬细胞(箭头所示)浸润

4.猪支气管肺炎(图 12-2-12 至图 12-2-16)

观察要点:

①不同肺小叶病变不一。

②以细支气管为中心,细支气管管腔内充满脱落上皮及渗出物,细支气管周围组织血管扩张充血、淋巴细胞浸润。

③细支气管周围肺泡腔充血出血、肺泡腔内充满淋巴细胞、巨噬细胞和少量的中性粒细胞或充满水肿液(红染液体)。

④间质扩张水肿。

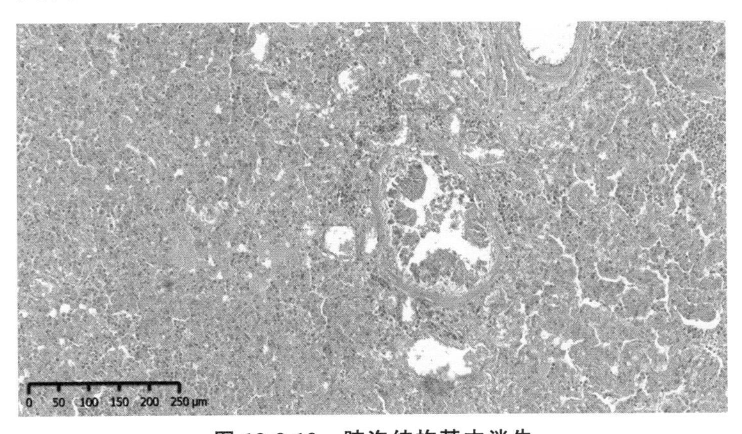

图 12-2-12　肺泡结构基本消失

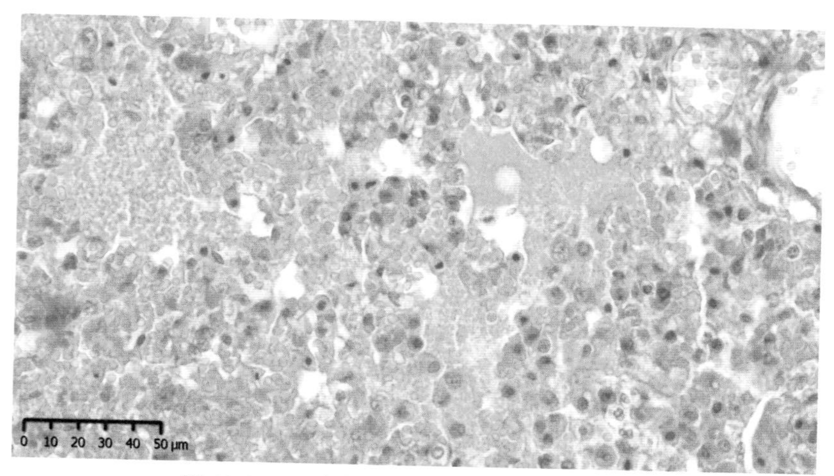

图 12-2-13　肺泡腔内充满大量渗出液及出血

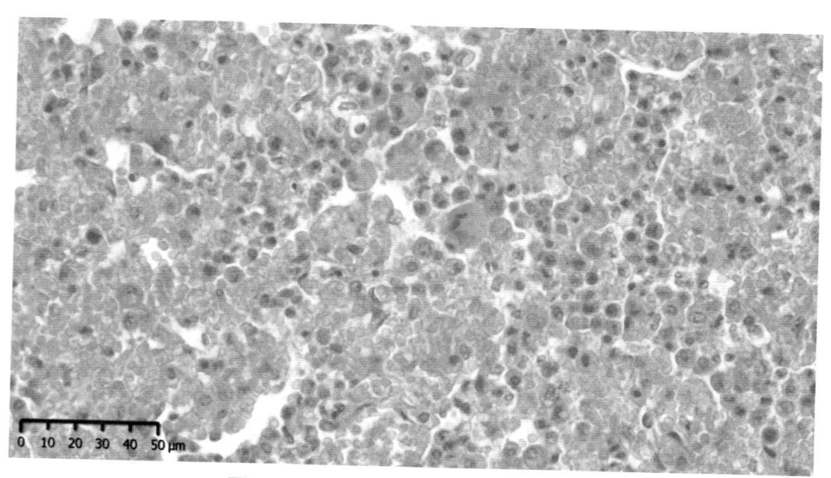

图 12-2-14　肺泡腔内细胞成分增多

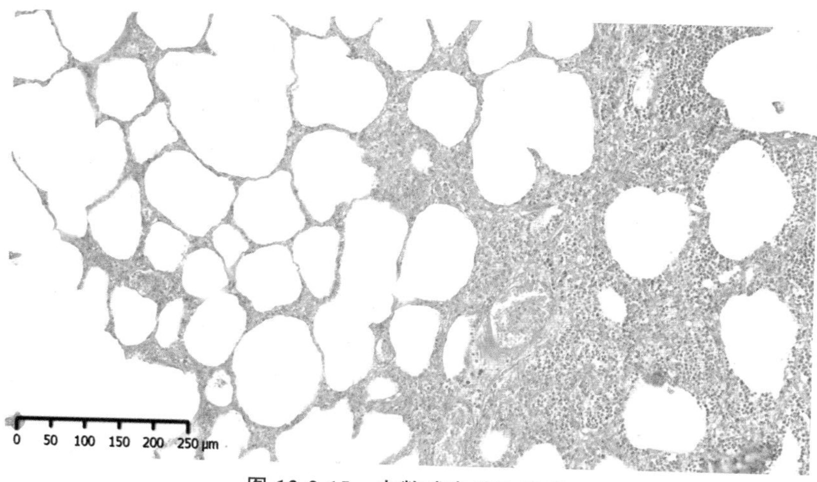

图 12-2-15　少数残存肺泡扩张

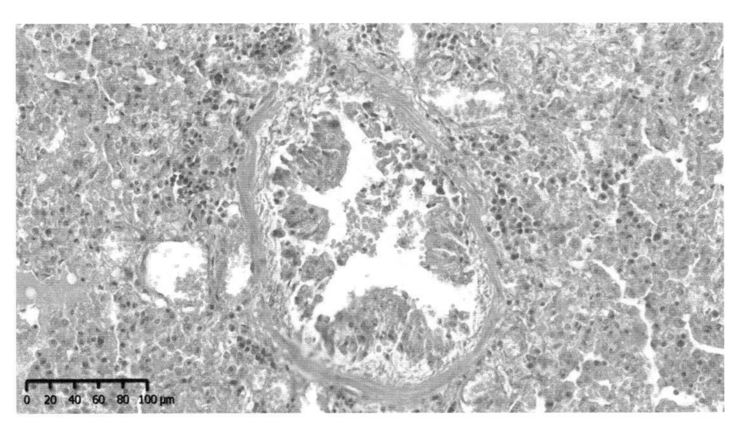

图 12-2-16　细支气管上皮细胞脱落，管腔内可见大量细胞成分

5. 猪化脓性肺炎（图 12-2-17 至图 12-2-21）

观察要点：

①以肺小叶为单位、细支气管为中心出现病灶。

②病灶中央组织坏死红染无结构，可见残存的细支气管或血管轮廓以及细菌丛。

③病灶边缘肺泡充积中性粒细胞和脓细胞。

④外周肺泡隔毛细血管扩张充血、肺泡腔积有水肿液。

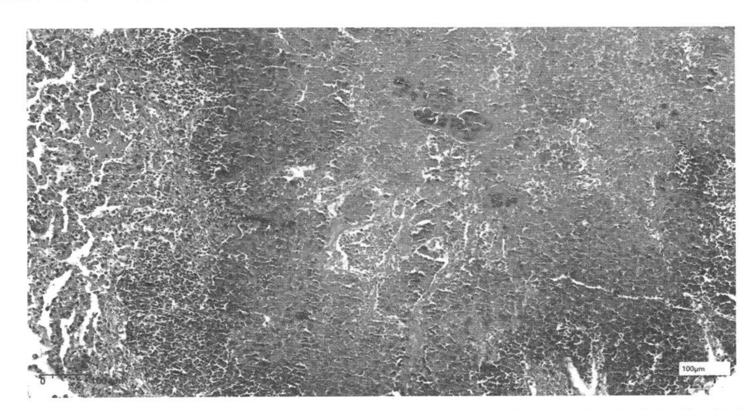

图 12-2-17　病灶中央为坏死灶，红染无结构，可见残存细支气管或血管以及菌丛

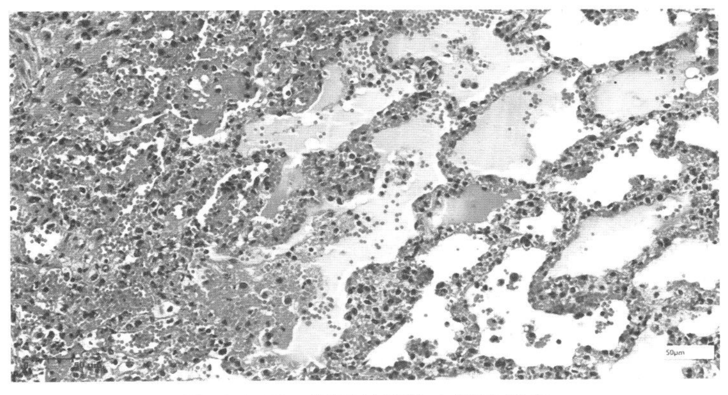

图 12-2-18　坏死灶周边水肿液增多

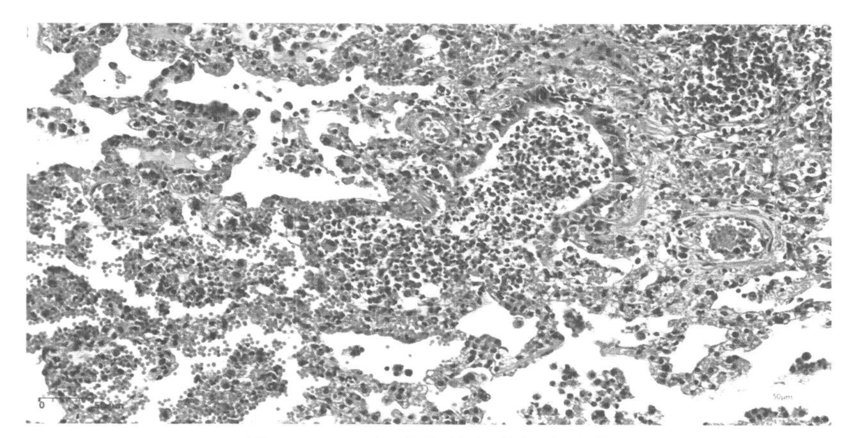

图 12-2-19　细支气管上皮部分脱落

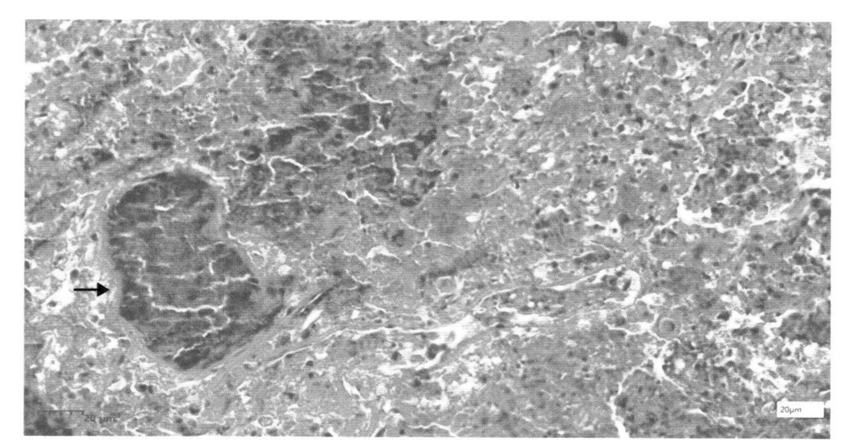

图 12-2-20　肺小叶坏死灶内残存细支气管结构(箭头所示)

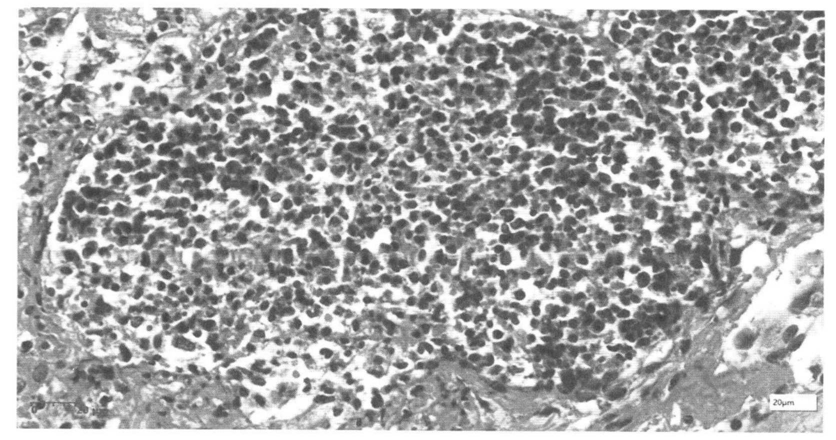

图 12-2-21　肺泡腔内有大量嗜中性粒细胞

6. 牛化脓性支气管肺炎(图 12-2-22 至图 12-2-25)

观察要点:

①以细支气管为中心,以肺小叶为单位发生不同程度的炎症。

②细支气管扩张，上皮变性或坏死、脱落，混杂中性粒细胞或脓液，充积管腔中。
③周围呼吸性细支气管和肺泡充积脓性渗出物或中性粒细胞浸润。
④部分肺泡扩张，充积脱落上皮，肺泡壁上皮细胞肿胀增生或肺泡腔内充积红染蛋白液。
⑤肺间质水肿增宽。

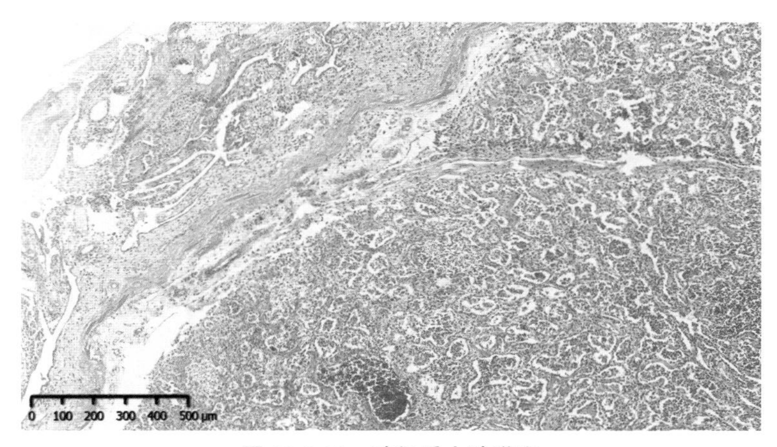

图 12-2-22　肺间质水肿增宽

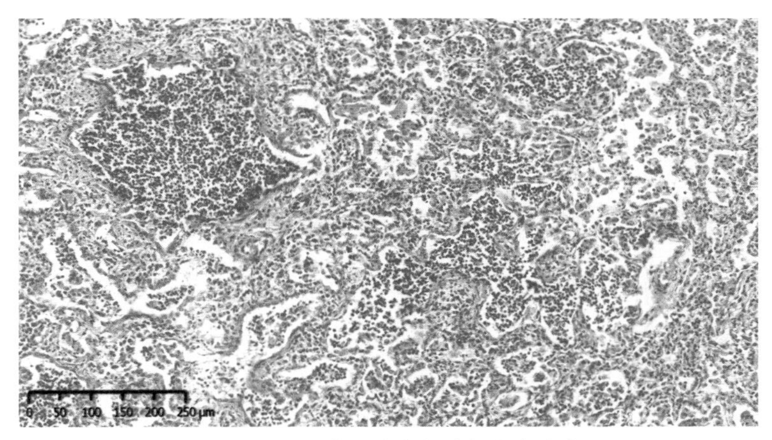

图 12-2-23　肺小叶内化脓灶散在分布

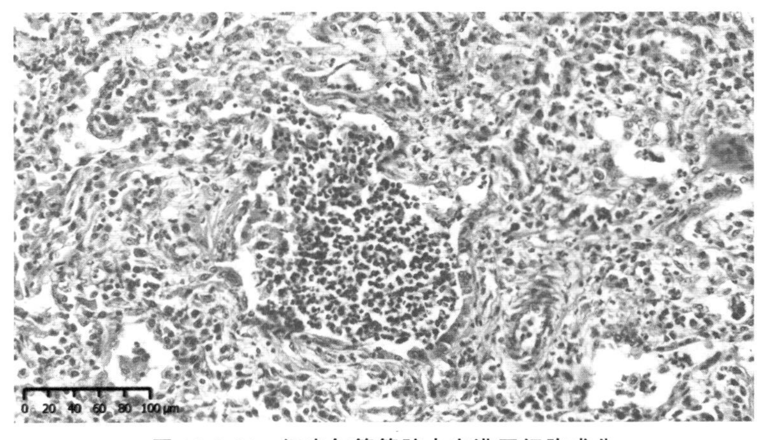

图 12-2-24　细支气管管腔内充满了细胞成分

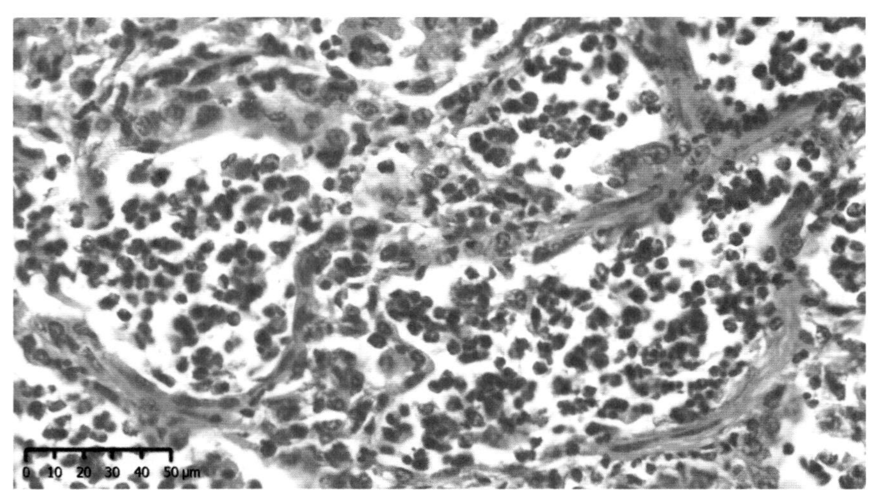

图 12-2-25 肺泡腔内充积大量中性粒细胞

7. 牛传染性胸膜肺炎(图 12-2-26 至图 12-2-32)

观察要点：

①胸膜表面沉积大量红染纤维素或团块，其中散在有白细胞。肺脏浆膜间皮消失，肺膜弹力纤维红染增粗。

②胸膜下肺间质及小叶间明显增宽、水肿，有红染纤维素析出。血管、淋巴管均扩张(特别是淋巴管极度扩张)分别形成血栓、淋巴栓。

③肺脏血管壁均质红染，管壁周围大量白细胞浸润及坏死的细胞，核碎裂。

④坏死小叶。原有组织结构轮廓尚存，但细胞成分完全坏死、核碎裂。细支气管及肺泡中充盈红染纤维素。

⑤不同肝变期肺小叶。肺泡间隔充血或充血不明显，肺泡腔充积红染水肿液或纤维素团块，有白细胞浸润或红细胞散在分布。

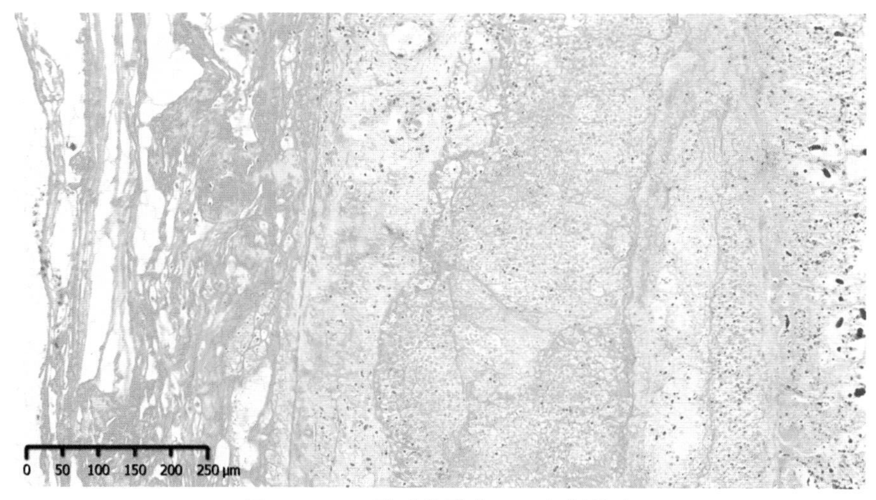

图 12-2-26 肺脏浆膜表面沉积纤维素

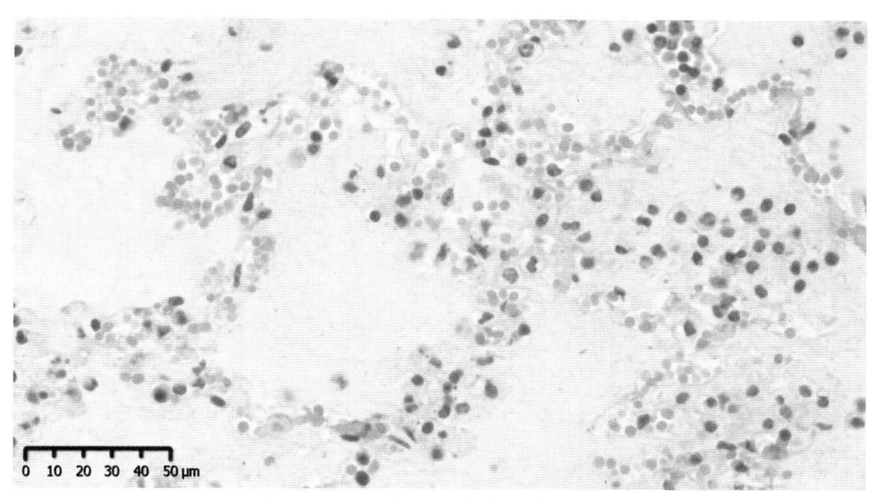

图 12-2-27　大叶性肺炎充血水肿期

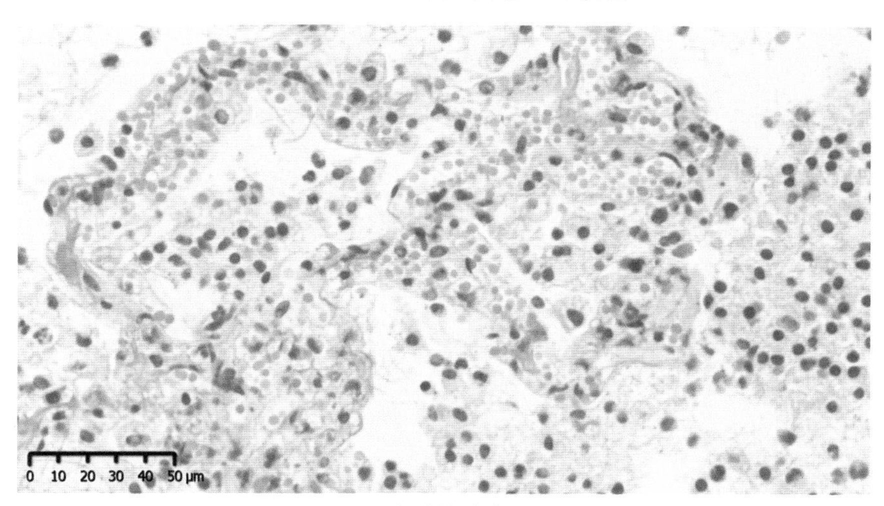

图 12-2-28　大叶性肺炎红色肝变期

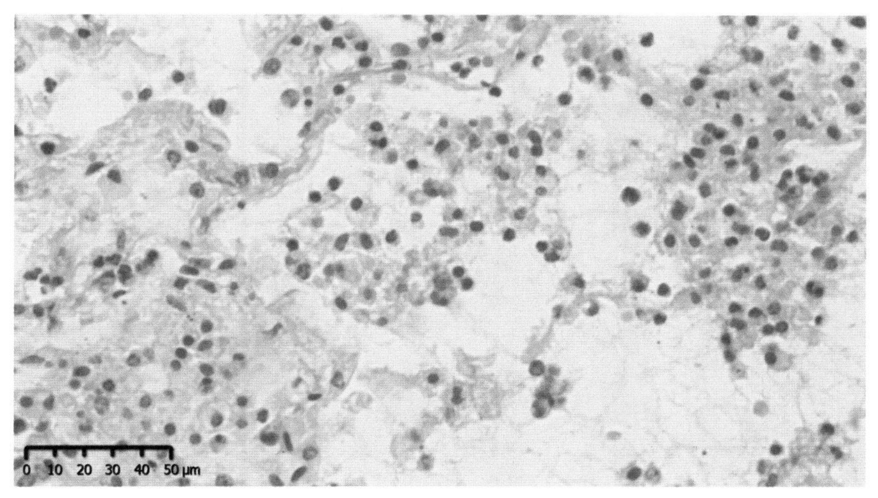

图 12-2-29　大叶性肺炎灰色肝变期

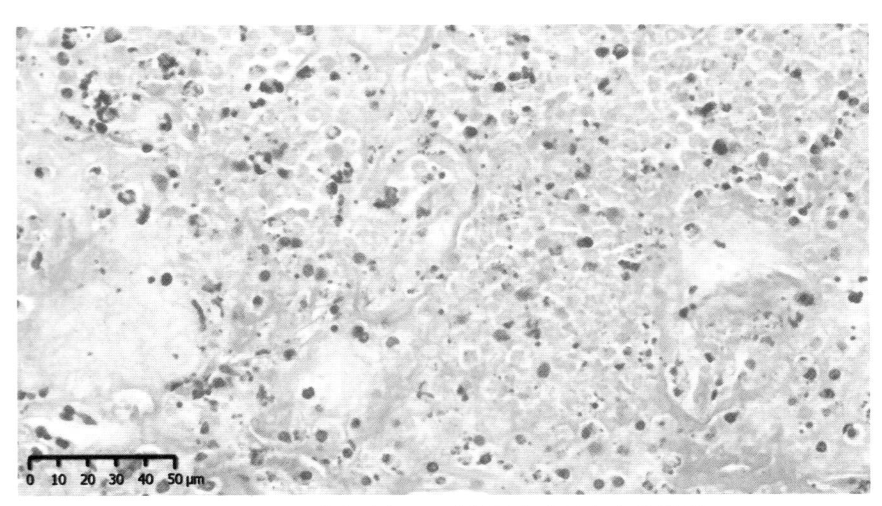

图 12-2-30　肺小叶坏死,肺泡腔内充盈红色纤维素

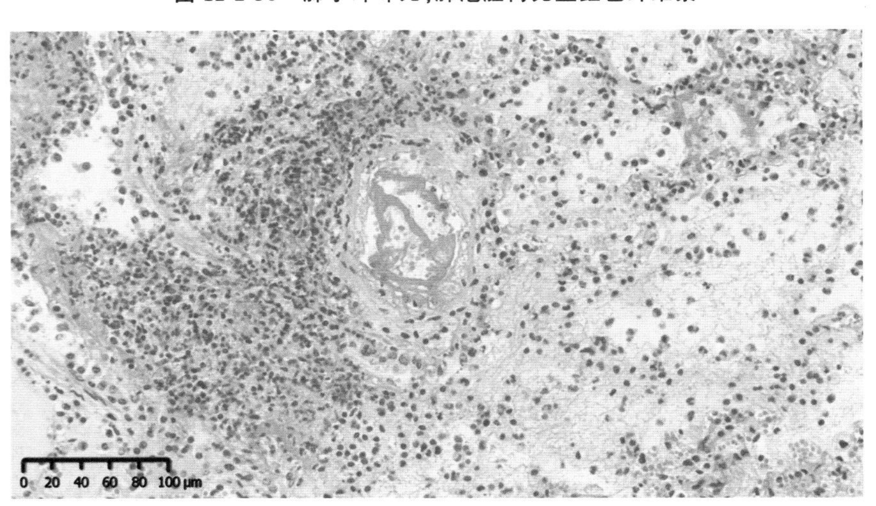

图 12-2-31　肺血管壁变性,外周有大量细胞成分聚集

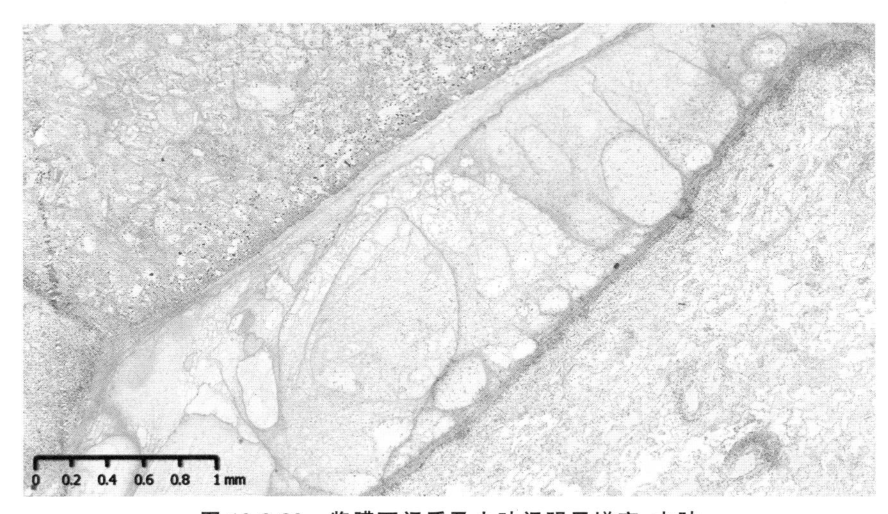

图 12-2-32　浆膜下间质及小叶间明显增宽、水肿

8. 猪喘气病(图 12-2-33 至图 12-2-36)

不同肺小叶病变程度不同。

①细支气管黏膜上皮变性、脱落、腔内见变性上皮和蓝染黏液。

②细支气管和小血管周围淋巴样细胞增生形成管套。

③肺泡间隔增宽,可见炎性细胞浸润,主要为淋巴细胞。

④肺泡不充血、肺泡Ⅱ型上皮增生、肿大,脱落。腔内见脱落变性上皮细胞,少数淋巴细胞和中性粒细胞或纤维蛋白。

⑤间质(小叶间质)水肿增宽,结构疏松,淋巴管扩张,小静脉管扩张充血。

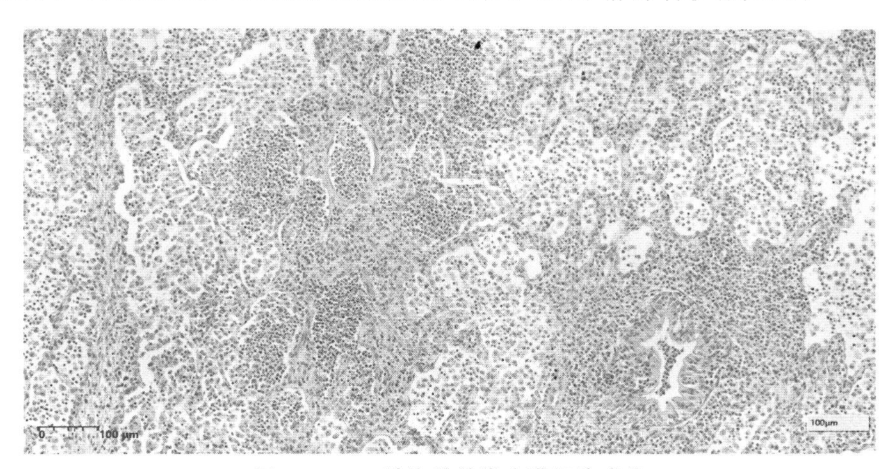

图 12-2-33　肺泡腔扩张充满细胞成分

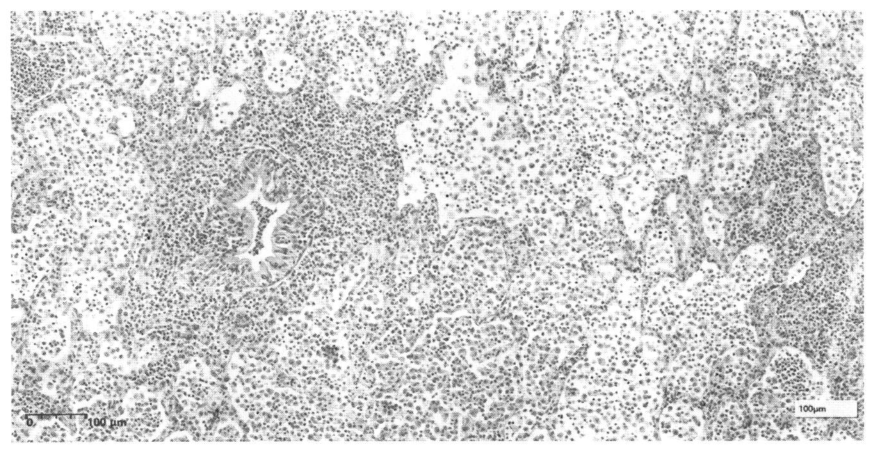

图 12-2-34　细支气管周围淋巴细胞形成管套

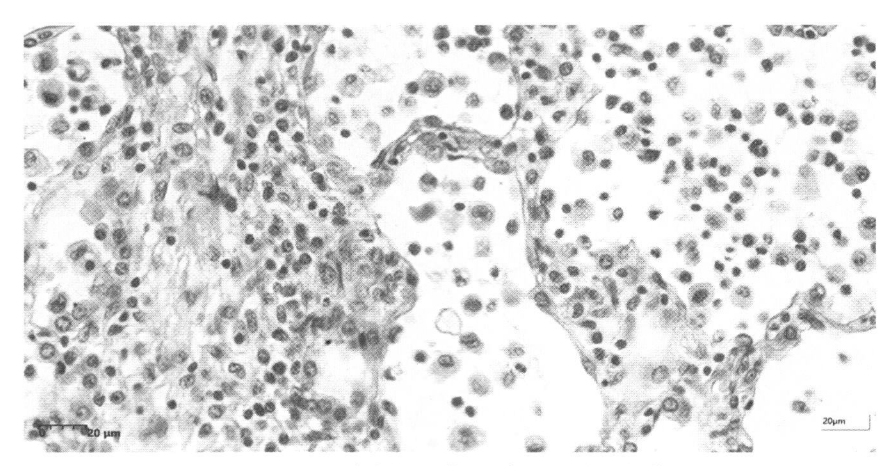

图 12-2-35　肺泡间隔增宽，肺泡Ⅱ型上皮增生

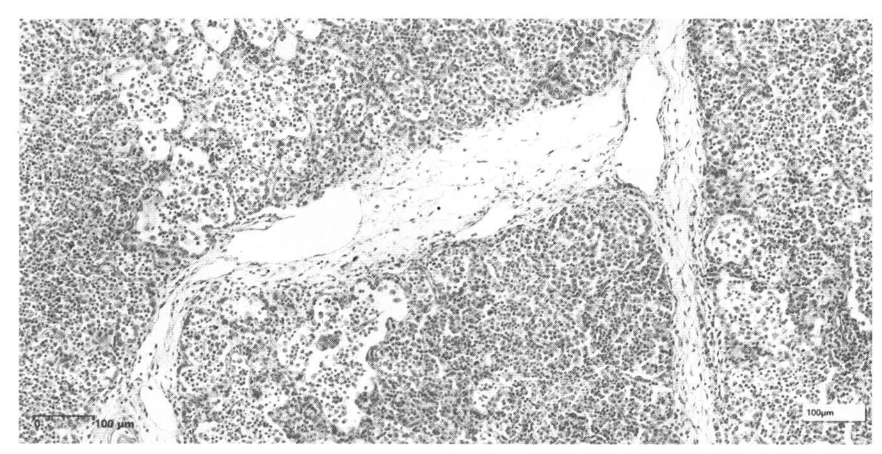

图 12-2-36　小叶间质水肿增宽

9. 小型猪胸膜肺炎（图 12-2-37 至图 12-2-43）

观察要点：

①各小叶病变不同。肺萎陷、肺水肿、肺出血灶、肺炎灶（巨噬细胞、淋巴细胞和中性粒细胞渗出）。

②炎区细支气管上皮变性脱落，肺泡炎性渗出和出血。肺泡隔纤维细胞增生。

③小叶间质血管扩张充血，淋巴管扩张，或有淋巴栓形成。结缔组织疏松，间隙水肿。

④肺浆膜水肿增厚，可见淋巴细胞为主的炎性细胞浸润和纤维蛋白渗出，形成伪膜覆盖肺浆膜上。肺浆膜炎症较为突出。

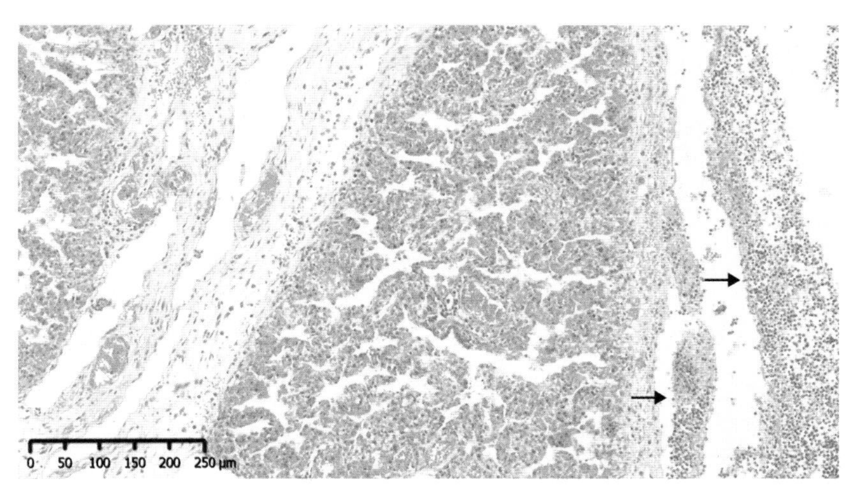

图 12-2-37　肺脏浆膜水肿增厚，
炎性细胞和渗出的纤维蛋白形成伪膜(箭头所示)

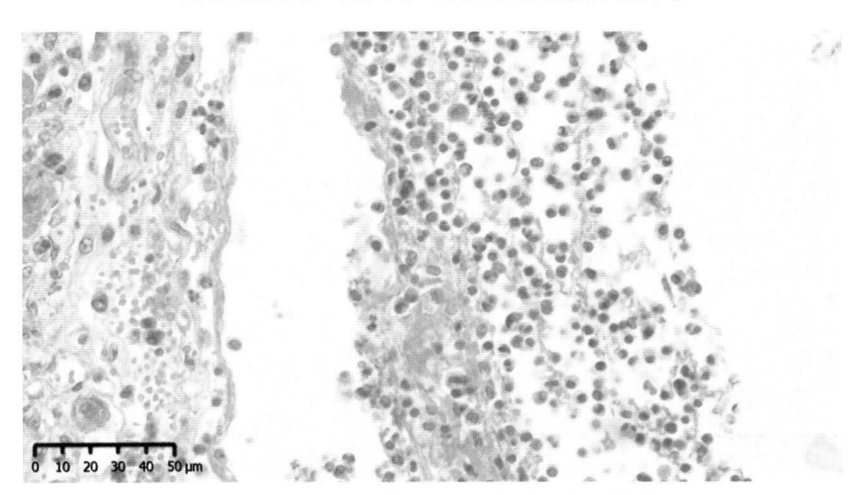

图 12-2-38　肺伪膜下可见大量炎性细胞浸润

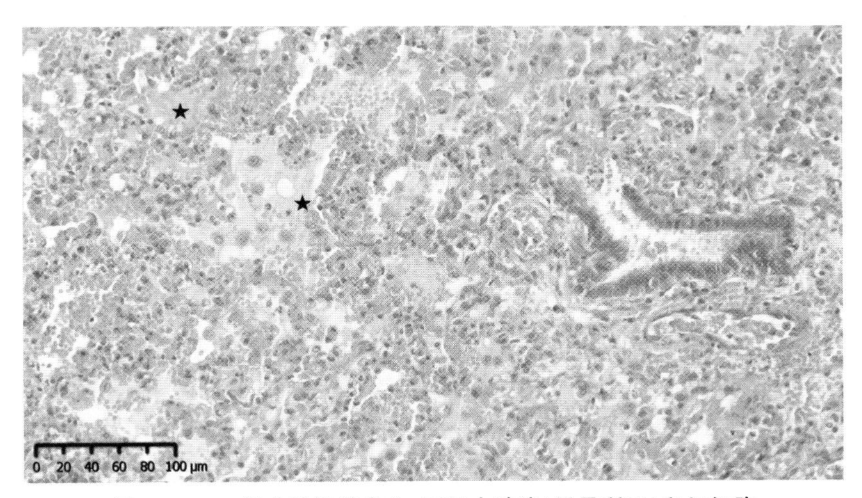

图 12-2-39　肺水肿和肺出血，可见水肿液(星号所示)和红细胞

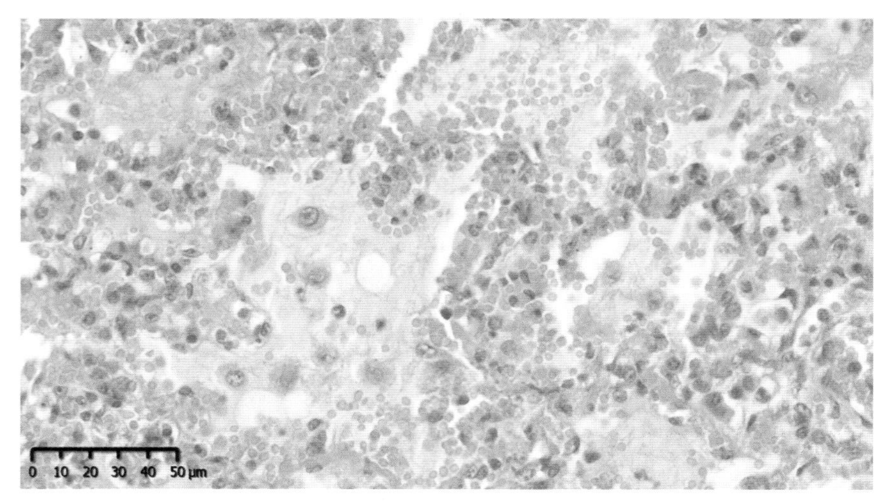

图 12-2-40 肺出血

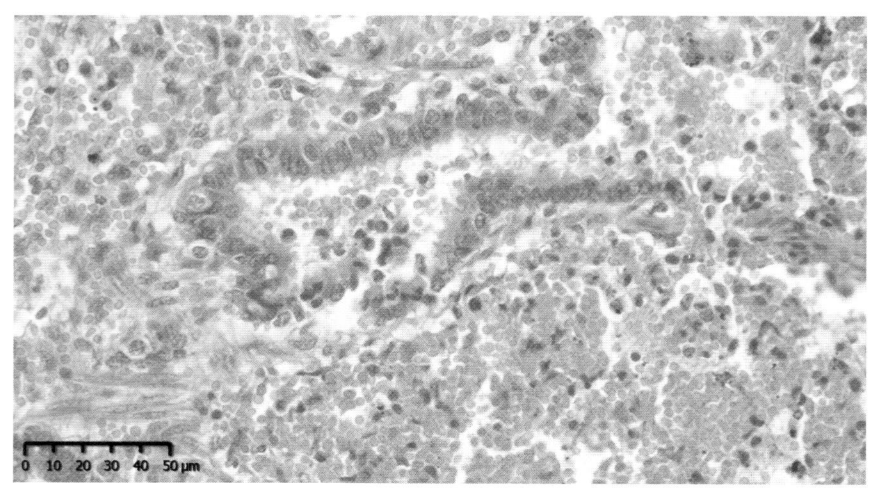

图 12-2-41 细支气管上皮脱落

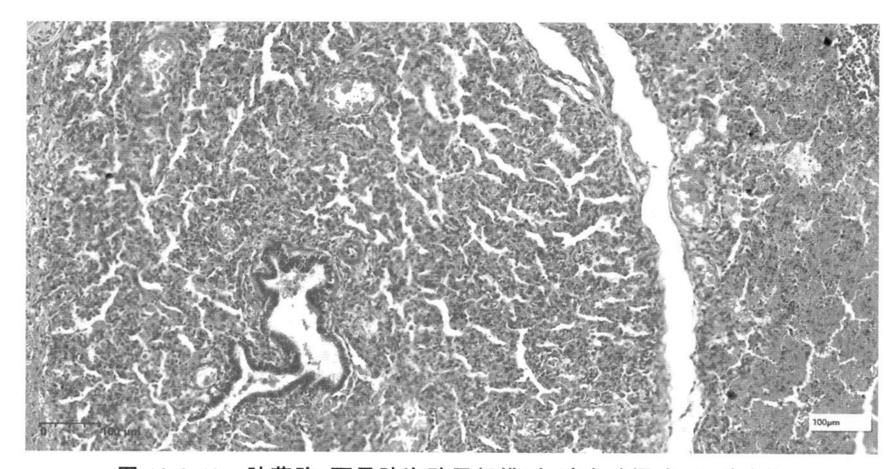

图 12-2-42 肺萎陷,可见肺泡壁平行排列,肺泡腔塌陷,呈裂隙状

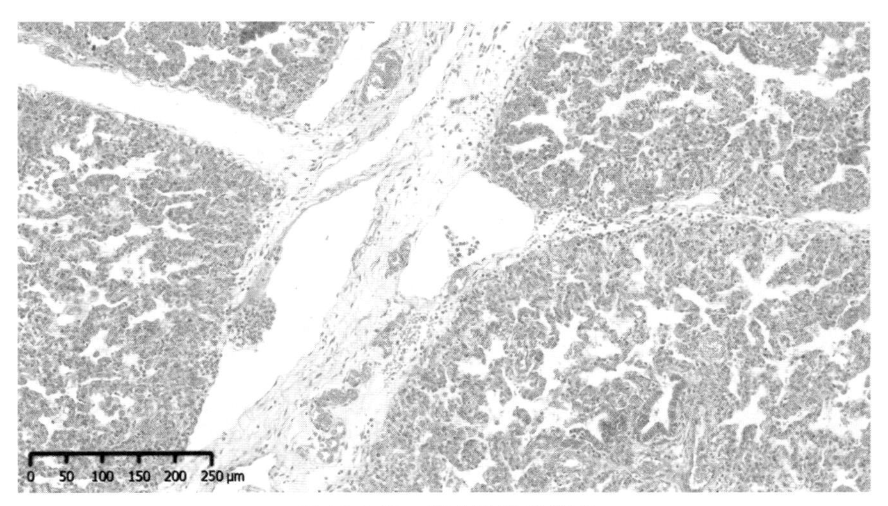

图 12-2-43　肺小叶间质增宽

10. 真菌性肺炎(图 12-2-44 至图 12-2-48)

观察要点：

①病灶散在分布，以细支气管为中心。

②病灶中央为真菌菌丝——呈蓝染，菊花形。其周围肺组织坏死，组织结构消失，细胞破碎，肺泡腔扩张积液。

③病灶边缘区肺泡腔扩张，充积水肿液和炎性细胞，肺泡毛细血管扩张充血。

④肺浆膜下和肺小叶间质扩张、水肿。

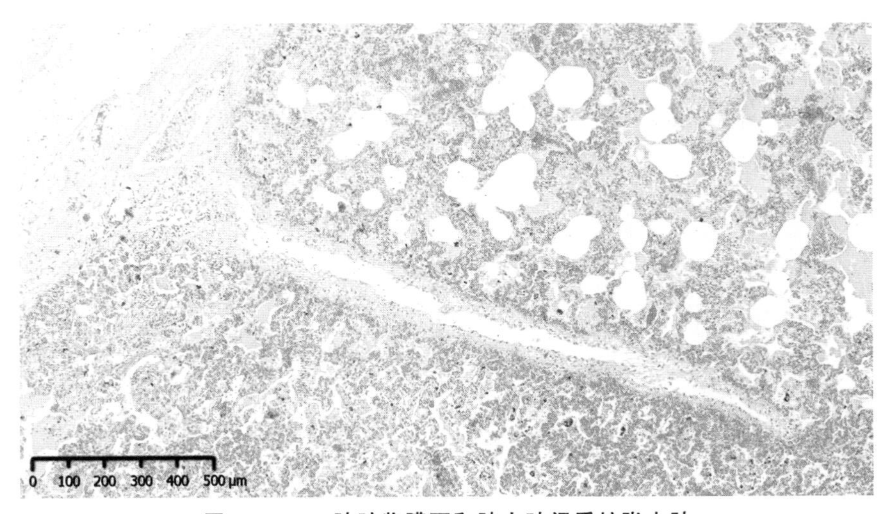

图 12-2-44　肺脏浆膜下和肺小叶间质扩张水肿

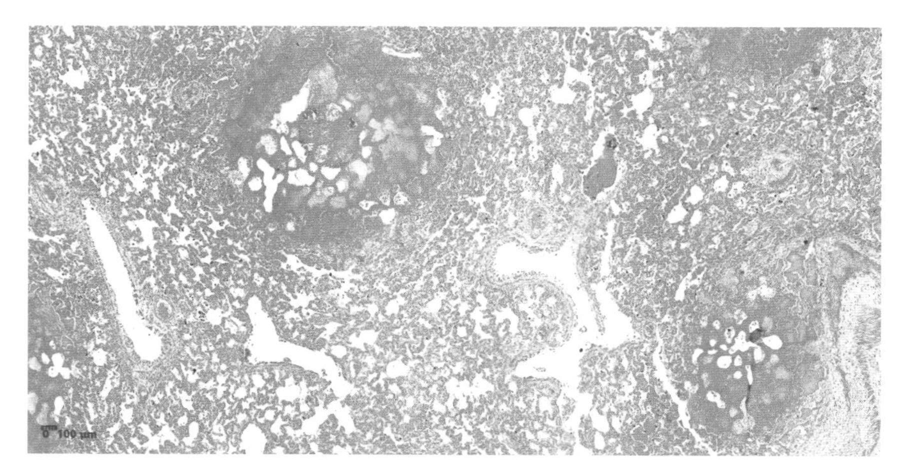

图 12-2-45　病灶散在分布，以细支气管为中心

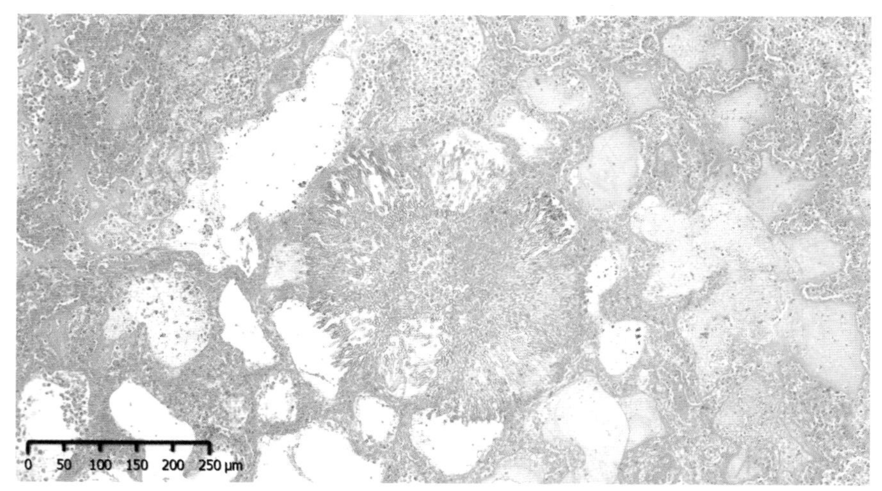

图 12-2-46　病灶中央为真菌菌落

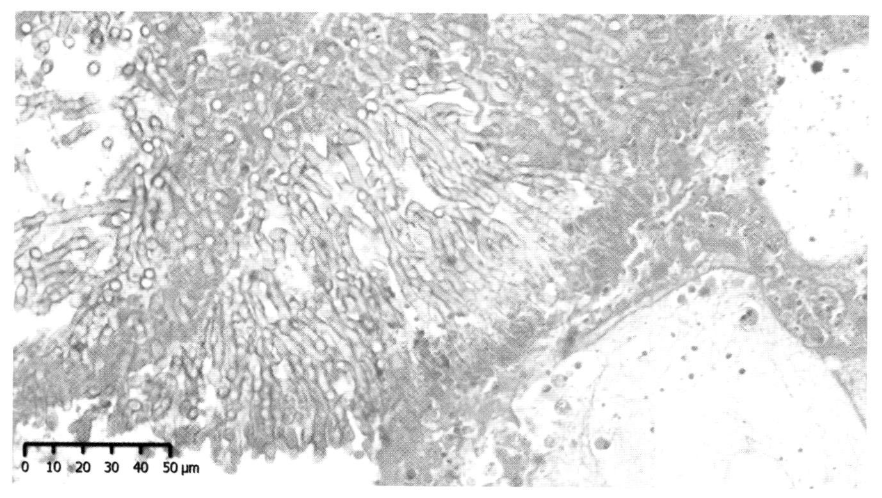

图 12-2-47　病灶中可见分节状菌丝和水肿液

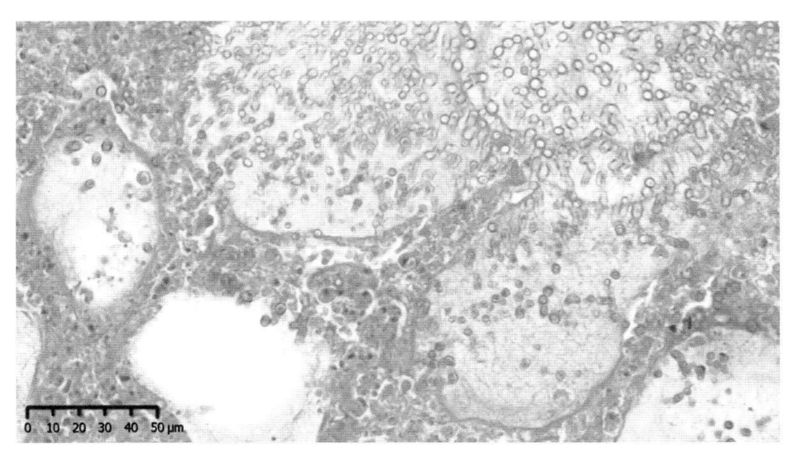

图 12-2-48　真菌孢子周围的肺泡腔扩张，组织细胞坏死

11. 鸭烟曲霉急性肺炎（图 12-2-49 至图 12-2-52）

观察要点：

①三级支气管腔和呼吸性毛细管内可见分节的菌丝，管壁损伤。

②肺呼吸性毛细管积有浆液性渗出液和多量的巨噬细胞浸润和坏死。

③小叶间质水肿，散在曲霉菌菌丝，多量炎性细胞浸润。

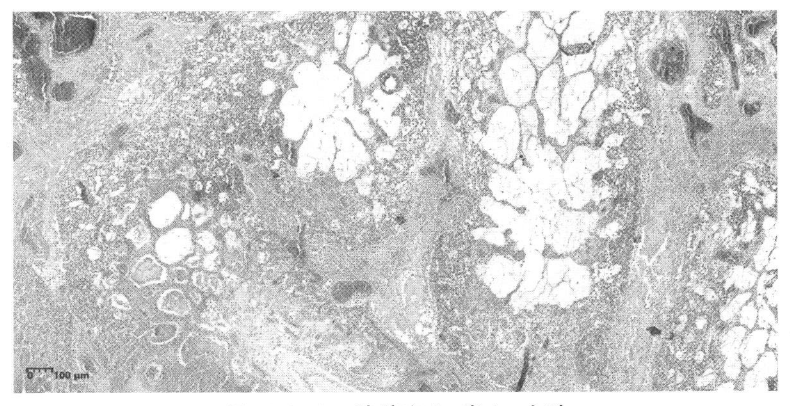

图 12-2-49　肺脏充血、出血、水肿

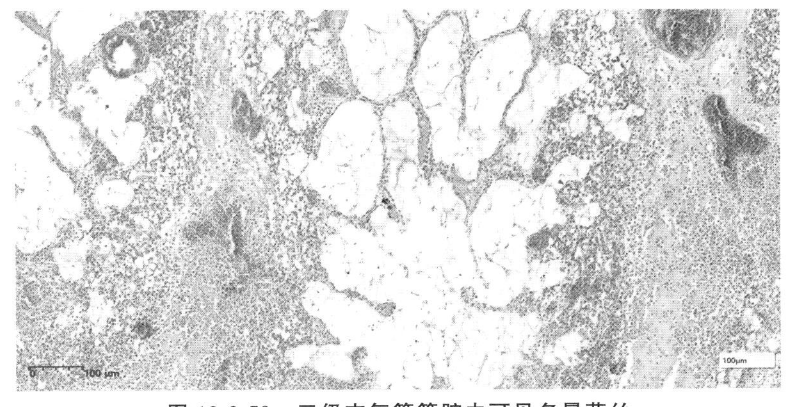

图 12-2-50　三级支气管管腔内可见多量菌丝

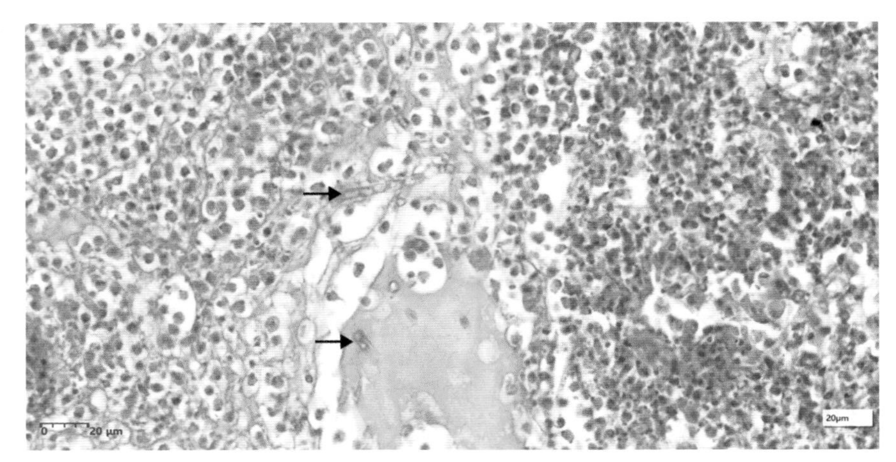

图 12-2-51　呼吸性毛细管内可见分节的菌丝(箭头所示)和浆液性渗出

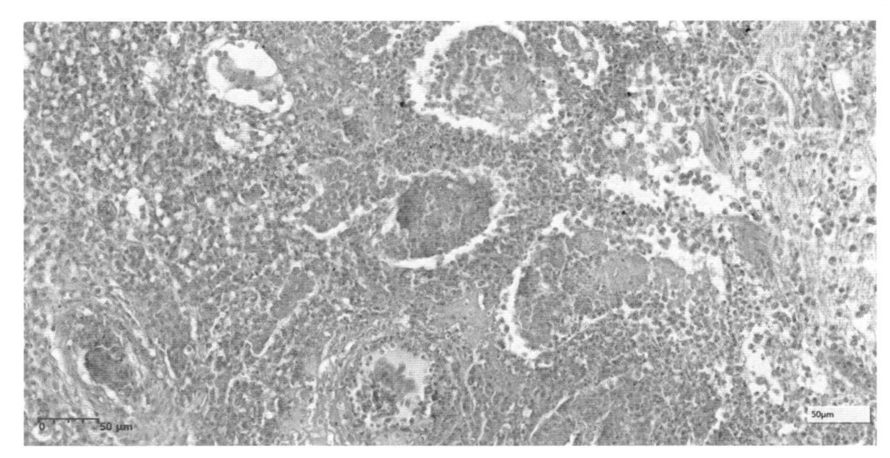

图 12-2-52　呼吸性毛细管炎性细胞浸润

思考题：菌丝结构有何特点？

三、绘图作业

1. 猪化脓性小叶性肺炎。
2. 大叶性肺炎。
3. 猪喘气病。
4. 鸭烟曲霉急性肺炎。

实验十三

消化系统病理学

【学习提要】

动物的消化系统由消化管和消化腺两大部分构成。消化道与外界相通，最易受各种病因的侵害而呈现多种病理过程，如胃炎和肠炎；消化腺的病变有肝炎和胰腺炎等。

胃炎(gastritis)是指胃壁表层和深层组织的炎症。胃炎的性质视渗出物的种类而定，有卡他性、浆液性、化脓性、出血性和纤维素性几种。急性浆液性胃炎(acute serous gastritis)是最常见的一种胃炎，也是胃炎中最轻微者，常见于各种胃炎的开始，通常以胃黏膜表面渗出多量的浆液为特征。急性卡他性胃炎(acute catarrhal gastritis)以胃黏膜表面被覆多量黏液和脱落上皮为特征，也是一种常见的胃炎类型。出血性胃炎(hemorrhagic gastritis)以胃黏膜点状、斑块状或弥漫性出血为主要特征。纤维素性-坏死性胃炎(fibrinonecrotic gastritis)以黏膜表面覆盖大量纤维素性渗出物为特征。慢性胃炎(chronic gastritis)是以黏膜固有层和黏膜下层结缔组织显著增生为特征的炎症。

肠炎(enteritis)是指肠道的某段或整个肠道的炎症。根据病程长短而将肠炎分为急性和慢性 2 种；根据渗出物性质和病变特点，肠炎又有卡他性肠炎、出血性肠炎、纤维素性肠炎和慢性增生性肠炎之分。急性卡他性肠炎(acute catarrhal enteritis)为临床上最常见的一种肠炎类型，多为各种肠炎的早期变化，以黏膜发生急性充血和大量的浆液性、黏液性或脓性渗出为特征。慢性卡他性肠炎(chronic catarrhal enteritis)多数是由急性卡他性肠炎发展转变而来，以肠黏膜表面被覆黏稠黏液和组织增生为特征。出血性肠炎(hemorrhagic enteritis)是指肠黏膜损伤严重，有明显出血的一种肠炎。纤维素性肠炎(fibrinous enteritis)是以肠黏膜表面形成纤维素性渗出物为特征的炎症，临床上多为急性或亚急性经过，有时可见慢性经过。慢性增生性肠炎(chronic proliferative enteritis)以肠黏膜和黏膜下层结缔组织增生及炎性细胞浸润为特征，又称肉芽肿性肠炎(granulomatous enteritis)。

肝炎(hepatitis)是指肝脏在某些致病因素作用下发生的以肝细胞变性、坏死、炎性细胞浸润和间质增生为主要特征的一种炎症过程。根据病原是否具有传染性将肝炎分为传染性肝炎和中毒性肝炎 2 类。传染性肝炎(infectious hepatitis)是指由生物性致病因素(细菌、病毒、霉菌、寄生虫等)所引起的肝脏炎症。中毒性肝炎是指由病原微生物以外的其他毒性物质所引起的肝炎。病变基本相同的各型肝炎都是以肝实质损伤为主，即肝细胞变性和坏死，同时伴有不同程度的炎性细胞浸润、间质增生和肝细胞再生等。

肝硬化(cirrhosis of liver)是多种原因引起的以肝组织严重损伤和结缔组织增生为特征的

慢性肝脏疾病。肝硬化的病理变化特征基本一致，首先是肝细胞发生缓慢的进行性变性、坏死，继而肝细胞再生和间质结缔组织增生，形成假性肝小叶，最后结缔组织纤维化，导致肝硬化。

胰腺炎(pancreatitis)是胰腺因胰蛋白酶的自身消化作用而引起的一种炎症性疾病。按胰腺炎的发生和病变特征，可分为急性胰腺炎和慢性胰腺炎 2 种。急性胰腺炎(acute pancreatitis)是指以胰腺水肿、出血和坏死为特征的胰腺炎。慢性胰腺炎(chronic pancreatitis)是指胰腺呈现弥漫性纤维化、体积显著缩小为特征的胰腺炎。

一、目的要求

掌握各型肠炎和肝病的主要病变特点。

二、实验内容

(一)肉眼标本

1. 猪水肿病胃黏膜下水肿(固定标本)(图 13-1-1)

胃黏膜表面光滑，中央暗灰色为充血区，断面黏膜下层增厚 10～20 倍，为疏松胶冻样水肿液充积。

2. 出血性胃炎(图 13-1-2)

标本取自患猪瘟死亡的仔猪。胃黏膜弥漫性出血呈深红色。

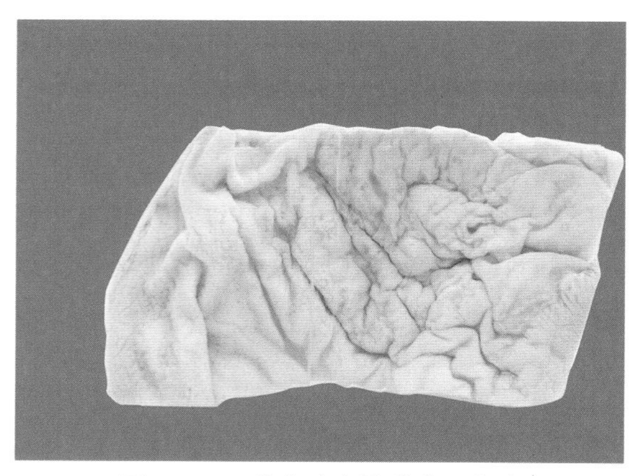

图 13-1-1　猪水肿病胃黏膜下水肿(固定标本)

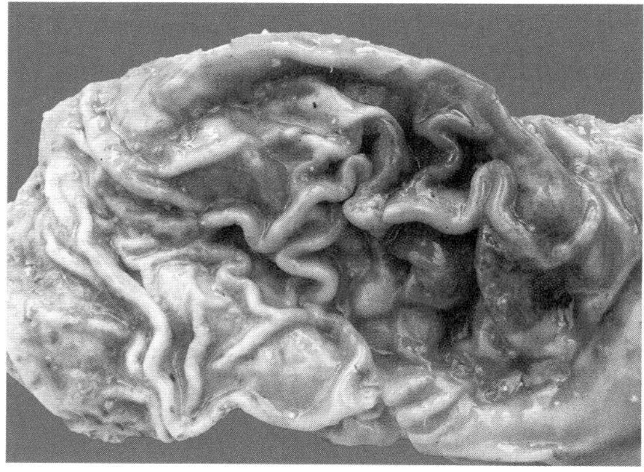

图 13-1-2　出血性胃炎

3. 纤维素性肠炎(副伤寒)(固定标本)(图 13-1-3)

盲肠黏膜呈大片坏死，表面附麸皮样物质，质硬脆易碎，污灰色，深达黏膜固有层，结肠黏膜表面可见圆形中央凹陷的坏死灶。表面也见污灰色附着物。

4. 固膜性肠炎(图 13-1-4)

标本取自患副伤寒死亡的仔猪。大结肠黏膜面可见大量大小不等的污黄白色的固膜性炎灶。

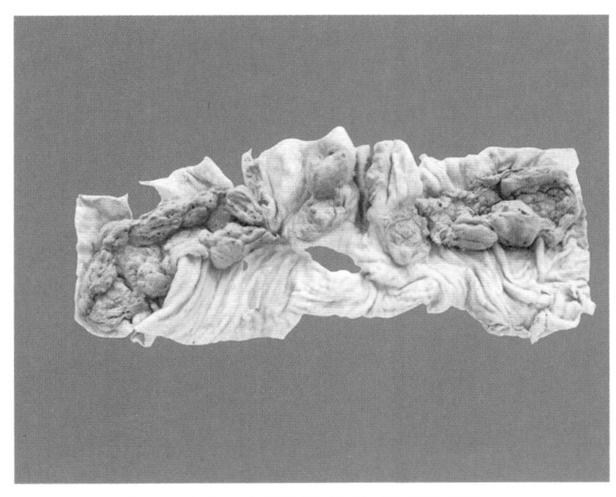

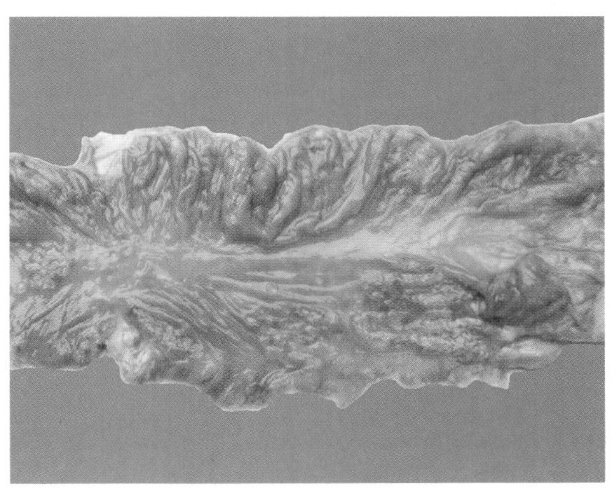

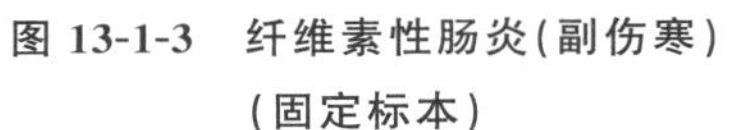

图 13-1-3　纤维素性肠炎(副伤寒)（固定标本）

图 13-1-4　固膜性肠炎

5. 出血性肠炎(图 13-1-5)

标本取自患小反刍兽疫死亡的山羊。直肠黏膜褶皱充血和出血，使肠黏膜呈斑马条纹状。

6. 慢性猪瘟结肠扣状肿(图 13-1-6)

结肠黏膜发生纤维素性坏死，渗出的纤维素与坏死黏膜牢固地结合，形成圆形坏死肿块，形似纽扣状。

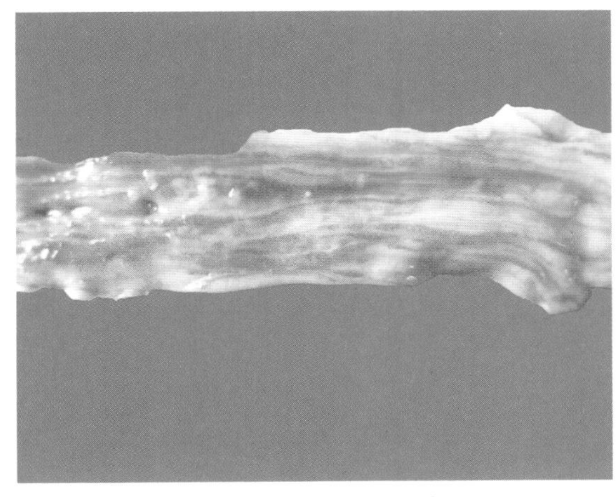

图 13-1-5　出血性肠炎

图 13-1-6　慢性猪瘟结肠扣状肿

7. 增生性肠炎(图 13-1-7)

标本取自患副结核病死亡的成年奶牛，肠黏膜充血，黏膜增厚明显，形成大脑沟回样结构。

8. 肝硬化(图 13-1-8)

肝脏体积缩小，质地坚硬，肝表面突出大小不一的结节。

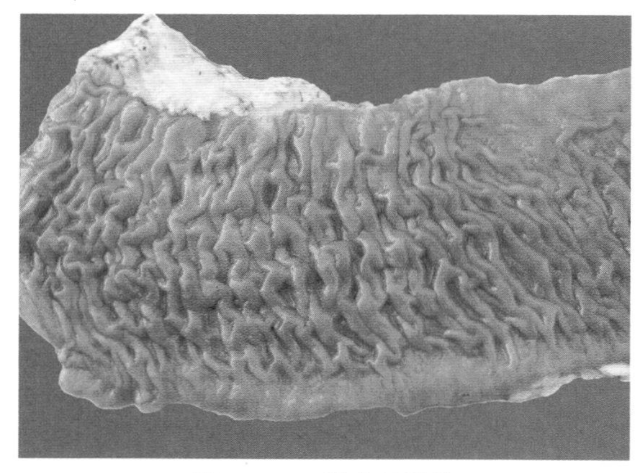

图 13-1-7　增生性肠炎

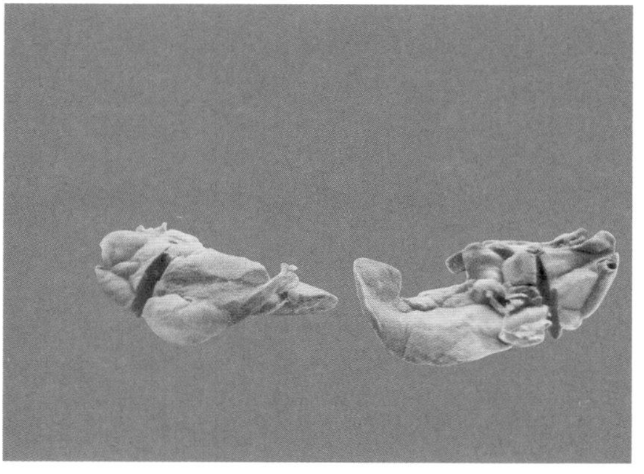

图 13-1-8　肝硬化

9. 寄生虫性肝硬化(乳斑肝)(图 13-1-9)

标本取自正常屠宰猪。肝脏质硬,表面弥散分布形态不一的灰白色坏死灶。

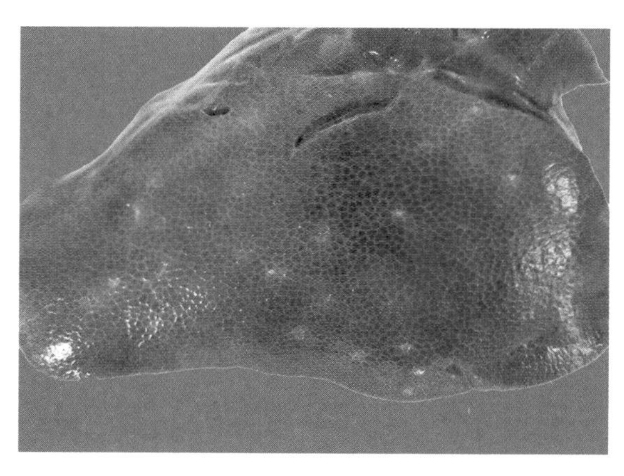

图 13-1-9　寄生虫性肝硬化(乳斑肝)

(二)组织切片

1. 猪小肠卡他性炎(图 13-2-1 至图 13-2-3)

观察要点:

①部分黏膜上皮脱落。

②黏膜上皮和腺上皮杯状细胞增多,黏液分泌亢进。

③黏膜固有层毛细血管扩张充血、水肿,淋巴细胞和浆细胞明显增多。

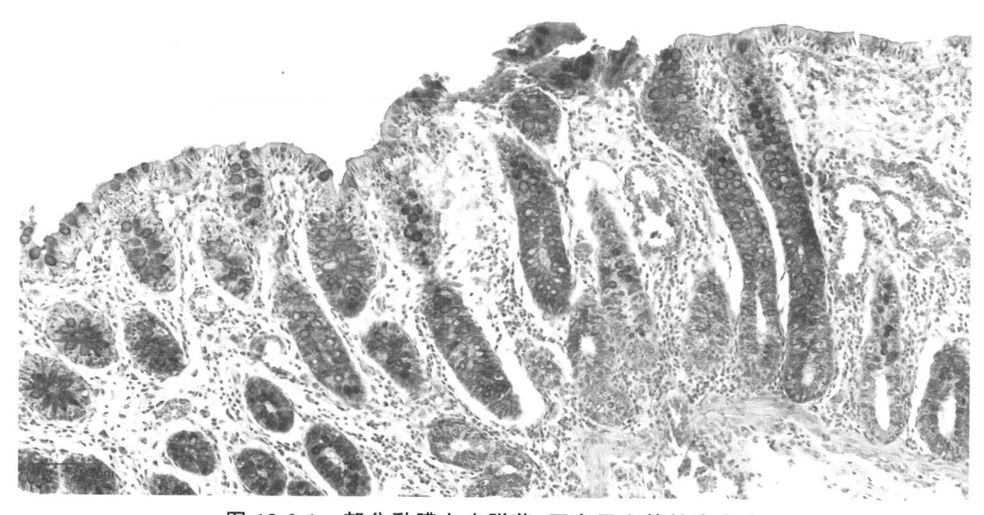

图 13-2-1　部分黏膜上皮脱落,固有层血管扩张充血

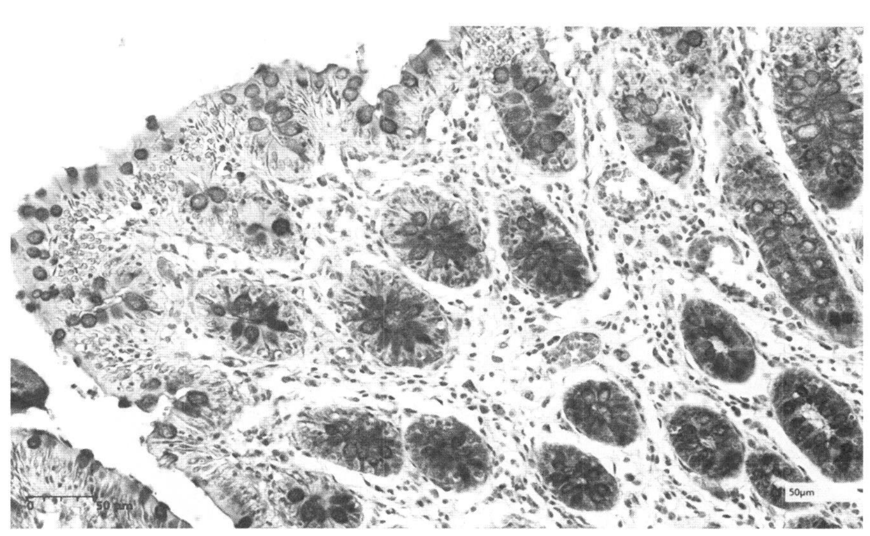

图 13-2-2　黏膜上皮和腺上皮杯状细胞增多,黏液分泌亢进

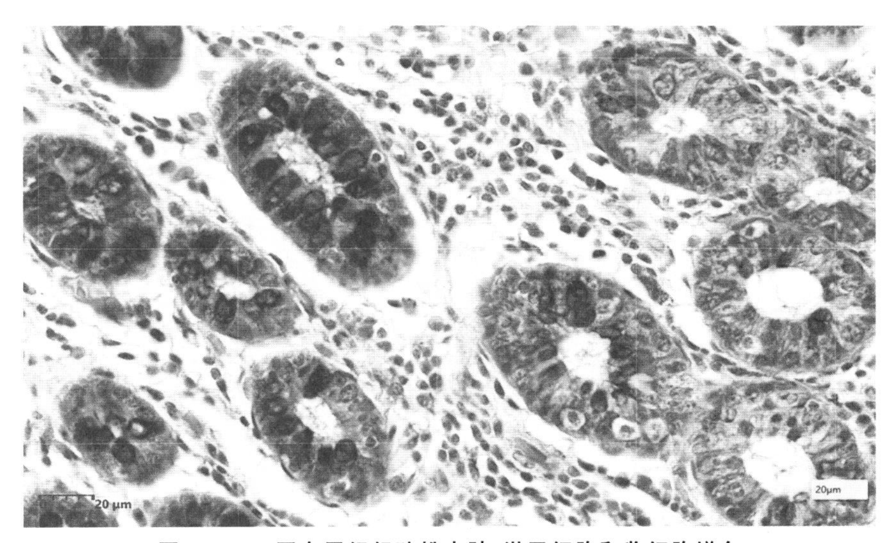

图 13-2-3　固有层组织疏松水肿,淋巴细胞和浆细胞增多

2. 牛胃底腺黏液分泌亢进(图 13-2-4 至图 13-2-7)

观察要点:

①黏膜上皮脱落。

②胃底腺上皮和腺上皮中杯状细胞明显增多,黏液分泌亢进。

③黏膜固有层血管扩张充血。

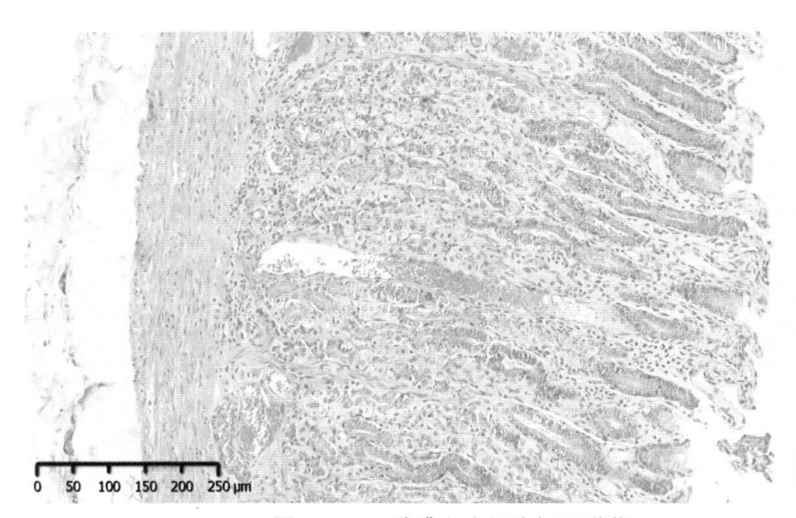

图 13-2-4　黏膜上皮细胞坏死脱落

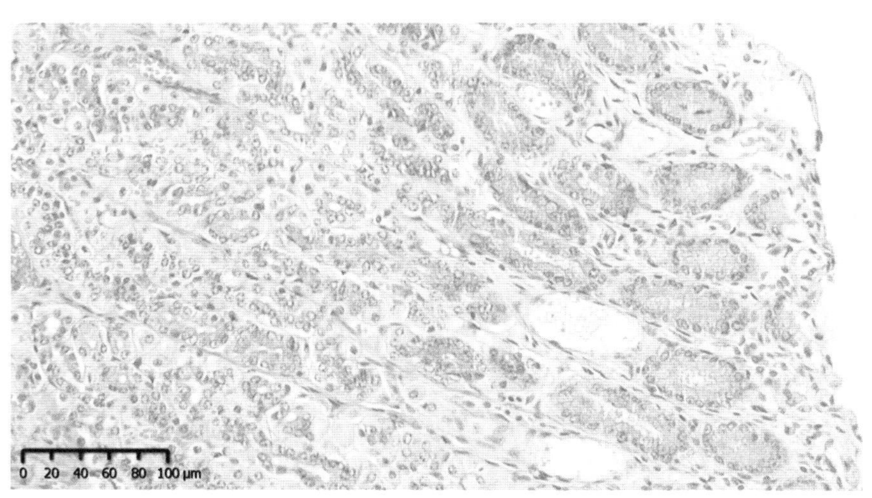

图 13-2-5　胃底腺黏液分泌亢进

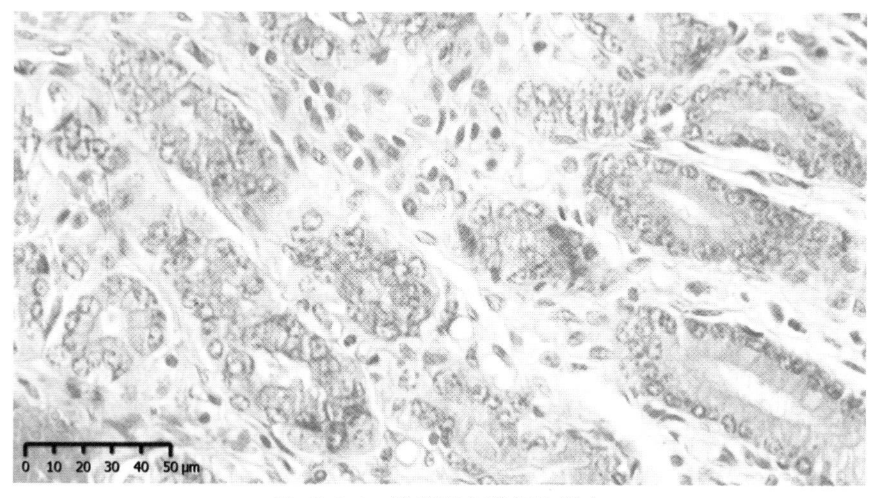

图 13-2-6　胃底腺杯状细胞增多

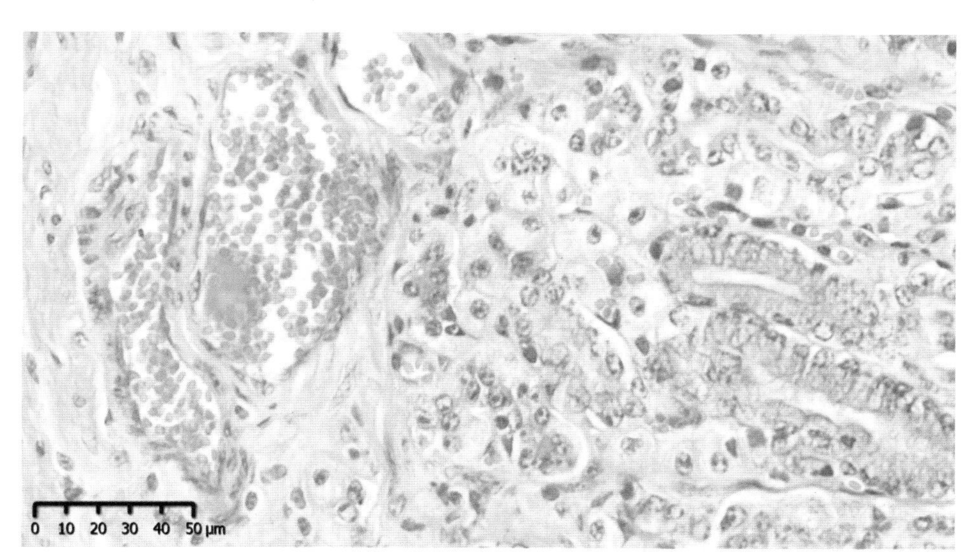

图 13-2-7　胃黏膜固有层血管扩张充血

3. 牛慢性增生性小肠炎

见炎症部分。

4. 大熊猫胰腺萎缩、局灶性纤维化和广泛脂变(图 13-2-8 至图 13-2-10)

观察要点：

①各小叶分离是水肿的表现。

②各小叶腺上皮细胞染色浅、腺泡闭塞，胞质散在空泡状脂滴。

③胰岛浅染。

④部分小叶胰岛为中心出现纤维化，甚至达大半个小叶。

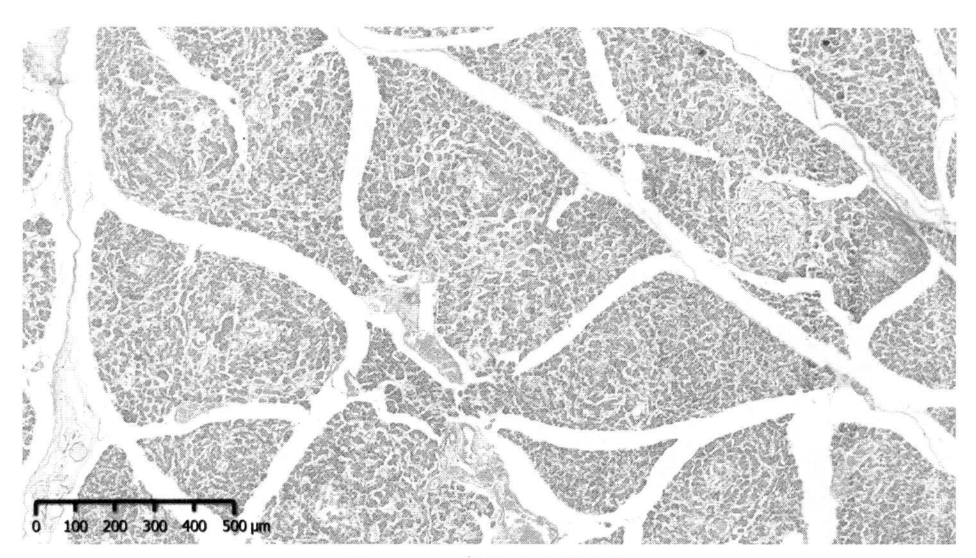

图 13-2-8　胰腺小叶间水肿

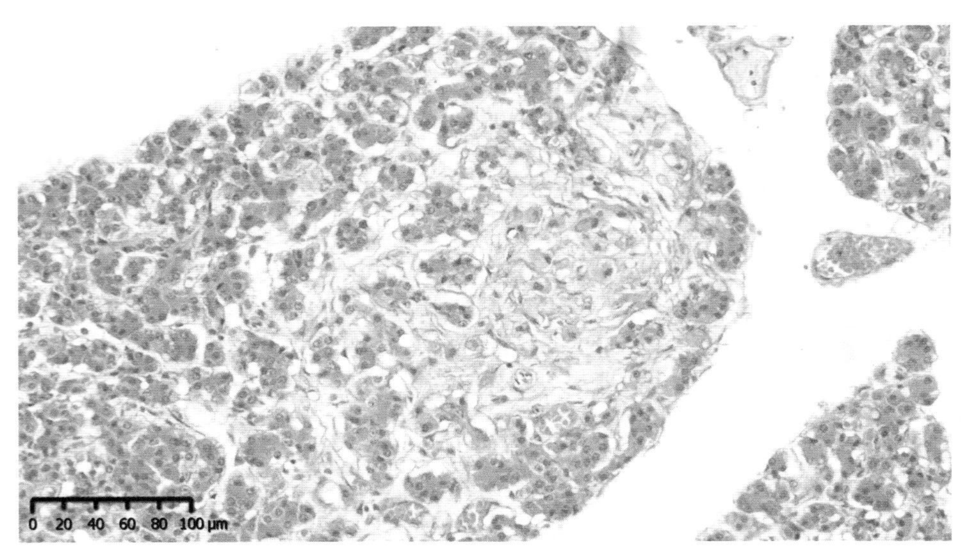

图 13-2-9　胰腺以胰岛为中心纤维化

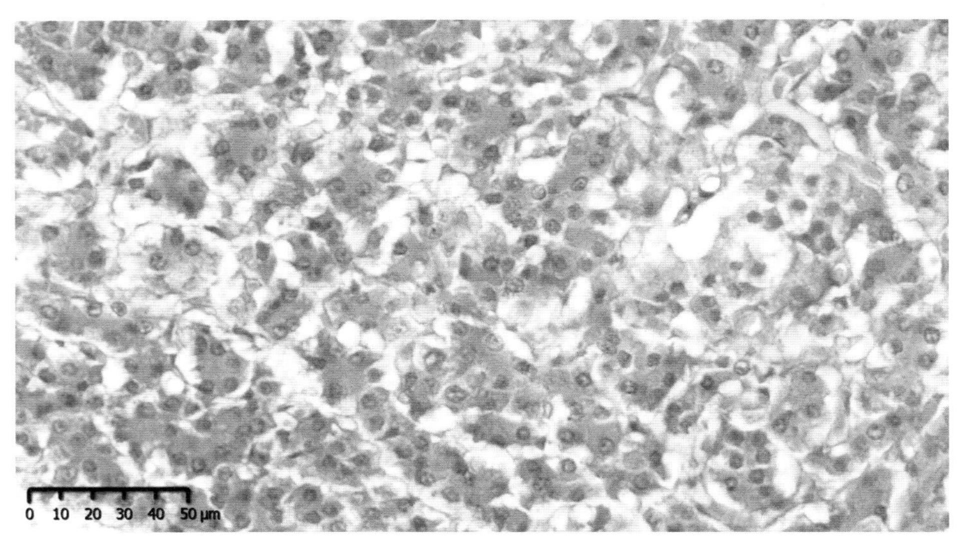

图 13-2-10　胰腺腺细胞胞质内散在脂滴

5.猪坏死性肠炎(图 13-2-11 至图 13-2-15)

切片一端可见肠黏膜上皮脱落,固有层肠腺上皮脱离基底膜,肠腺之间组织疏松水肿,大量淋巴细胞浸润并坏死,黏膜下层淋巴管扩张。血管壁破坏,变性。

切片的另一端黏膜组织凝固性坏死,黏膜和黏膜下层一片红染,看不到细胞结构,组织结构尚可分清。坏死区边界可见灰染菌丛和其下层的炎症反应。

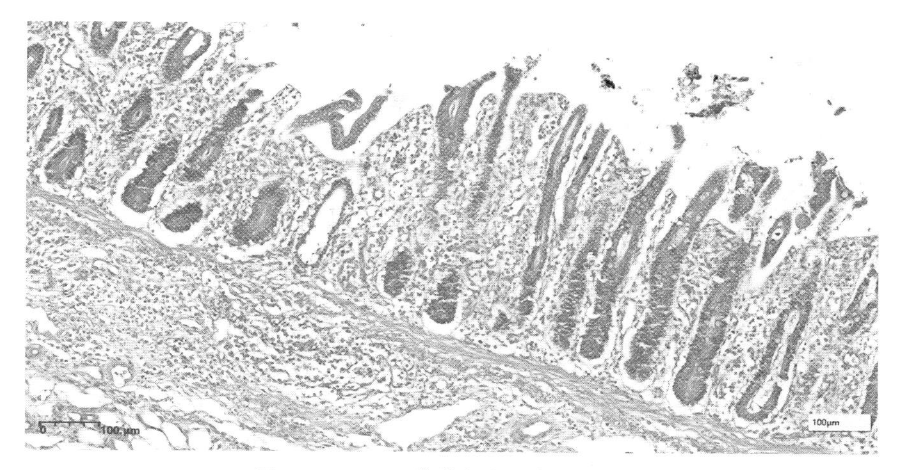

图 13-2-11　肠黏膜上皮细胞坏死脱落

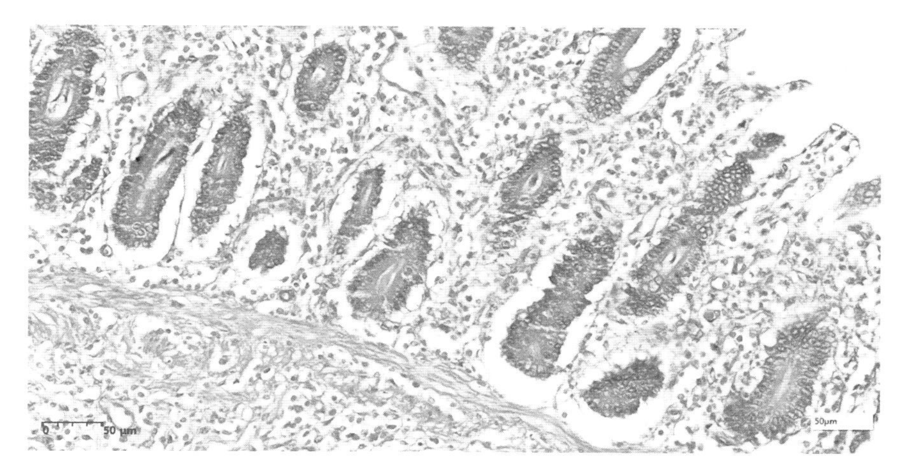

图 13-2-12　固有层肠腺脱离基底膜

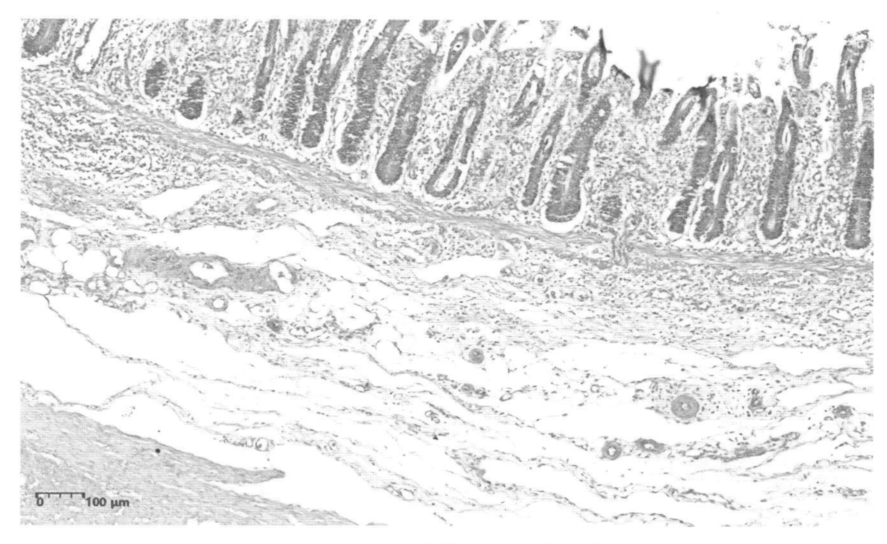

图 13-2-13　黏膜下层疏松水肿

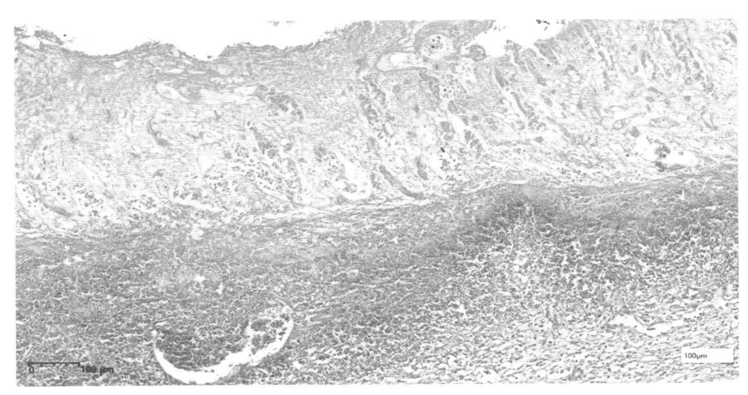

图 13-2-14 肠黏膜组织凝固性坏死

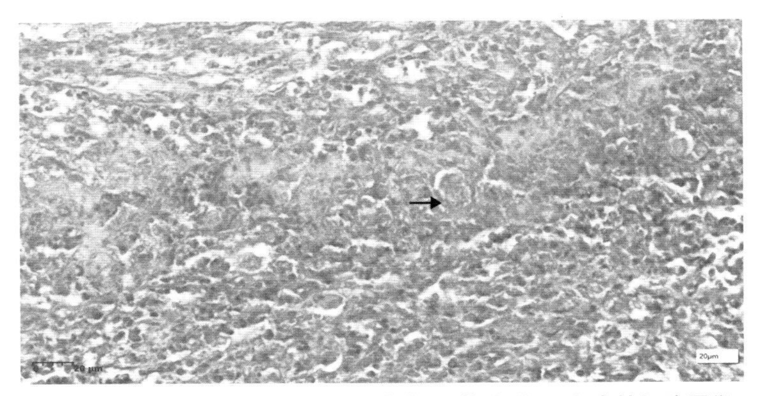

图 13-2-15 凝固性坏死区可见蓝染菌丛(箭头所示)和炎性细胞浸润

6.鸡肝炎(巴氏杆菌引起)(图 13-2-16 至图 13-2-19)

观察要点:

①坏死灶小点状散在分布,大小不一。

②坏死区肝索细胞坏死,巨噬细胞增生。

③其他肝索细胞变性。

④小叶间静脉、窦状隙、中央静脉淤血。

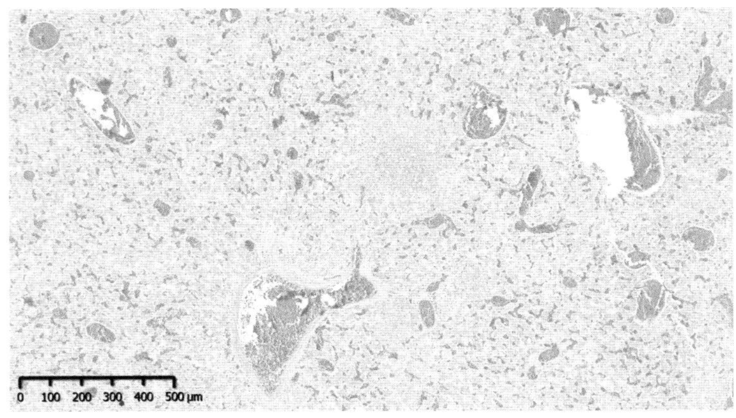

图 13-2-16 大小不一的坏死灶点状散在分布,
小叶间静脉、窦状隙、中央静脉淤血

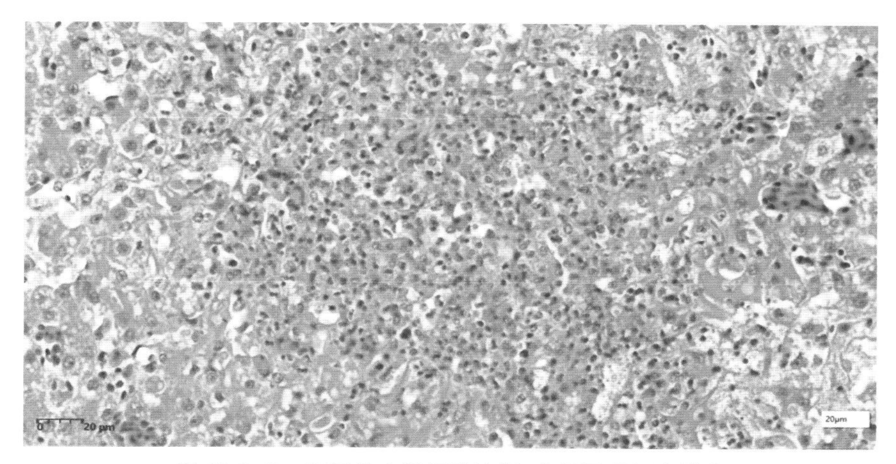

图 13-2-17　坏死灶内肝细胞溶解，大量巨噬细胞增生

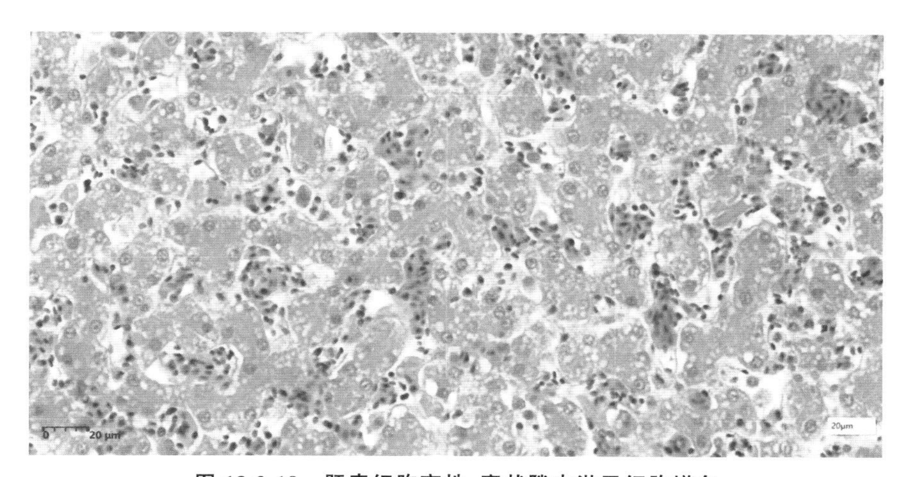

图 13-2-18　肝索细胞变性，窦状隙内淋巴细胞增多

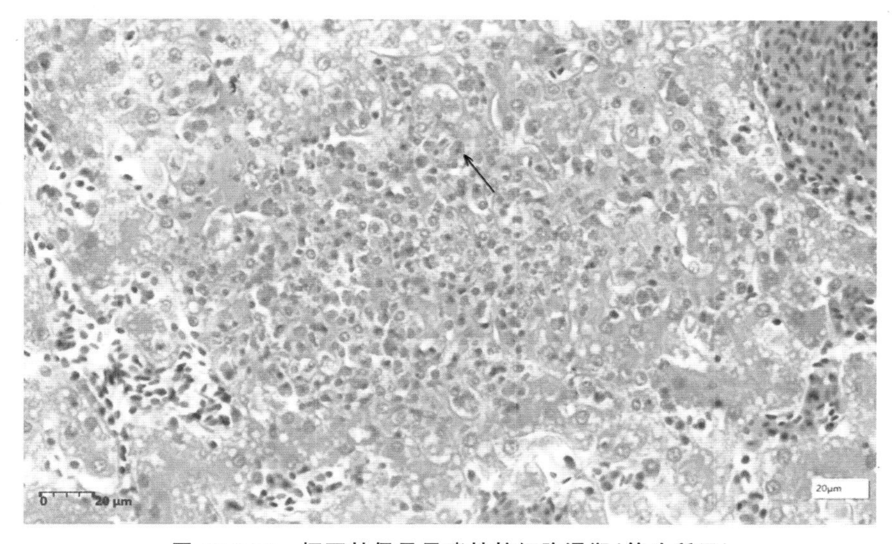

图 13-2-19　坏死灶偶见异嗜性粒细胞浸润（箭头所示）

7. 马肝炎 20C34

炎症实验。

8. 猫急性肝炎(图 13-2-20 至图 13-2-23)

观察要点:

①各肝小叶中央区肝索细胞变性坏死。

②窦状隙充血,多量中性粒细胞和淋巴细胞浸润。

③肝小叶边缘区狄氏隙扩张水肿。

④汇管区血管和中央静脉均扩张充血。

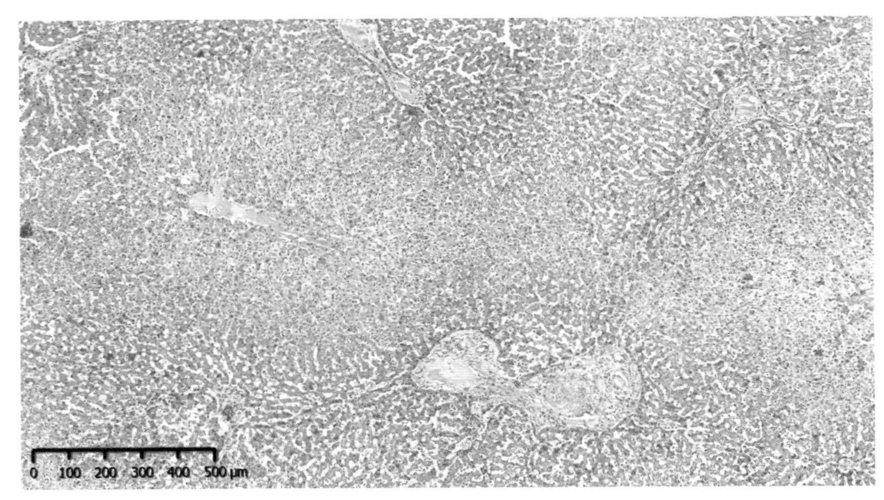

图 13-2-20 肝小叶中央区肝索细胞变性坏死,汇管区血管和中央静脉扩张充血

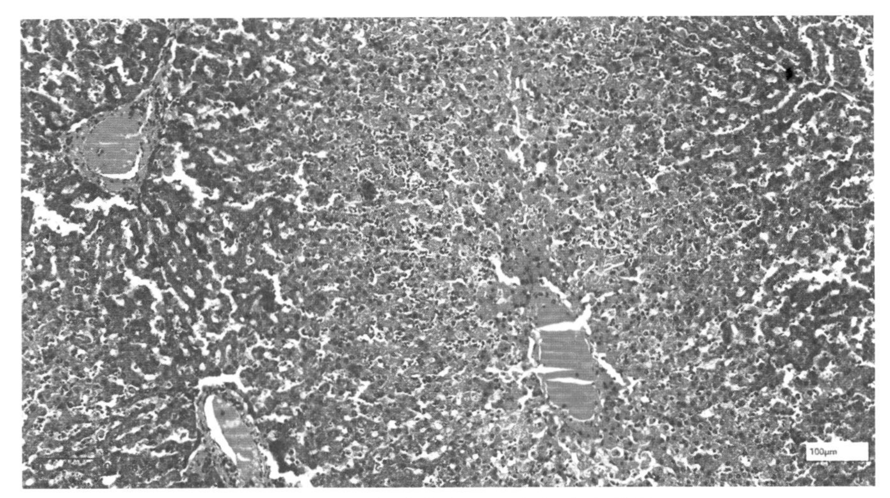

图 13-2-21 肝小叶中央区肝索细胞变性坏死

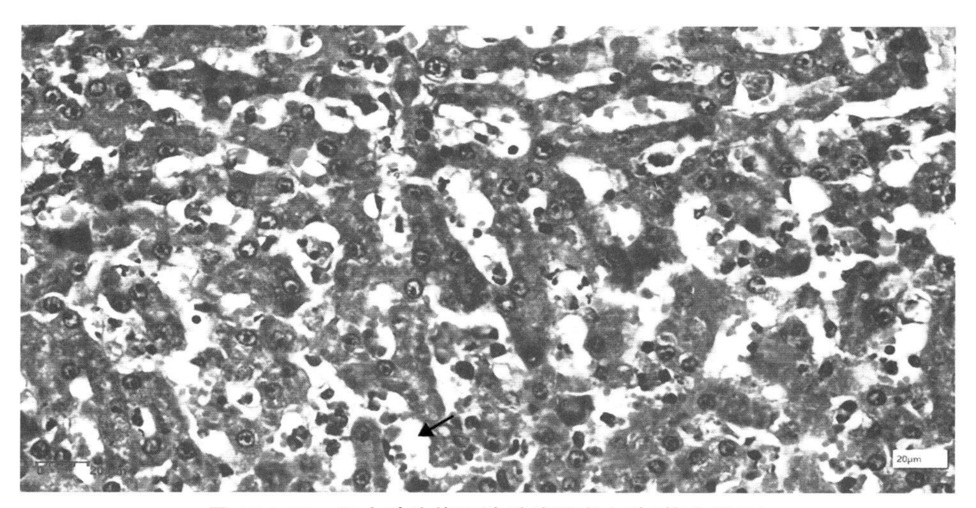

图 13-2-22　肝小叶边缘区狄氏隙扩张水肿(箭头所示)

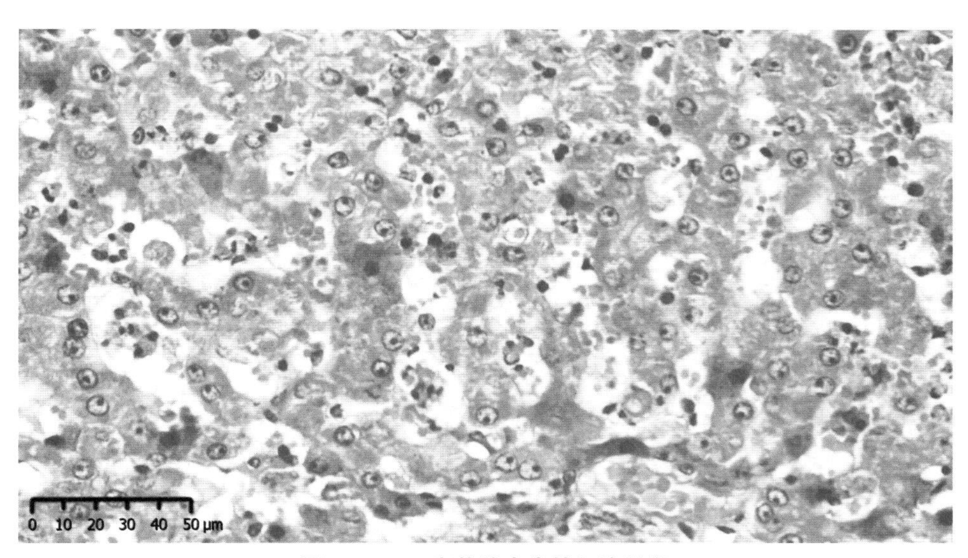

图 13-2-23　窦状隙内炎性细胞浸润

9. 马肝中毒性营养不良(红色肝萎缩)(图 13-2-24 至图 13-2-28)

观察要点：

①肝小叶的肝索结构破坏消失，窦状隙扩张充血、出血，其中可见吞噬细胞含铁血黄素沉着及淋巴细胞增多。

②偶在肝小叶边缘区或中央静脉邻近，见有少量肝细胞，胞体肿胀，胞质中有大小不等的空泡(脂肪变性)或胞质疏松呈颗粒状，核尚存。

③有的肝细胞轮廓不清，核溶解。

图 13-2-24　肝小叶的肝索结构破坏消失

图 13-2-25　窦状隙严重扩张充血

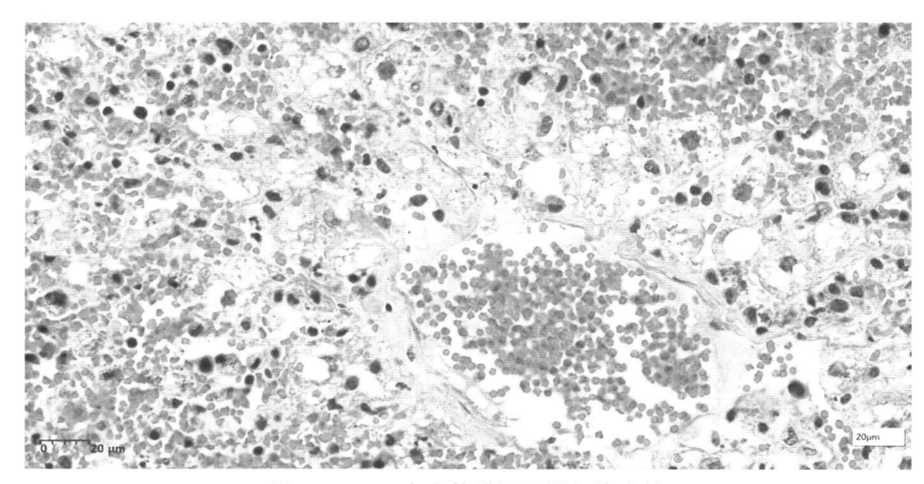

图 13-2-26　中央静脉周围肝细胞变性

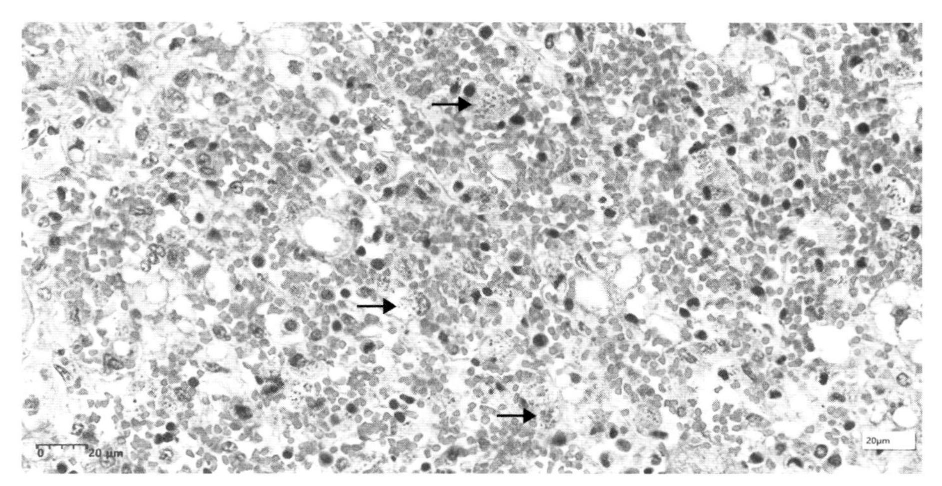

图 13-2-27　肝细胞轮廓不清，可见大量含铁血黄素沉着(箭头所示)

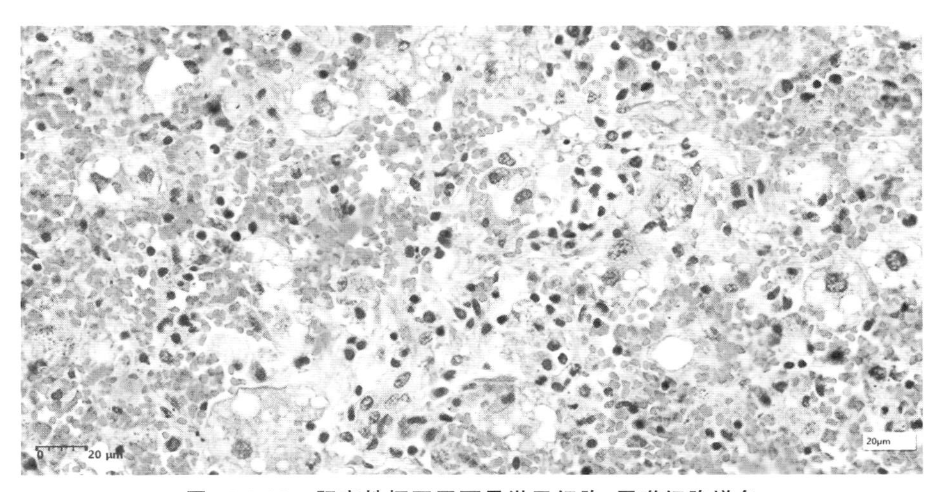

图 13-2-28　肝变性坏死区可见淋巴细胞、巨噬细胞增多

10. 兔肝四氯化碳中毒(黄色肝萎缩)(图 13-2-29 至图 13-2-33)

观察要点：

①肝小叶中央区肝索细胞普遍坏死，肝索结构消失，细胞轮廓不清，粉红染，其间散在有红细胞。

②肝小叶周边区肝细胞淡蓝染色，肝索结构尚存，窦状隙狭窄，肝细胞核清晰。

③坏死区肝细胞胞质红染，核溶解消失，枯否氏细胞和淋巴细胞增生。在坏死区周围散在轮廓不清，粉红染的变性、坏死肝细胞。

④汇管区淋巴细胞增多，肝小叶间胆管增生。

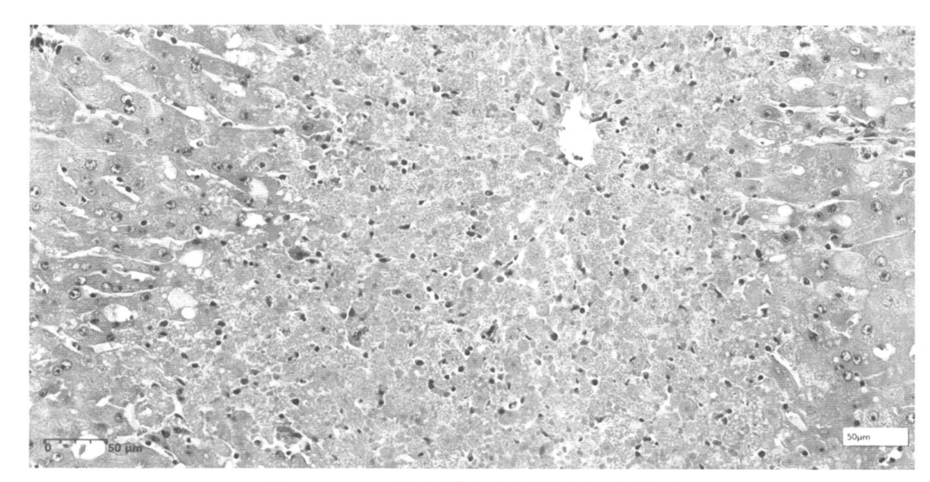

图 13-2-29　肝小叶中央区肝索细胞坏死

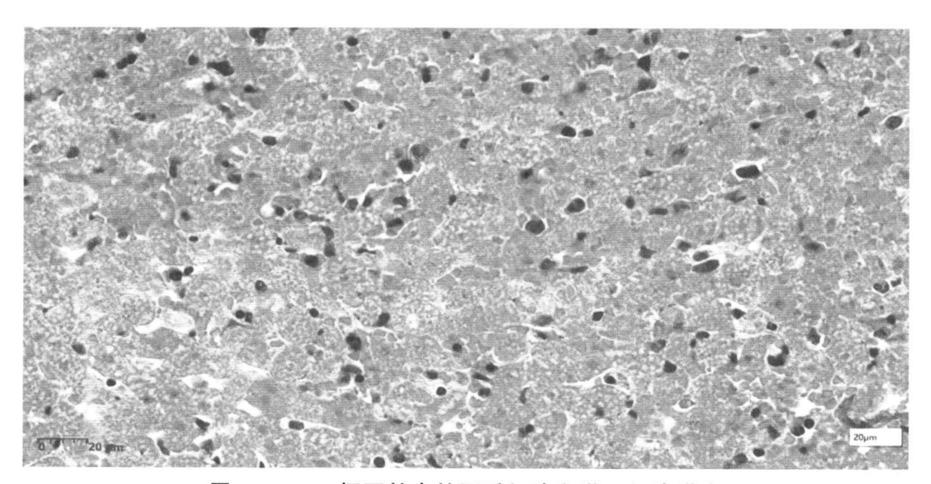

图 13-2-30　坏死灶内枯否氏细胞和淋巴细胞增生

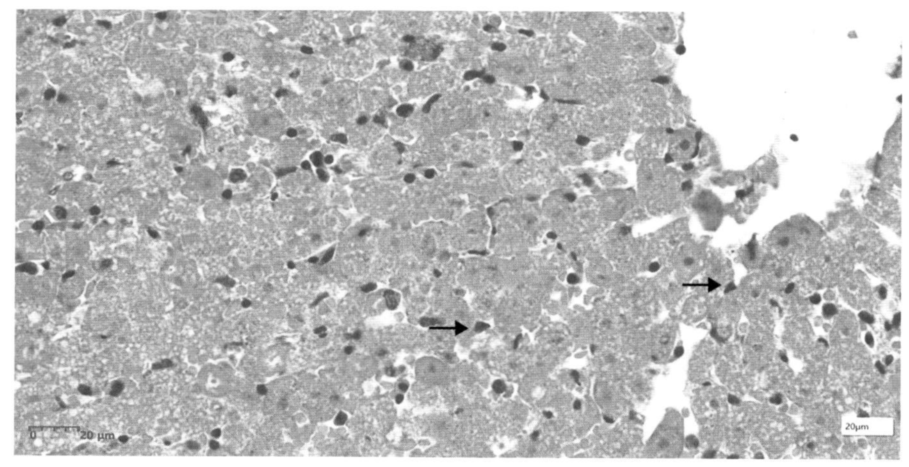

图 13-2-31　坏死灶内枯否氏细胞(箭头所示)

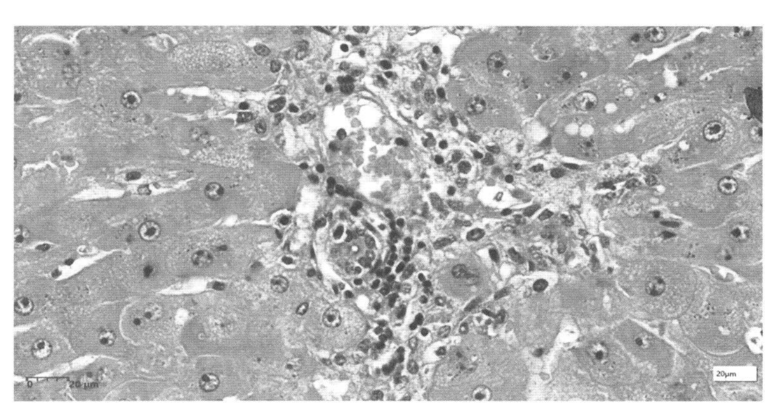

图 13-2-32　汇管区淋巴细胞浸润

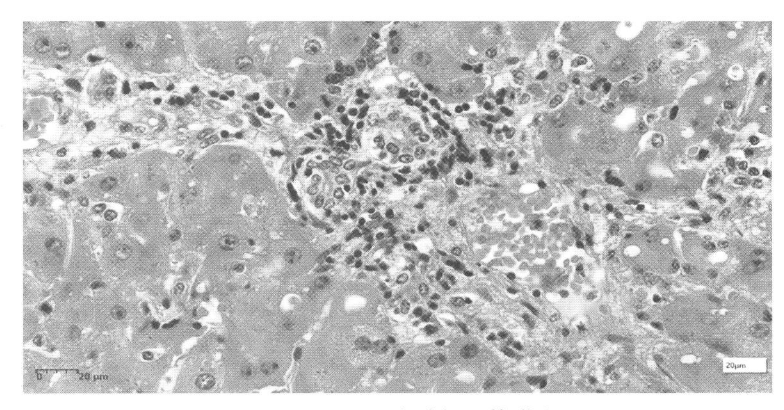

图 13-2-33　肝小叶间胆管增生

11.弥漫性肝硬化(图 13-2-34 至图 13-2-36)(HE 染色和 Mallory 三色染色)

观察要点：

①肝组织中没有明显的小叶界限,结缔组织弥漫增生,将肝细胞分隔,肝索结构破坏。

②假小叶不见中央静脉,肝索排列紊乱。肝细胞间网状纤维胶原化,并与增生的结缔组织融合。

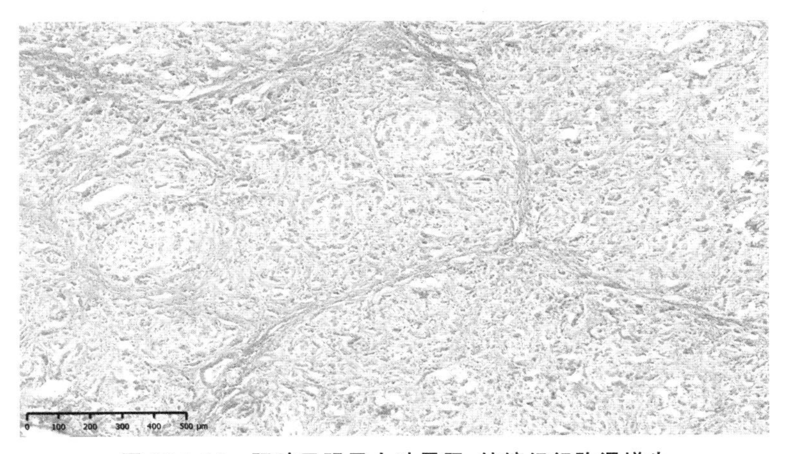

图 13-2-34　肝脏无明显小叶界限,结缔组织弥漫增生

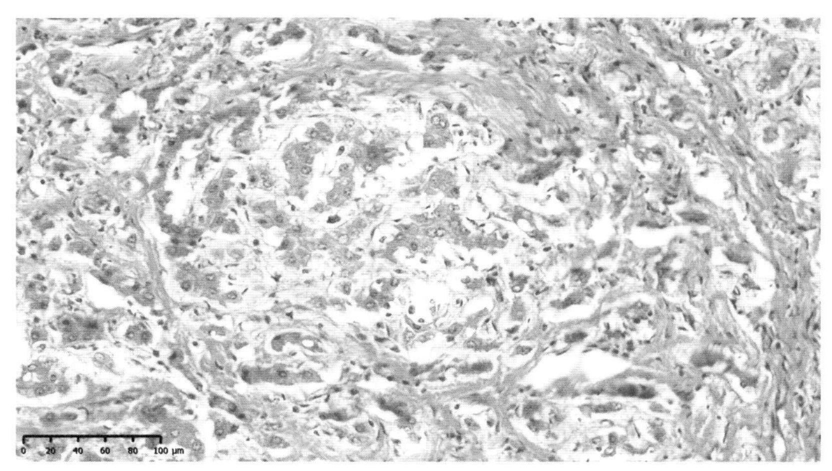

图 13-2-35　假小叶中心无中央静脉，肝细胞退变、坏死；肝细胞间网状纤维胶原化

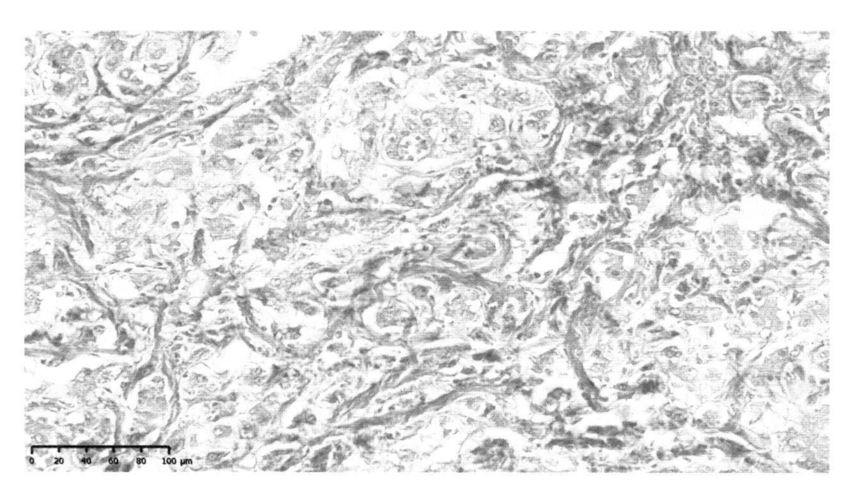

图 13-2-36　马森三色染色，胶原纤维呈蓝色，肝细胞淡棕色，红细胞黄色

12. 结节性肝硬化(图 13-2-37 至图 12-2-40)

观察要点：

①肝组织散在大小不一，近似圆形的肝细胞岛(假小叶)，假小叶周围是大量富有毛细血管的结缔组织。假小叶周围有淋巴细胞浸润。

②假小叶不见中央静脉，肝索排列紊乱，窦状隙空虚或不明显。

③肝细胞胞质出现红染颗粒，有的出现空泡，在假小叶的周围有一层扁平的肝细胞，胞体萎缩变小，胞质红染，核染色较浓。

④假小叶之间为增生的结缔组织，其中见有新生的毛细血管的小动脉。

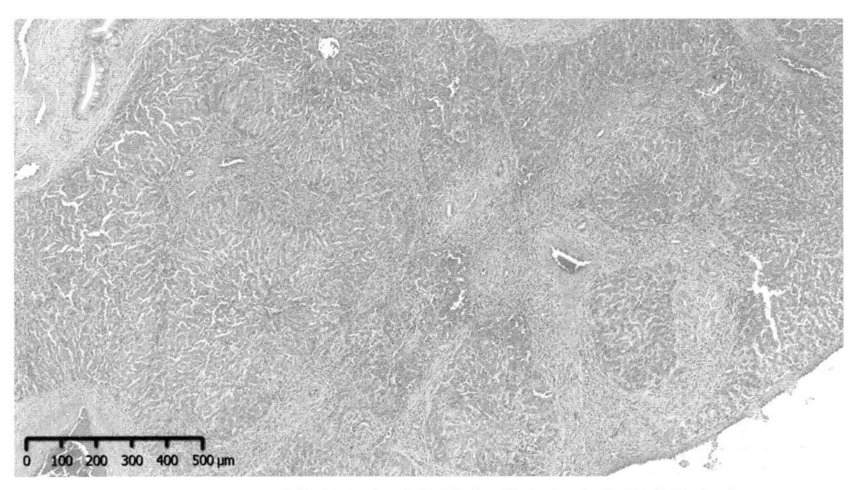

图 13-2-37　肝脏结缔组织大量增生，将肝细胞分隔成假小叶

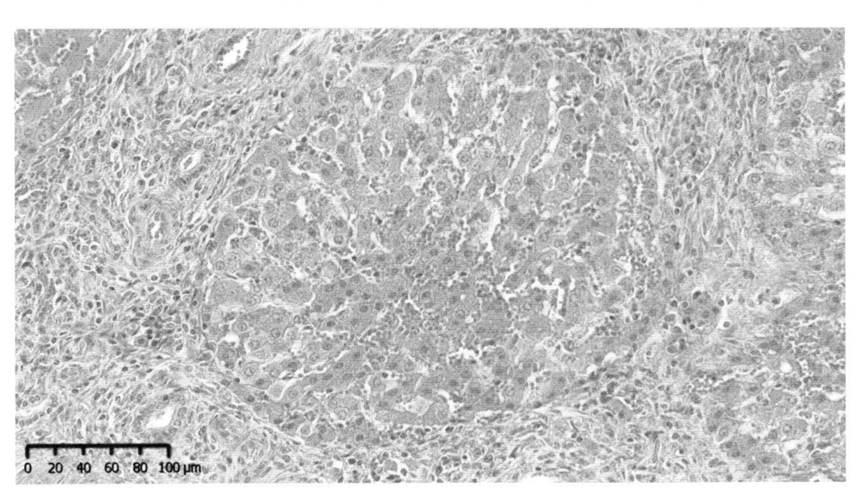

图 13-2-38　假小叶中心无中央静脉，肝索紊乱，
假小叶周围有一层扁平的肝细胞浓染

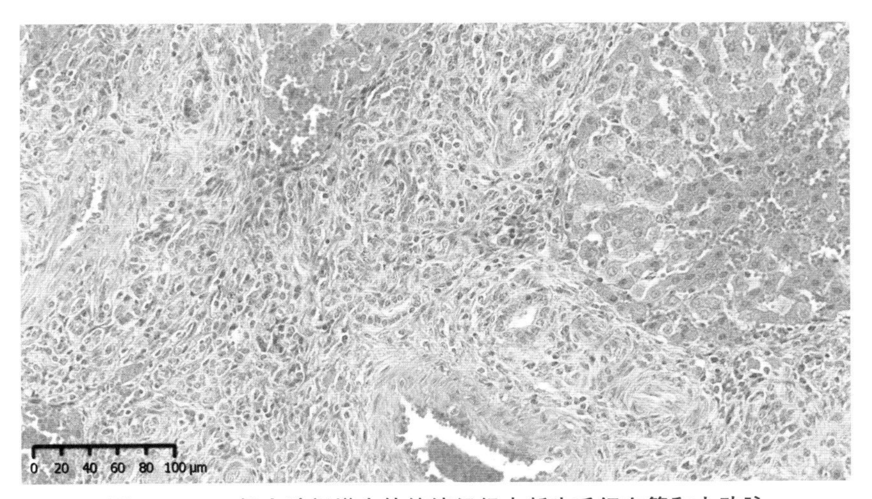

图 13-2-39　假小叶间增生的结缔组织中新生毛细血管和小动脉

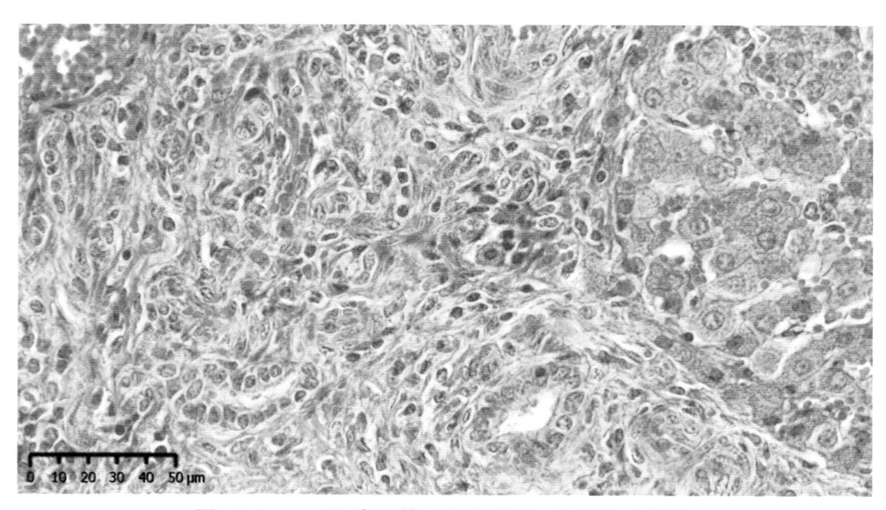

图 13-2-40　肝脏汇管区胆管增生，炎性细胞浸润

四、绘图作业

1. 猪小肠卡他性炎。

2. 结节性肝硬化。

实验十四

泌尿系统病理学

【学习提要】

泌尿系统在机体代谢和排泄废物方面承担了重要作用，是机体维持内环境稳态必不可少的。泌尿系统由肾脏、输尿管、膀胱和尿道组成，我们以肾脏为主，学习泌尿系统疾病的病理学表现。

肾脏疾病可根据病变累及的主要部位不同分为肾小球疾病、肾小管疾病、肾间质疾病和血管性疾病，其中肾小球疾病和肾小管疾病较为常见。

肾炎(nephritis)是指以肾小球和肾间质的炎性变化为特征的疾病。常见的有肾小球肾炎、间质性肾炎、化脓性肾炎、肾盂肾炎；肾病(nephrosis)是指以肾小管上皮细胞变性、坏死为主的一类病变。

1. 肾小球肾炎

肾小球肾炎(glomerulonephritis)是由于Ⅲ型变态反应导致的抗原抗体复合物沉积在肾小球毛细血管丛基底膜而引发的炎症，在肾小管和间质常可见继发性损伤。急性肾小球肾炎常常表现为肾小球的急性炎性反应，如肾小球毛细血管扩张充血、出血，有时甚至形成微血栓；毛细血管管壁通透性增加，血浆蛋白漏出到肾小囊内；肾小球内有少量白细胞浸润。总体上，肾小球的变化以充血、渗出、炎性细胞浸润为主；而肾小管也是由肾小球的渗出而形成蛋白管型，肾小管上皮细胞可能还会伴随着一定程度的颗粒变性、玻璃样变性、脂肪变性和坏死。当肾炎变为亚急性时，机体出现修复反应，在急性期病变的基础上，肾小球的内皮细胞和系膜细胞增生、肾小球周围的结缔组织增生，构成“新月体”，这是亚急性肾小球肾炎在显微镜下的标志性特征；肾小管的变性和坏死也进一步加重。随着病程的进展，肾小球及肾小管逐渐被增生的纤维所代替，由纤维的成熟、收缩和瘢痕组织形成，导致纤维化的肾小球之间的距离靠近，残存肾单位发生代偿性肥大。

在大体解剖的层面，这些病理变化也体现了从渗出、变性、增生到纤维化的过程。急性肾小球肾炎早期变化不明显，后期肾脏轻度或中度肿大、充血，被膜紧张，表面光滑，颜色较红，所以称“大红肾”。若肾小球毛细血管破裂出血，肾脏表面及切面可见散在的小出血点，形如蚤咬，称“蚤咬肾”。当到亚急性阶段时，由于肾小球内细胞的增生，肾脏体积增大、血液的流入减少，导致肾脏外观被膜紧张、颜色苍白或淡黄色，俗称“大白肾”。若转到慢性阶段，由于肾组织纤维化、瘢痕收缩，肾脏体积缩小，表面高低不平，呈弥漫性细颗粒状，质地变硬，肾皮质常与肾被膜发生粘连，颜色苍白，故称“颗粒性固缩肾”或“皱缩肾”，切面见皮质变薄，纹理模糊不清，皮质与髓质分界不明显。

2. 间质性肾炎

间质性肾炎(interstitial nephritis)是在肾脏间质发生的以淋巴细胞、单核细胞浸润和结缔组织增生为原发病变的非化脓性肾炎，按照病变累及的范围大小，分为弥漫性间质性肾炎和局灶性间质性肾炎。局灶性间质性肾炎的局部炎性灶在大体解剖上会导致肾脏切面存在散布的白色斑点，称“白斑肾”；弥漫性间质性肾炎的肾脏切面纹理不清，重者皮髓分界也不清晰。

在显微镜下，急性弥漫性间质性肾炎的间质小血管扩张充血，有巨噬细胞、淋巴细胞和浆细胞浸润，浸润细胞波及整个肾间质，肾小管及肾小球变化多不明显。当转为慢性间质性肾炎时，间质纤维组织广泛增生，与慢性肾小球肾炎鉴别诊断时，许多肾小球无变化或仅有轻度变化是其主要特点。局灶性间质性肾炎的炎性细胞浸润以及纤维化则都是局灶性的。

3. 化脓性肾炎

化脓性肾炎(suppurative nephritis)是指肾实质和肾盂的化脓性炎症。栓子性化脓性肾炎(embolic suppurative nephritis)是指因血源性感染在肾实质内形成的一种化脓性炎症，其特征性病理变化是在肾脏形成多发性脓肿。肾盂肾炎(pyelonephritis)是肾盂和肾组织因化脓菌从外界经尿道、膀胱、输尿管的上行感染而发生的化脓性炎症，病理特征是肾盂积脓、肾乳头化脓性炎症。

4. 肾病

肾病(nephrosis)是指以肾小管上皮细胞变性、坏死为主的一类病变，是各种内源性毒素和外源性毒物随血液流入肾脏引起的。肾病分为坏死性肾病(necrotic nephrosis)和淀粉样肾病(amyloid nephrosis)。坏死性肾病多见于急性传染病和中毒病，是急性的肾病，在显微镜下的特征是肾小管上皮细胞变性、坏死、脱落，管腔内出现颗粒管型和透明管型；若动物在此期间没有因为肾功能不全而死亡，则疾病进入转归阶段，肾小管上皮细胞沿着基底膜再生，甚至可以完全修复不留痕迹。肾间质充血、水肿，有时可见出血及少量炎性细胞浸润；肾小球的变化一般不明显。淀粉样肾病多见于一些慢性消耗性疾病，是慢性肾病，在镜下的特征是：肾小球毛细血管、入球动脉和小叶间动脉及肾小管的基底膜上有大量淀粉样物质沉着，使肾小球血管和间质小动脉壁增厚，管腔狭窄，肾小管基底膜增厚。严重时，病变部的肾小球、肾小管和间质小动脉完全被淀粉样物质取代。除淀粉样变外，肾小管上皮细胞也发生脂肪变性、透明样变性等；病程久者，间质结缔组织广泛增生。

一、目的要求

掌握各型肾炎的病变特点。

二、实验内容

(一)肉眼标本

1. 犬肾结石(图 14-1-1)

患肾结石的犬肾脏中的物质，质度硬实，如石头一般。

2.肾萎缩(固定标本)(图 14-1-2)

因肾盂积水引起肾实质萎缩,肾实质仅剩薄薄一层。

肾盂积液引起实质萎缩(压迫性)、内膜光滑,实质菲薄,乳头消失,皮质变薄,结缔组织增多。

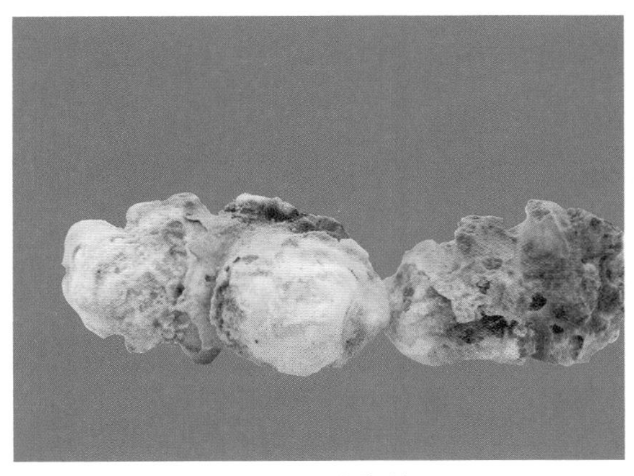

图 14-1-1　犬肾结石

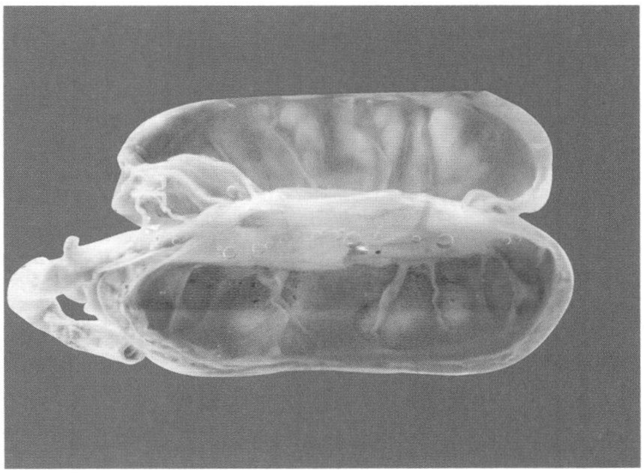

图 14-1-2　肾萎缩（固定标本）

3.羊肾破裂性出血(切面)(固定标本)(图 14-1-3)

可见肾脏切面上皮质与髓质交界处红色血凝块,是破裂性出血引起的。

4.化脓性肾炎(图 14-1-4)

标本取自患沙门菌病而死亡的犊牛。肾脏表面弥散分布小米粒大小的灰白色的小脓肿。

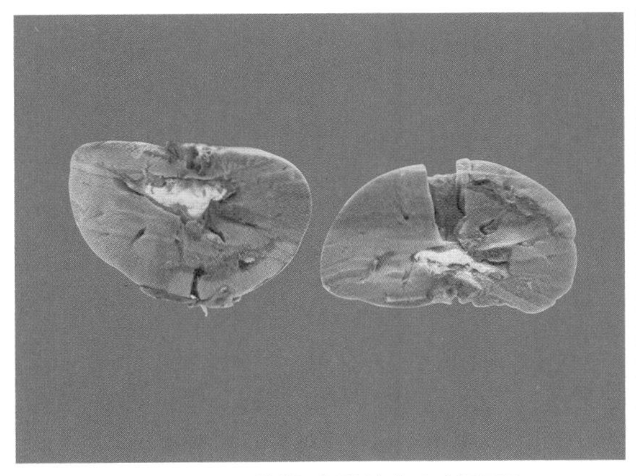

图 14-1-3　羊肾破裂性出血(切面)（固定标本）

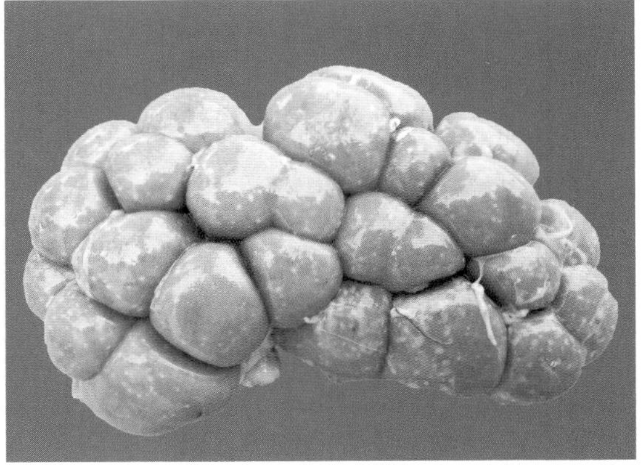

图 14-1-4　化脓性肾炎

5.猪化脓性肾炎(固定标本)(图 14-1-5)

肾盂可见大量黄白色浓稠液体,化脓性炎已波及肾髓质。

6. 猪瘟肾出血(固定标本)(图 14-1-6)

肾包膜下、切面的皮质部均散在针头大紫红点，肾盂黏膜弥漫性紫红色。

图 14-1-5 猪化脓性肾炎
(固定标本)

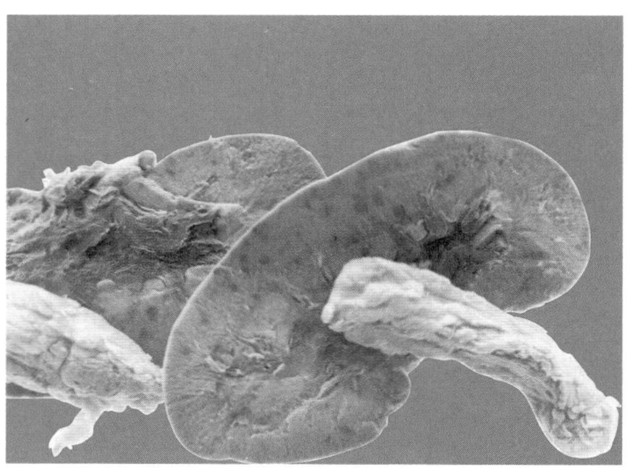

图 14-1-6 猪瘟肾出血
(固定标本)

7. 猪瘟肾出血(固定标本)(图 14-1-7)

标本取自患猪瘟而死亡的仔猪。肾轻度肿大，表面弥散分布针尖大小至小米粒大小的黑红色出血点。

8. 慢性肾小球肾炎(图 14-1-8)

标本取自正常屠宰羊。肾脏表面分布大小不等、形态不一的灰白色、稍凹陷的纤维化区域。

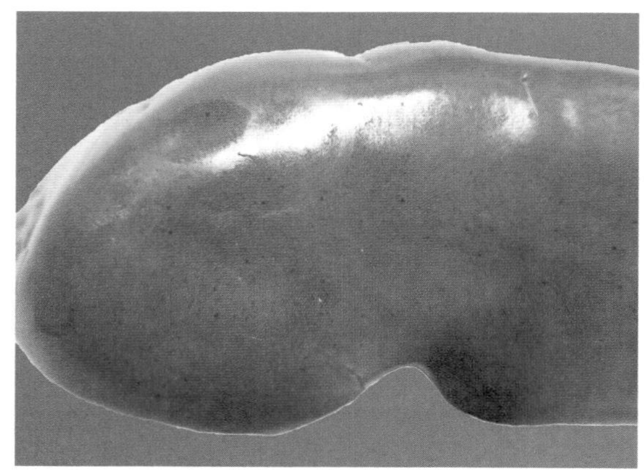

图 14-1-7 猪瘟肾出血
(固定标本)

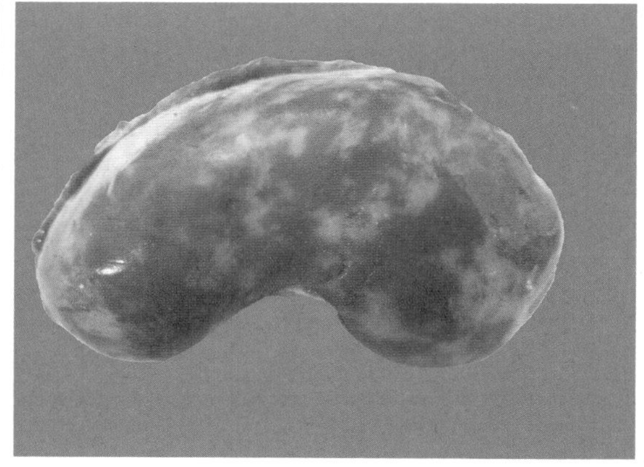

图 14-1-8 慢性肾小球肾炎

9. 犬间质性肾炎(固定标本)(图 14-1-9)

犬钩虫病引起，可见肾脏稍肿大，颜色变浅，呈灰黄色，肾脏表面因增生而变得凹凸不平。

10. 鸡淋巴细胞白血病(固定标本)(图 14-1-10)

可见卵巢、肾脏明显肿大。

图 14-1-9　犬间质性肾炎
（固定标本）

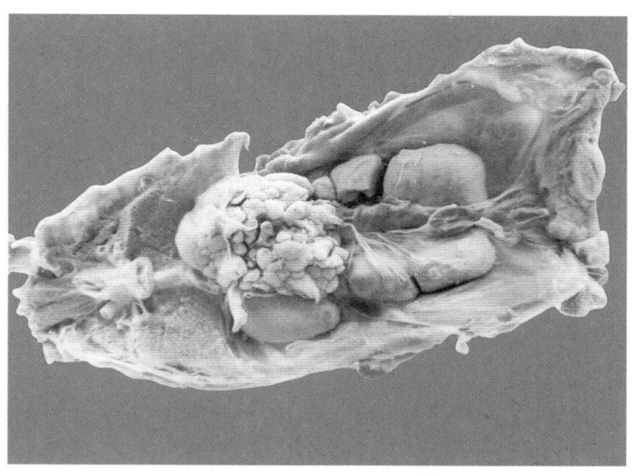

图 14-1-10　鸡淋巴细胞白血病
（固定标本）

11. 羊膀胱黏膜出血（图 14-1-11）

标本取自患急性巴氏杆菌病而死亡的羊。膀胱黏膜表面弥散分布大小不等的黑红色出血斑点。

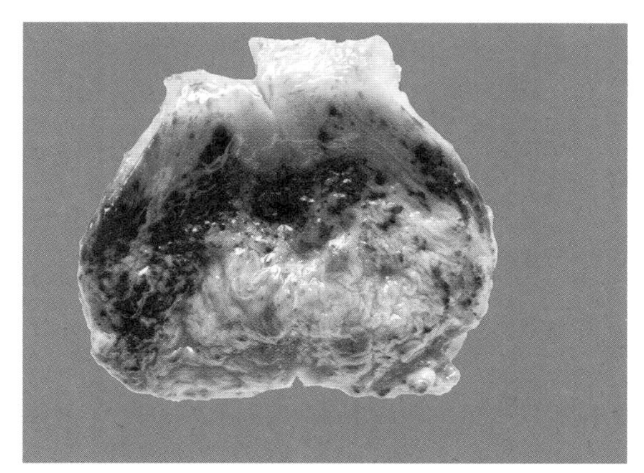

图 14-1-11　羊膀胱黏膜出血

（二）组织切片

1. 猪急性肾小球肾炎（图 14-2-1 至图 14-2-5）

①各肾单位病变程度不一。

②肾小球毛细血管扩张充血或微血栓形成。肾小球上皮和内皮肿胀增生、核浓染增多，尤其被膜下区。肾小球血管壁血浆浸润（抗原抗体沉积）、结构松散红染，肾球囊内积蛋白尿或肾小球血管丛填满。部分肾小球血管丛灶性坏死、核碎或见中性粒细胞浸润。

③肾曲细管广泛变性，上皮肿大红染或破裂，甚至充满整个管腔，但核仍完整。上皮排列整齐。袢管扩张充积透明管型。

④间质血管扩张充血。

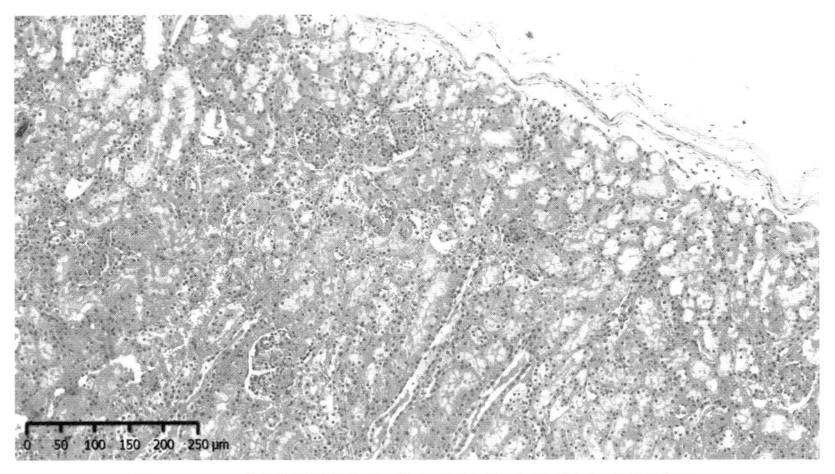

图 14-2-1 肾球囊囊腔几乎完全被增生的肾小球所填满，肾小管内充满粉染的无定形物，肾间质增宽、充血

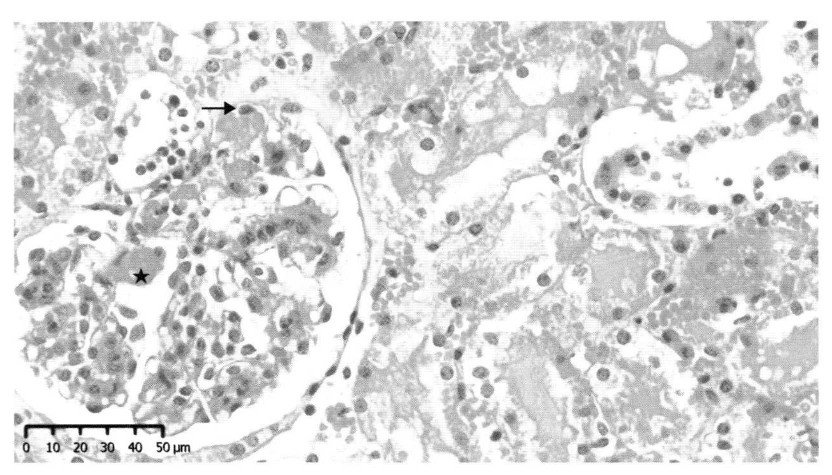

图 14-2-2 肾小球内细胞成分增多。在一些肾小球内，出现微血栓(星号所示)；且有内皮细胞肿胀(箭头所示)

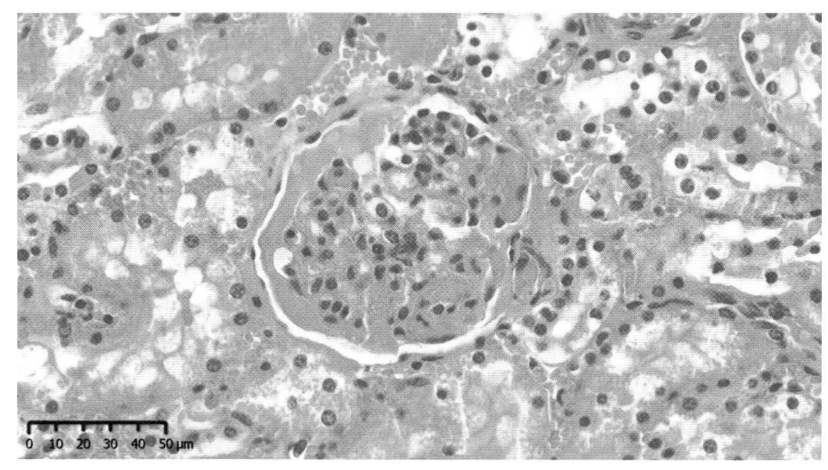

图 14-2-3 肾小球内部的毛细血管管壁增厚，肾球囊内充满粉染的渗出物

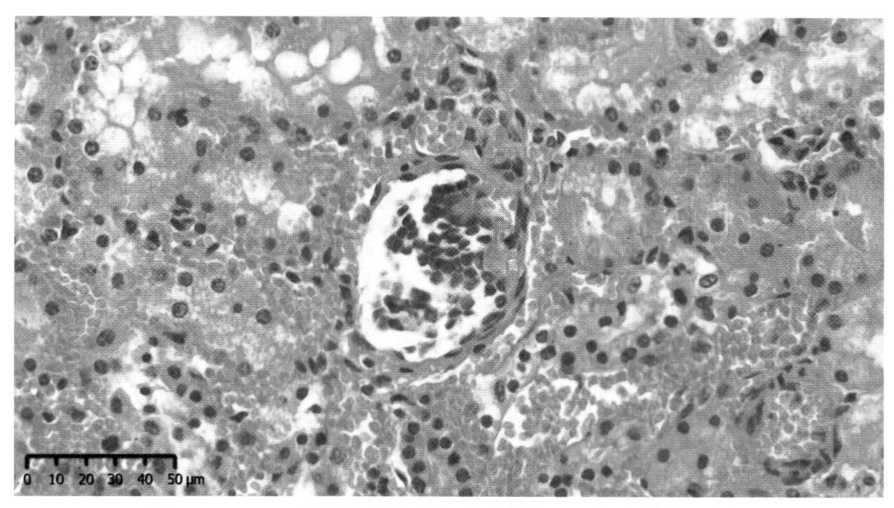

图 14-2-4　一些肾小球内的细胞变性坏死，细胞皱缩、溶解

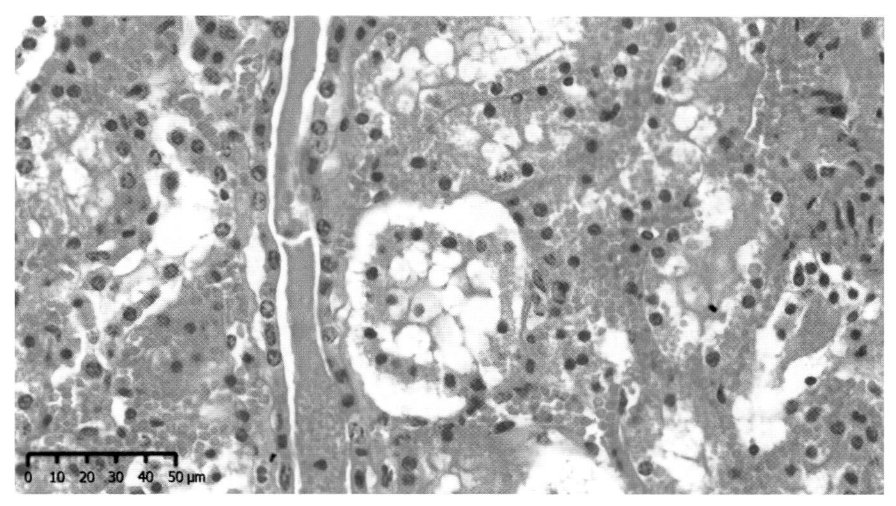

图 14-2-5　袢管内有透明管型。大部分肾小管上皮细胞肿胀或破裂，细胞之间的界限不清晰，细胞核染色变淡，还有一些肾小管上皮细胞从基底膜上脱落下来

2. 水牛亚急性肾小球性肾炎(图 14-2-6 至图 14-2-12)

肾小球分布较密，形态不一，肾小球囊壁增厚，有“新月体”形成。较重者肾毛细血管萎缩，增生的囊壁呈环状纤维化。最重者肾小球完全被结缔组织代替。

肾曲细管粗细不一，肾直管上皮脱落，轻者上皮颗粒变性，核溶解消失。病变较重者肾小管纤维化。

间质增宽，充满水肿液，细胞和纤维分离或见纤维化和局灶出血及少量淋巴细胞浸润。

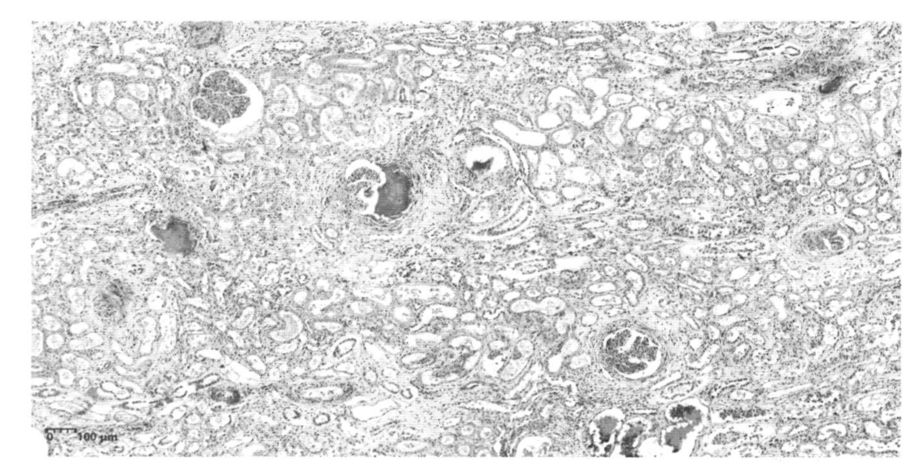

图 14-2-6　肾小球分布较密，形态不一；肾小管广泛性变性

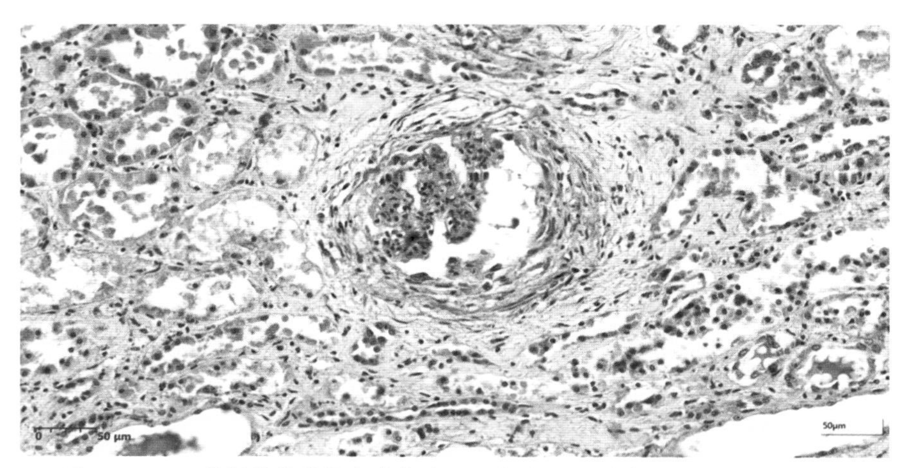

图 14-2-7　一些肾单位的肾小球囊壁层细胞增生，导致囊壁变厚，形成新月体

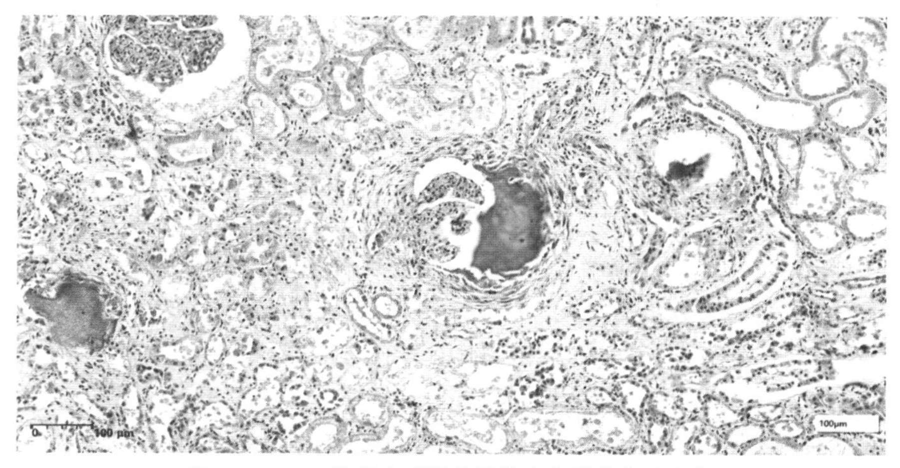

图 14-2-8　一些肾小球囊的囊腔内有粉染的渗出物

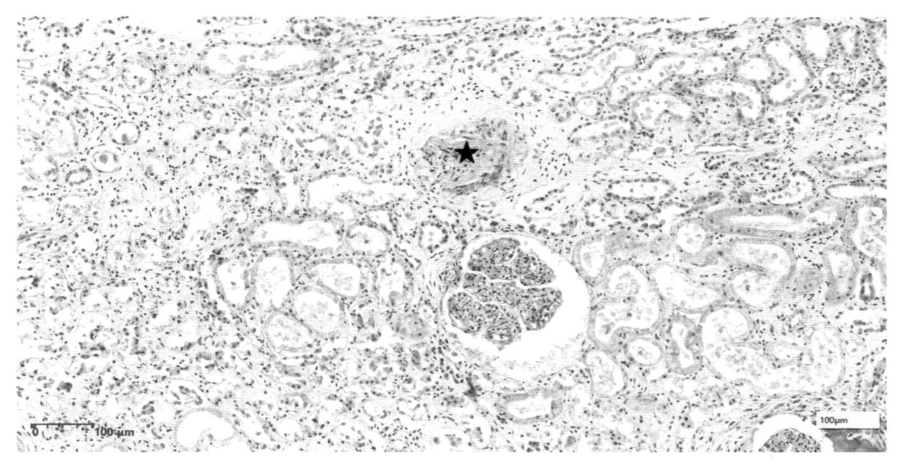

图 14-2-9 一些肾小球被纤维结缔组织完全取代(星号所示)

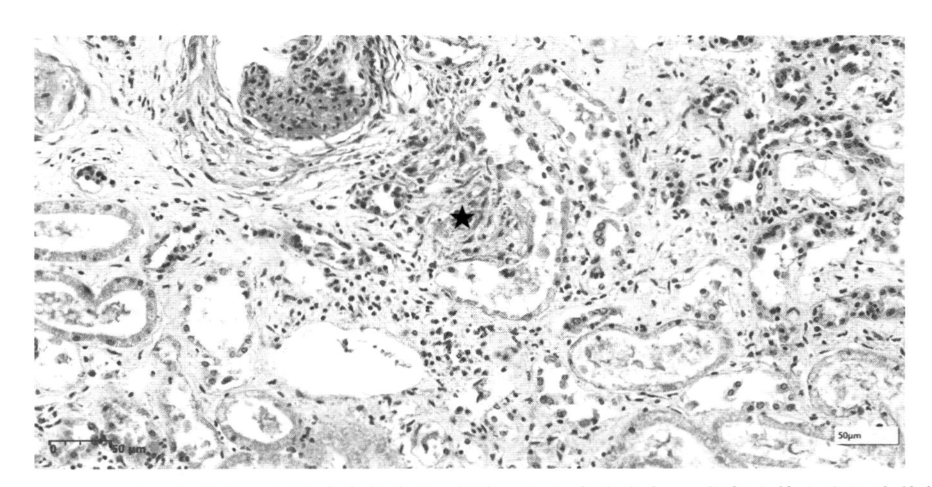

图 14-2-10 肾小管柱状上皮细胞变得扁平,有的上皮细胞核消失;一些肾小管上皮细胞从基底膜上脱落下来;肾小管纤维化(星号所示)

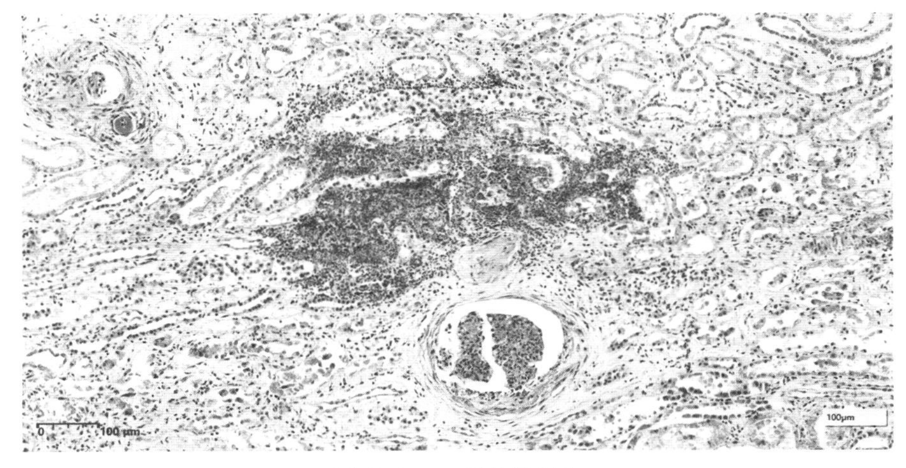

图 14-2-11 局灶性出血

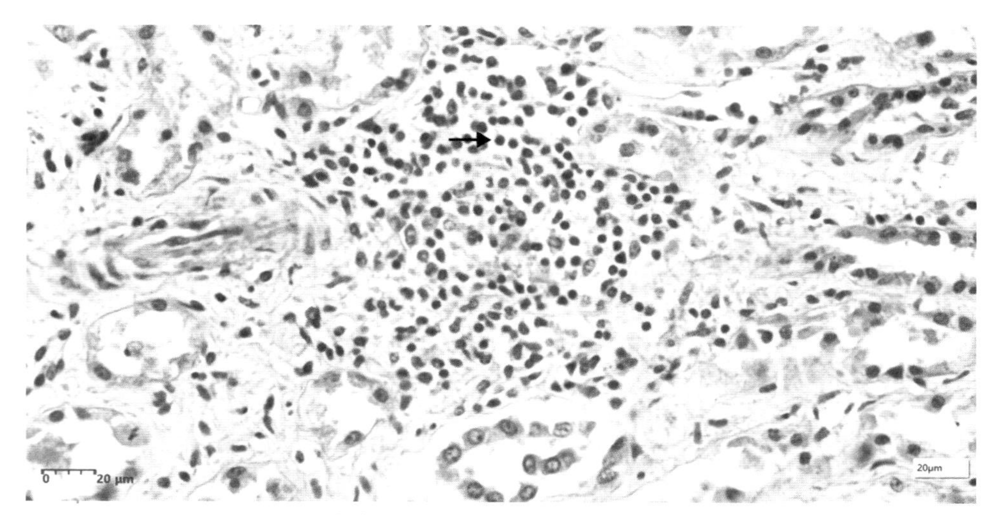

图 14-2-12　一些部位的肾间质增宽，淋巴细胞浸润(箭头所示)

3. 金丝猴间质性肾炎(图 14-2-13 至图 14-2-15)

间质明显增宽，大量淋巴细胞浸润，尚见有少量巨噬细胞和成纤维细胞增生。髓质部间质结缔组织增生，组织结构疏松，可见多量的成纤维细胞和少量淋巴细胞。

肾小管的一大部分高度扩张，上皮呈扁平状，部分管腔内见炎性细胞，另一部分肾小管上皮细胞脱离基底膜、变性、坏死。还可见脓性管型(继发感染所致)。

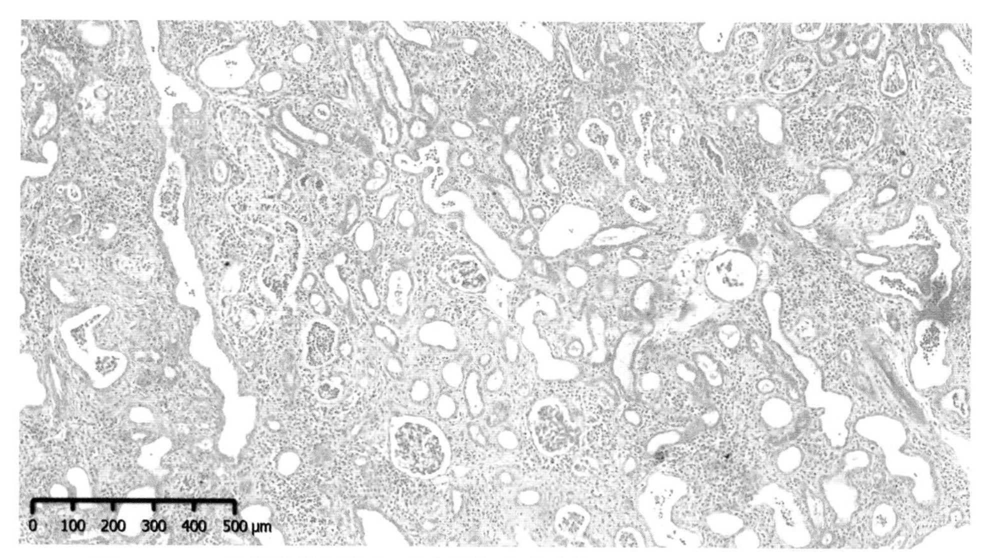

图 14-2-13　肾间质明显增宽，其中浸润大量炎性细胞，肾小管大部分高度扩张

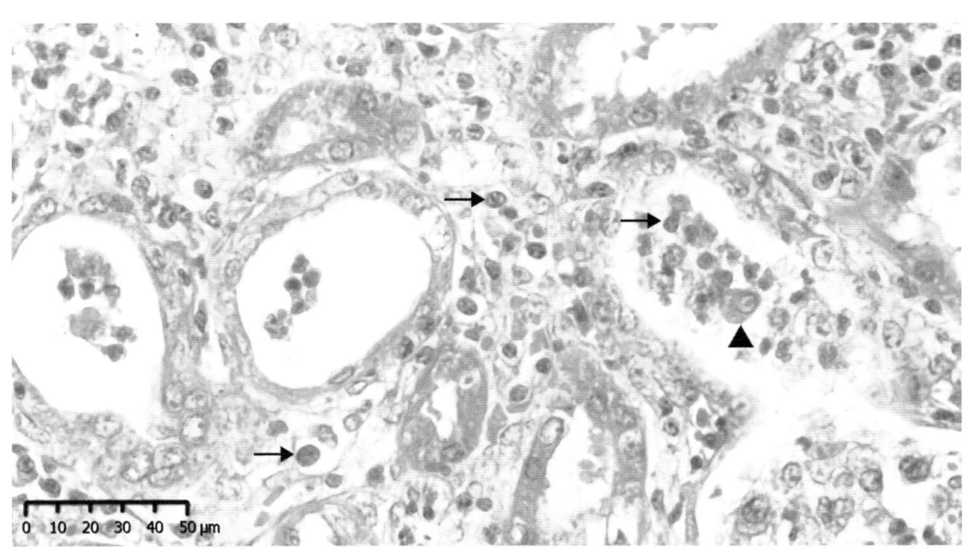

图 14-2-14　肾间质中浸润大量的淋巴细胞。肾小管柱状上皮细胞变得扁平，部分肾小管内有细胞管型，管腔内有淋巴细胞（箭头所示）、巨噬细胞（黑色三角所示）

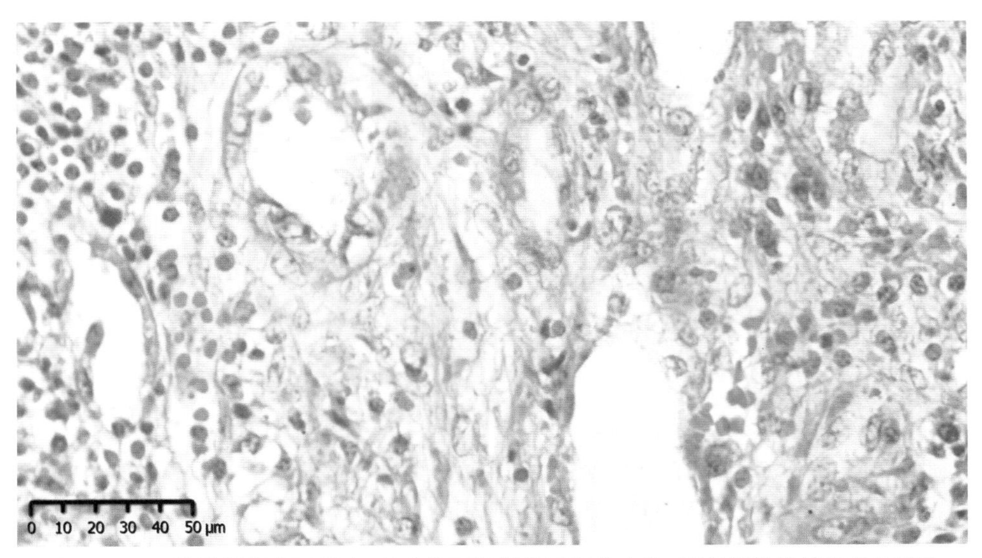

图 14-2-15　髓质部肾间质增宽，其中除了浸润淋巴细胞之外，还有纤维结缔组织的增生

4. 牛肾病（图 14-2-16、图 14-2-17）

肾小管大部分坏死，上皮分离或脱离基底膜，核溶解消失。

肾小球囊扩张，肾小球毛细血管丛变化不明显。

间质轻度水肿增宽。

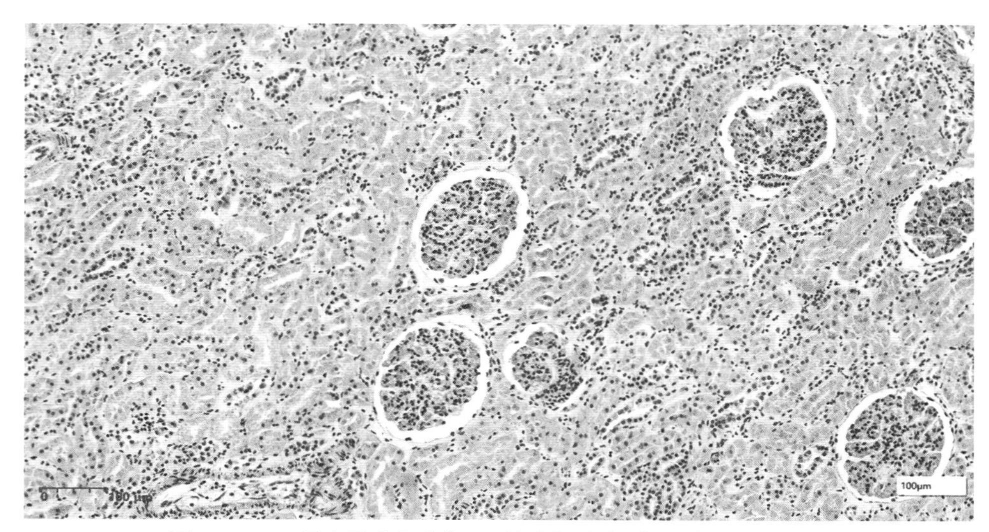

图 14-2-16　肾小管大部分坏死，核溶解消失，肾小球囊囊腔扩张

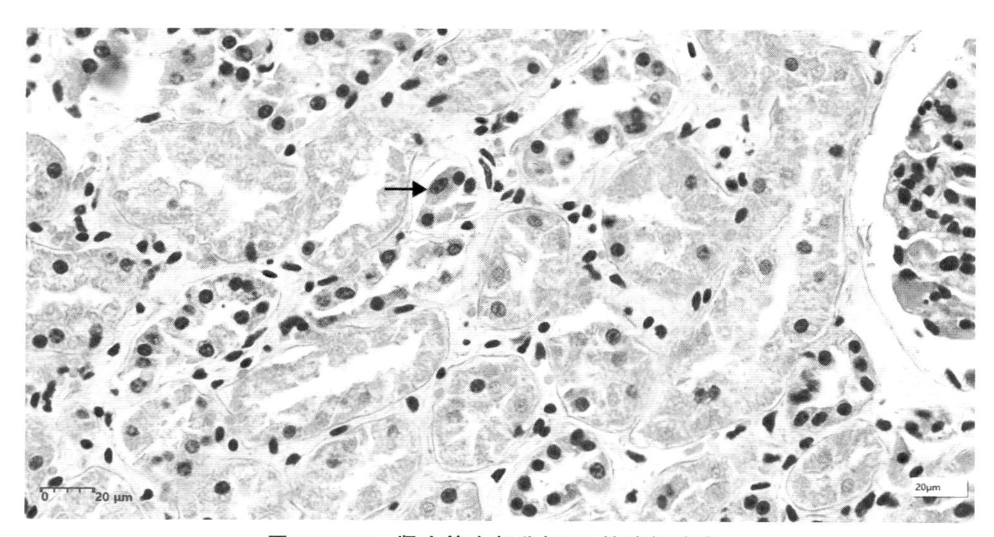

图 14-2-17　肾小管大部分坏死，核溶解消失。
肾小管上皮细胞脱落基底膜（箭头所示）

5. 肾栓塞性化脓性炎（图 14-2-18 至图 14-2-21）

病变主要见于皮质部，大的病灶中央为变性坏死组织和中性粒细胞，周围肾小管坏死呈红染的条索，外围为纤维细胞包围形成的脓膜。

小的病灶，间质中多量中性粒细胞聚集，临近的肾小管退变，血管扩张充血。

肾小球血管丛内可见蓝染的细菌栓子。

非病灶区肾小管上皮变性，上皮细胞脱落，基底膜或管腔内充满红染蛋白液。

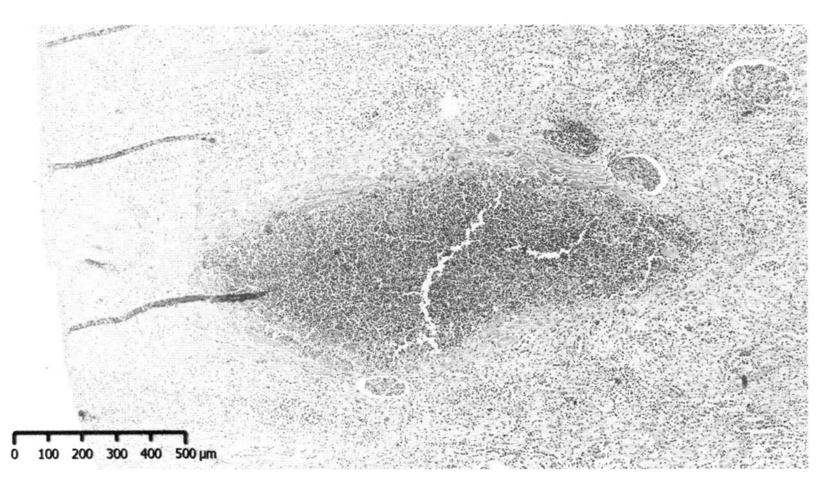

图 14-2-18　病变主要见于皮质部

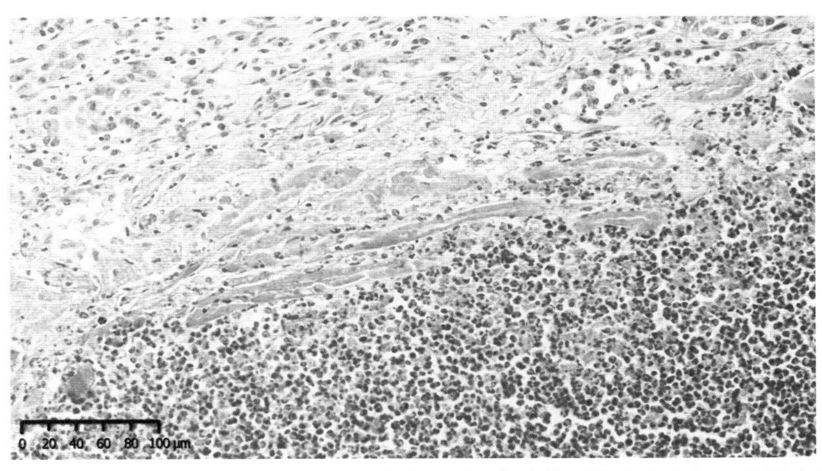

图 14-2-19　皮质部的炎性灶内含有大量中性粒细胞，炎性灶周围存在由坏死的肾小管组成的红染的条索，再外有结缔组织形成的包囊

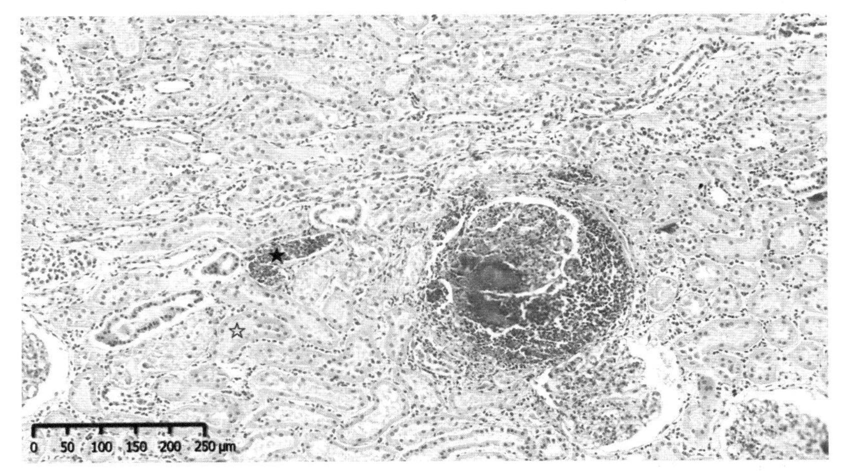

图 14-2-20　一些肾小球内部存在蓝染的细菌栓子，肾小球血管丛和肾小囊内浸润大量炎性细胞。许多肾小管的管腔内充满红染蛋白液(白色星号所示)或炎性细胞(黑色星号所示)

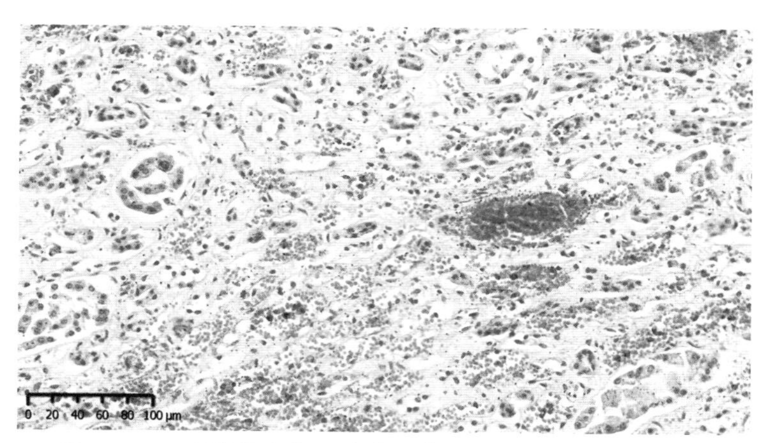

图 14-2-21 局灶性充血，一些肾小管的上皮细胞从基底膜脱落

6. 大熊猫肾病(图 14-2-22 至图 14-2-24)

大面积肾小管上皮细胞呈渐进性坏死，表现为肾小管上皮肿胀，核浓染或固缩，管腔消失，肾小管上皮细胞脱离基底膜，细胞体积小，胞质染色较深，分界不清，核固缩。

一部分破坏的肾小管腔内可看到浅黄色氨基酸晶体。

肾间质疏松水肿。

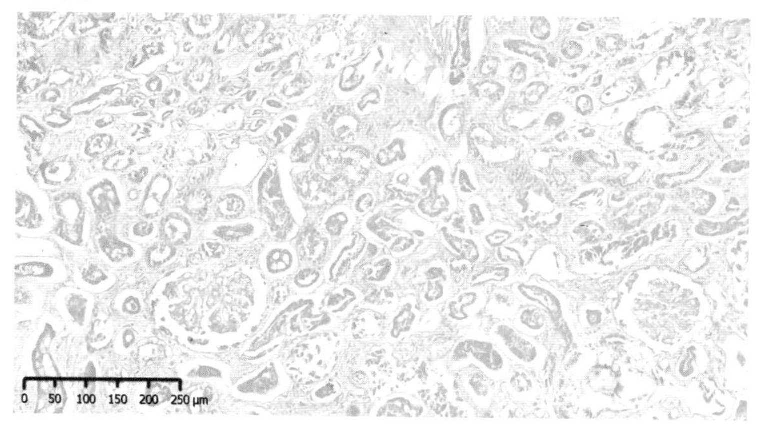

图 14-2-22 大面积肾小管上皮细胞坏死、从基底膜上脱落，核消失，细胞体积变小

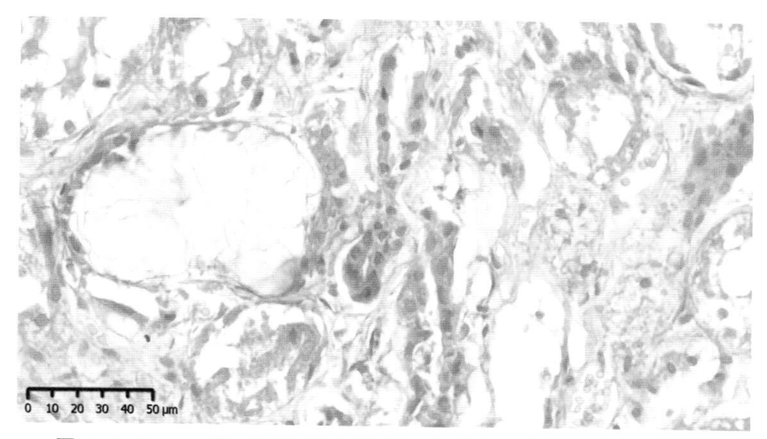

图 14-2-23 一些坏死的肾小管管腔内可见浅黄色的氨基酸晶体

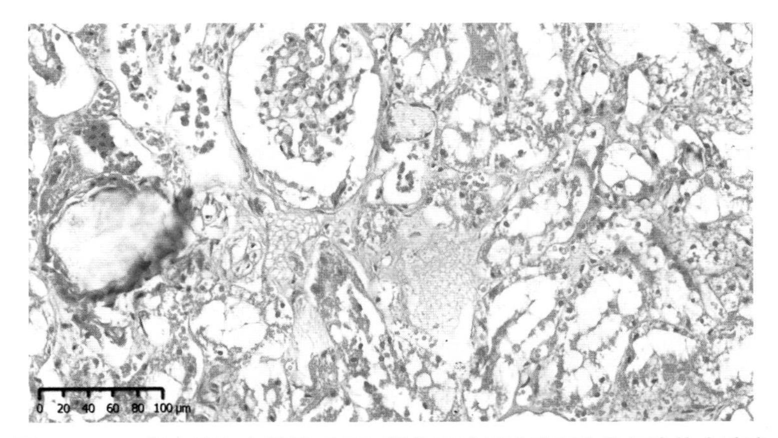

图 14-2-24　肾小管上皮破裂、坏死，部分区域间质增宽充满红染的水肿液

7. 猪急性膀胱炎（图 14-2-25 至图 14-2-28）

膀胱黏膜上皮脱落，固有层暴露在表面。

固有层小血管和毛细血管扩张、充血（部分血管空虚）。散在化脓灶，化脓灶周围的组织中有大量的中性粒细胞和巨噬细胞浸润。固有层散见炎性细胞浸润、水肿。

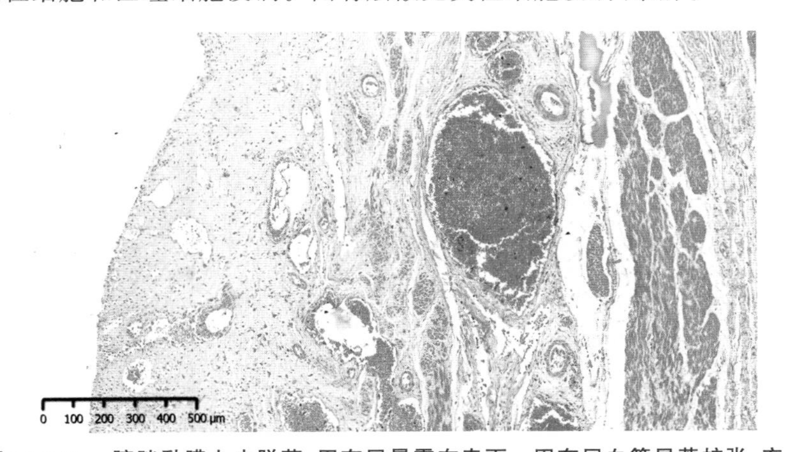

图 14-2-25　膀胱黏膜上皮脱落，固有层暴露在表面。固有层血管显著扩张、充血

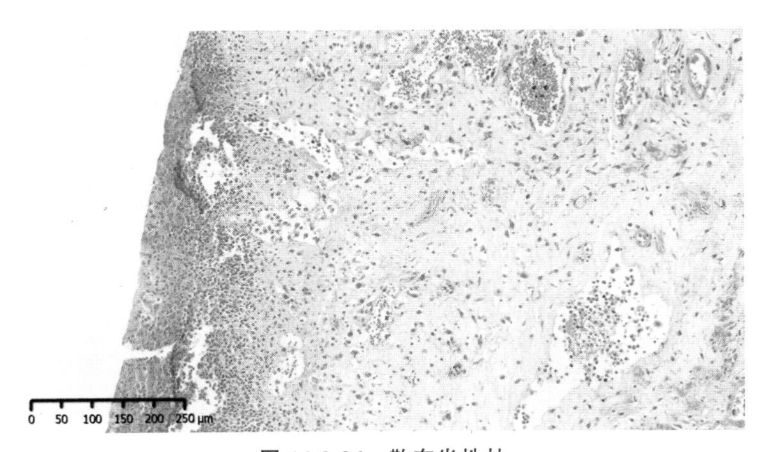

图 14-2-26　散在炎性灶

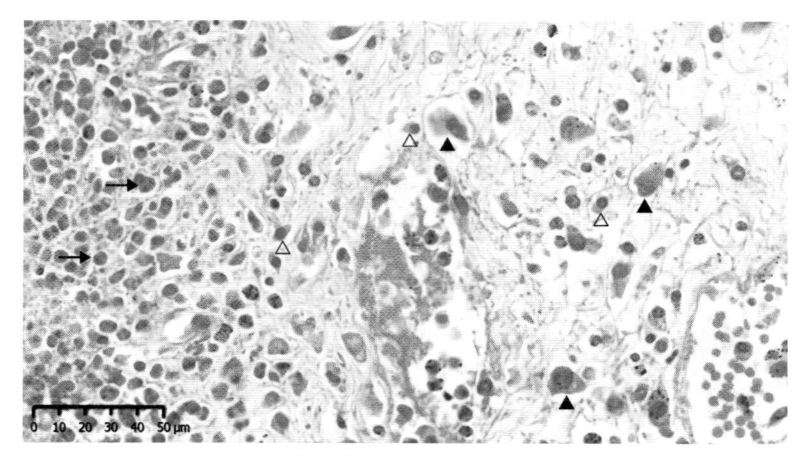

图 14-2-27　炎性灶中含有中性粒细胞(箭头所示)、浆细胞(白色三角所示)、巨噬细胞(黑色三角所示)。小血管扩张充血

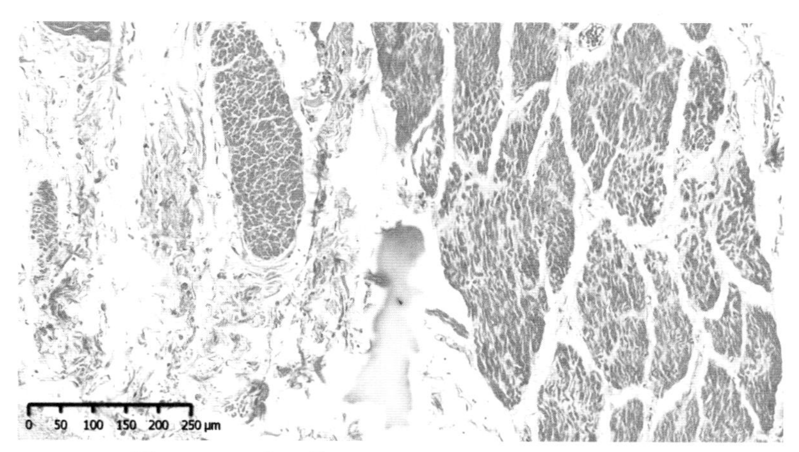

图 14-2-28　肌层的肌组织之间的结缔组织疏松水肿

三、绘图作业

1. 水牛亚急性肾小球肾炎。
2. 牛肾病。

实验十五

神经系统病理学

【学习提要】

一、神经系统的基本病变

神经系统由神经细胞、神经纤维、神经胶质细胞和结缔组织组成。因此，神经组织的基本病理变化主要包括神经细胞、神经纤维和神经胶质细胞的病变。

神经细胞的病变包括了染色质溶解、急性肿胀、神经细胞凝固、空泡变性、液化性坏死、包涵体形成。

染色质溶解(chromatolysis)是指神经细胞胞质内尼氏小体(粗面内质网和多聚核糖体)的溶解。尼氏小体溶解又进一步分为中央尼氏小体溶解和周边尼氏小体溶解。急性肿胀(acute neuronal swelling)是指神经细胞胞体肿胀变圆、染色变浅、中央染色质或周边染色质溶解，树突肿胀变粗，核肿大、淡染、靠边。神经细胞凝固(coagulation of neurons)是指神经细胞胞体胞质皱缩、失去细微结构、嗜酸性增加，胞体周围出现空隙，细胞核体积缩小，染色加深，与胞质界限不清，核仁消失。神经细胞的空泡变性(cytoplasmic vacuolation)是指神经细胞胞质内出现了小空泡。液化性坏死(liquefactive necrosis)是指神经细胞坏死后进一步溶解液化的过程。部分病毒在增殖的过程中可导致神经细胞内蛋白质性质的包涵体形成(inclusion)，HE染色显示为红色颗粒。

神经纤维的变化主要包括轴突和髓鞘的变化，在距离神经细胞胞体近端和远端的轴突及其所属的髓鞘会发生华氏变性(wallerian degeneration)，即轴突变化、髓鞘崩解和细胞反应。

轴突变化：轴突出现不规则的肿胀、断裂并收缩成椭圆形小体，或崩解形成串球状，并逐渐被吞噬细胞吞噬消化。

髓鞘变化：髓鞘崩解形成单纯的脂质和中性脂肪，称为脱髓鞘现象(demyelination)，在HE染色切片中脂滴溶解成空泡。

细胞反应：在神经纤维损伤处，由血液单核细胞衍生而来的小胶质细胞参与吞噬细胞碎片的过程(吞噬轴突和髓鞘的碎片)，并把髓磷脂转化为中性脂肪，通常将含有脂肪滴的小胶质细胞称为格子细胞或泡沫细胞，它们的出现是髓鞘损伤的特征。

神经胶质细胞主要有星形胶质细胞、小胶质细胞和少突胶质细胞。

星形胶质细胞对损伤的反应主要有转型和肥大以及增生。

小胶质细胞对损伤的反应主要表现为肥大、增生和吞噬。在吞噬过程中，胞体变大变圆，胞质呈泡沫状或格子状空泡，故称格子细胞或泡沫样细胞(gitter cell)。增生的小胶质细胞围绕在变性的神经细胞周围，称为卫星现象(satellitosis)。神经细胞坏死后，小胶质细胞也可进入细胞内，吞噬神经元残体，称此为噬神经元现象(neurophagia)。

少突胶质细胞在疾病过程中可发生急性肿胀、增生和类黏液变性。

二、脑炎和神经炎

在脑组织发生炎症时，血管周围间隙中浸润炎性反应细胞，围绕血管如管套，形成血管周围管套(perivascular cuffing)。管套的细胞成分与病因有一定关系。在链球菌感染时，以嗜中性粒细胞为主；在李氏杆菌感染时，以单核细胞为主；在病毒性感染时，以淋巴细胞和浆细胞为主；食盐中毒时，以嗜酸性粒细胞为主。

许多传染病以脑炎为特征。脑炎又分为化脓性脑炎、非化脓性脑炎、嗜酸性粒细胞性脑炎等。外周神经炎也见于家养动物，例如鸡。

化脓性脑炎(suppurative encephalitis)是指脑组织由化脓菌感染所引起的有大量中性粒细胞渗出，同时伴有局部组织的液化性坏死和脓液形成为特征的炎症。

非化脓性脑炎(nonsuppurative encephalitis)主要是指由多种病毒性感染引起脑的炎症过程。其病变特征是神经组织的变性坏死、淋巴细胞性血管袖套反应，以及胶质细胞增生、噬神经元现象等变化。

嗜酸性粒细胞性脑炎(eosinophilic encephalitis) 是由食盐中毒引起的以嗜酸性粒细胞渗出为主的脑炎，伴有小胶质细胞呈弥漫性或局灶性增生，并出现卫星现象和噬神经元现象，也可形成胶质细胞结节。有时，在大脑灰质可见脑组织的板层状坏死和液化，形成泡沫状区带。坏死区由大量星形胶质细胞增生修复，有时可形成肉芽组织包囊。

神经炎(neuritis)的特征是在神经纤维变性的同时，神经纤维间质有不同程度的炎性细胞浸润或增生。

三、脑软化

脑组织坏死后，坏死组织分解变软或呈液态，称为脑软化(encephalomalacia)。不同家畜脑软化的病因、表现有所不同，这里以雏鸡脑软化为例进行介绍。雏鸡脑软化是由维生素 E 和微量元素硒缺乏引起的一种代谢病。镜检时，可见脑膜血管充血，脑膜疏松水肿，出现小灶状出血，毛细血管内形成血栓。小脑白质和脊髓神经束出现局灶性或弥漫性的脱髓鞘现象，神经元变性、皱缩呈三角形，周边染色质溶解，在浦肯野氏细胞和运动核团周围的神经元病变更显著。

一、目的要求

掌握各型脑炎和脑病的病变特点。

二、实验内容

(一)肉眼标本

1. 猪瘟延脑部软脑膜下出血(固定标本)(图 15-1-1)

可见延脑软脑膜下呈现片状出血。

2. 马霉玉米中毒性脑软化(固定标本)(图 15-1-2)

脑白质可见表面粗糙,凹凸不平,是由于霉菌毒素中毒引起白质液化性坏死,液体流失后造成。

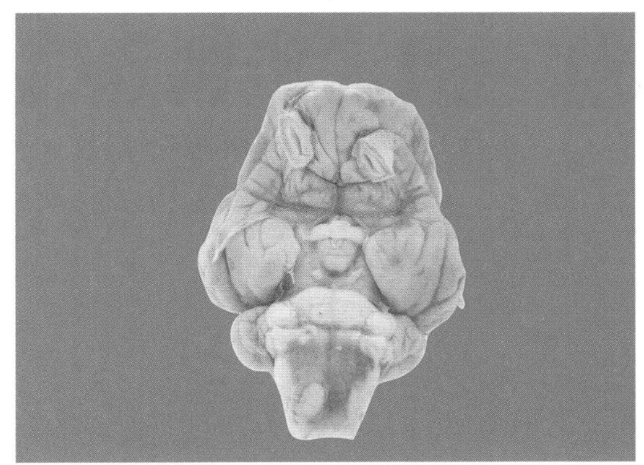

图 15-1-1　猪瘟延脑部软脑膜下出血(固定标本)

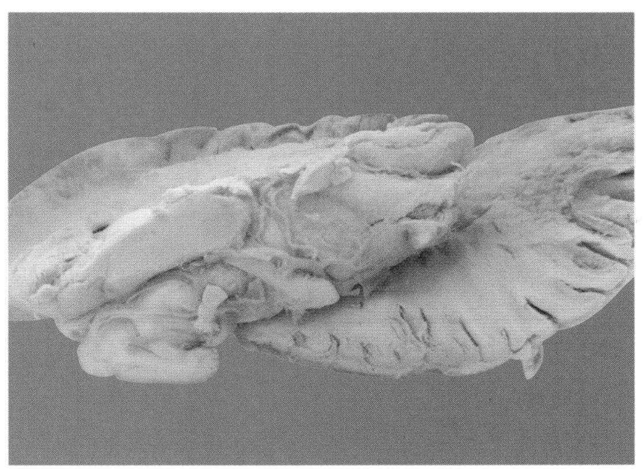

图 15-1-2　马霉玉米中毒性脑软化(固定标本)

3. 出血性脑炎(图 15-1-3)

标本取自患败血型大肠杆菌病死亡的犊牛。大脑切面脑白质或灰质均弥散分布细小的暗红色出血点。

4. 化脓性脑膜脑炎(图 15-1-4)

标本取自患脑炎型大肠杆菌病犊牛。软脑膜混浊,脑沟内积有少量淡黄绿色脓性渗出物。

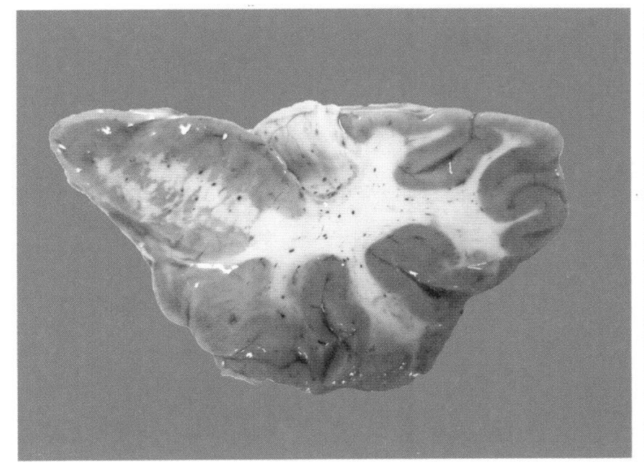

图 15-1-3　出血性脑炎

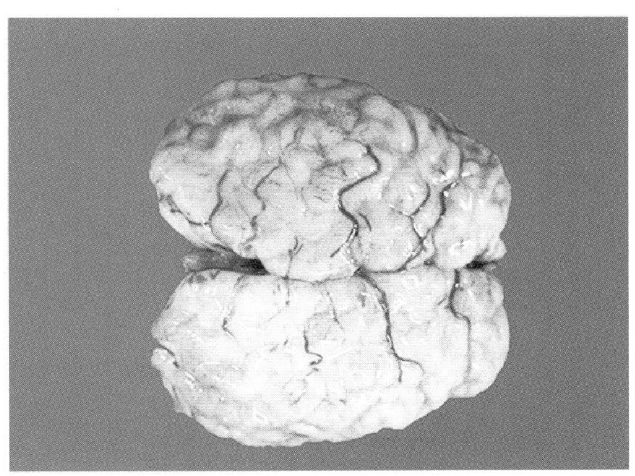

图 15-1-4　化脓性脑膜脑炎

5. 鸡马立克氏病神经炎(固定标本)(图 15-1-5)

一侧腰荐神经丛肿胀。

(二)组织切片

1. 瘤胃酸中毒性脑炎(图 15-2-1 至图 15-2-4)

观察要点：

①血管周围出血呈环状出血，皮质较明显。

②血管周围淋巴细胞浸润和噬神经元现象。

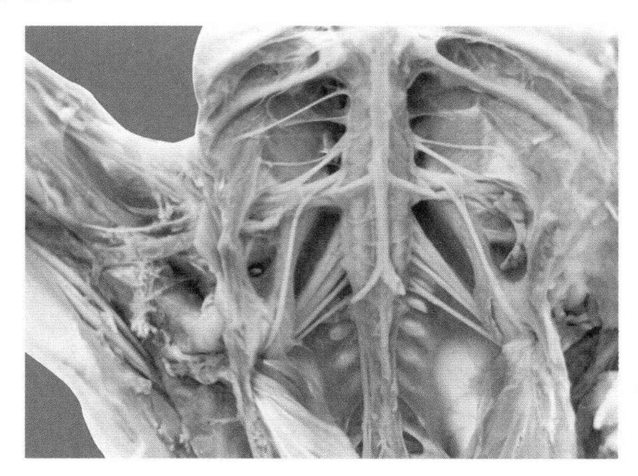

图 15-1-5 鸡马立克氏病神经炎(固定标本)

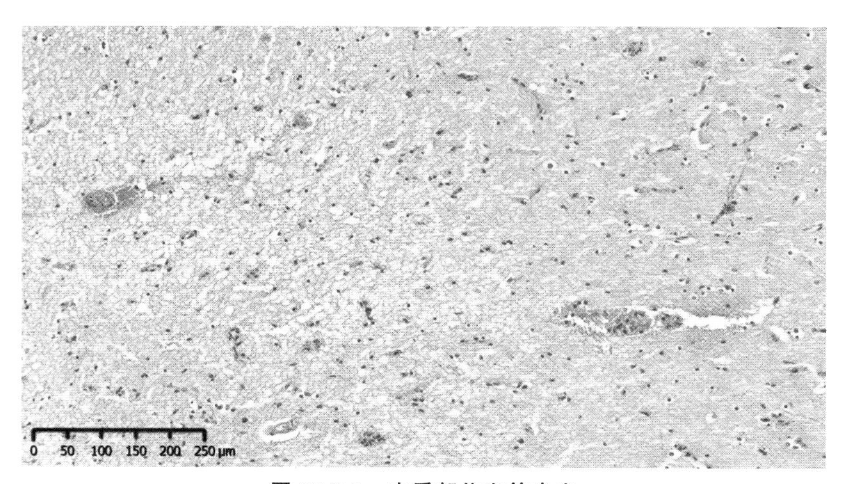

图 15-2-1 皮质部位血管出血

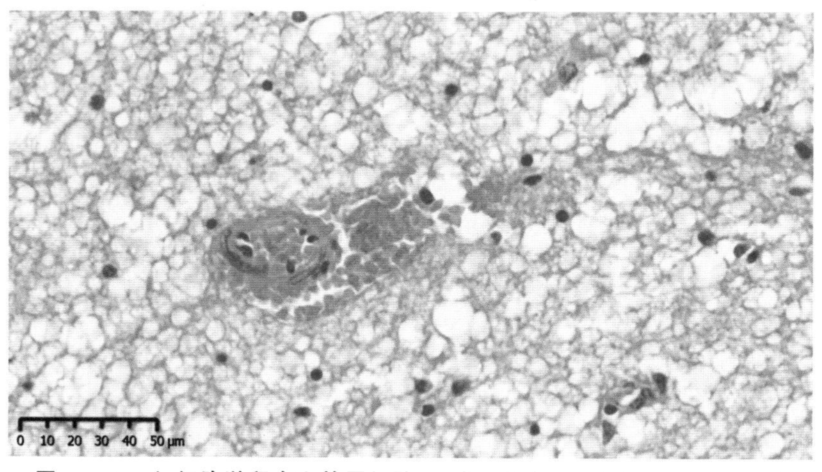

图 15-2-2 红细胞淤积在血管周间隙，形成环状出血。周围实质疏松水肿

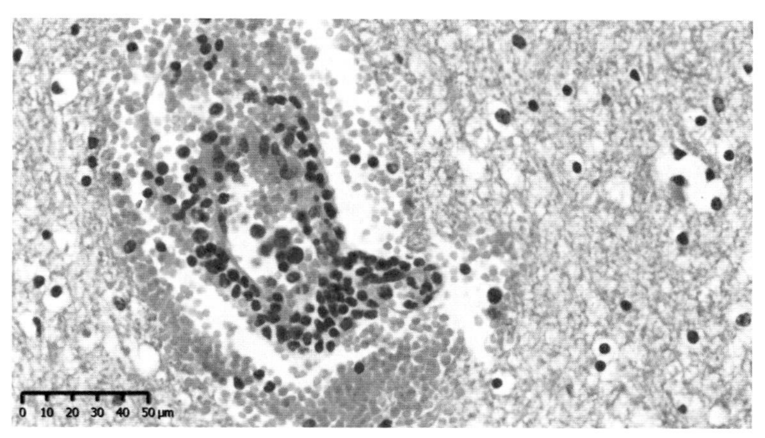

图 15-2-3　一些血管不但有出血现象，还有淋巴细胞游出、浸润的现象，形成了淋巴细胞性血管周围管套

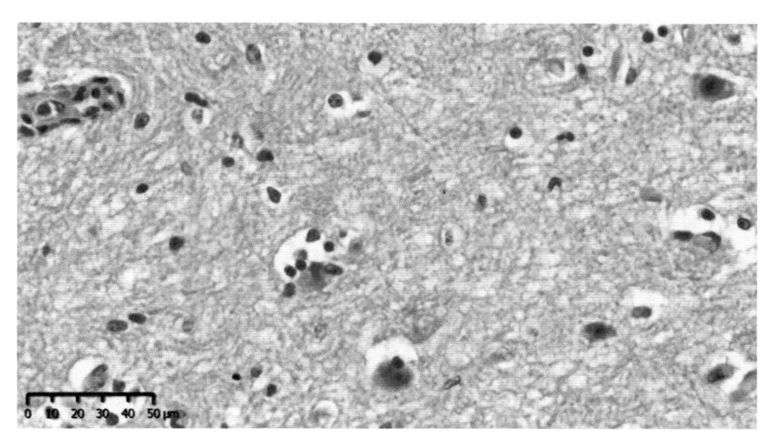

图 15-2-4　噬神经元现象：一些神经元的胞体被小胶质细胞吞噬

2. 病毒性脑炎（图 15-2-5 至图 15-2-8）

脑实质中，尤其是白质内血管扩张，血管周隙扩大，血管周围淋巴样细胞浸润，形成 2～5 层细胞的管套；灰质中少量神经细胞肿胀变圆，核溶解消失，胶质细胞增生，形成大小不一的结节。

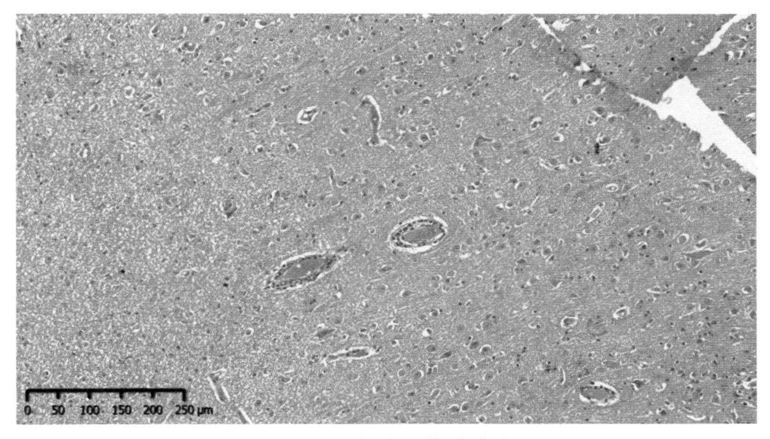

图 15-2-5　皮质血管扩张充血

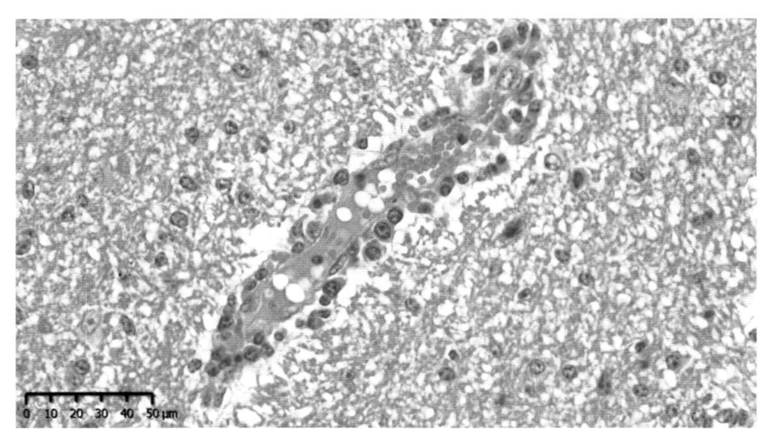

图 15-2-6　一些血管形成淋巴细胞性血管周围管套

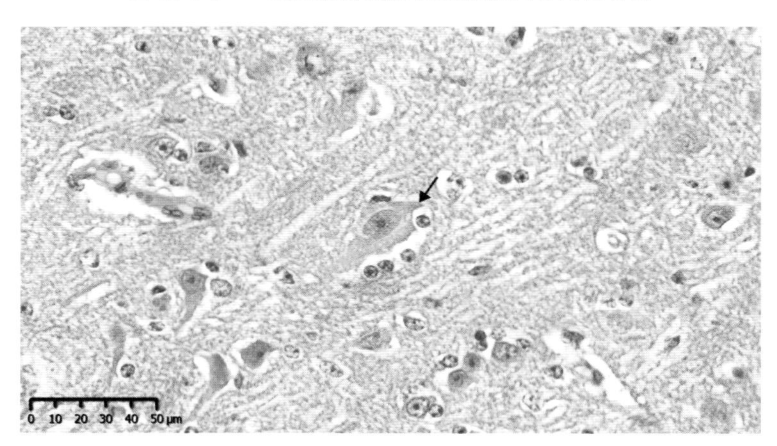

图 15-2-7　卫星现象:胶质细胞围绕在神经元周围(箭头所示)

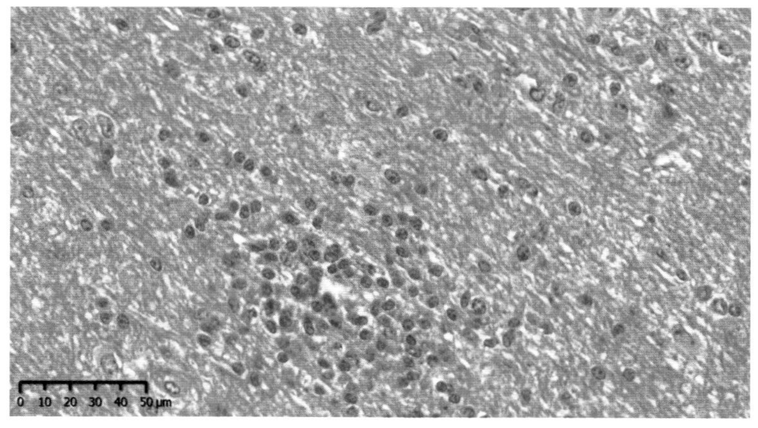

图 15-2-8　散在的胶质结节

3. 脑膜炎(图 15-2-9 至图 15-2-12)

脑膜增厚,可见大量中性粒细胞浸润和脓细胞。

脑膜小动脉管内皮细胞肿胀、脱落、小静脉和毛细血管扩张、充血。

脑实质变化不明显。

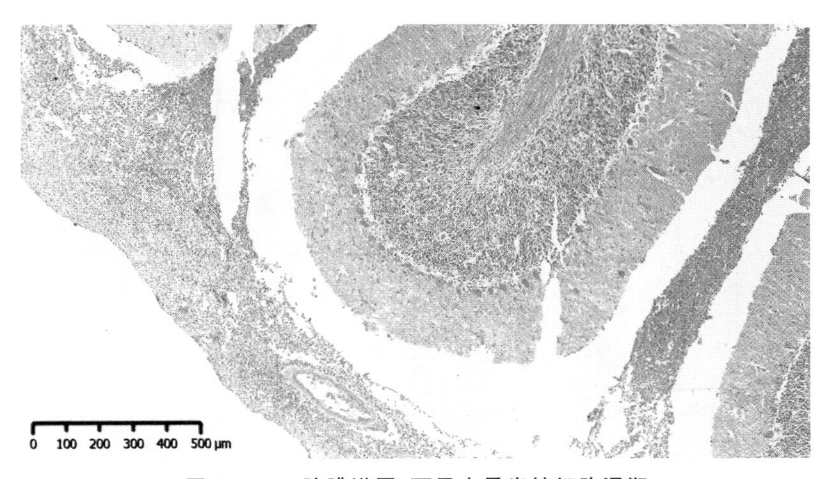

图 15-2-9　脑膜增厚，可见大量炎性细胞浸润

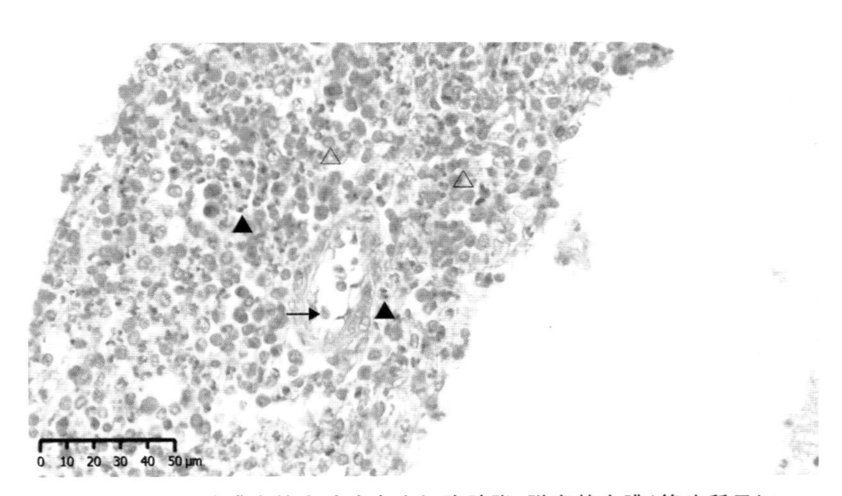

图 15-2-10　脑膜中的小动脉内皮细胞肿胀、脱离基底膜（箭头所示）；中性粒细胞（黑色三角所示）；脓细胞（白色三角所示）

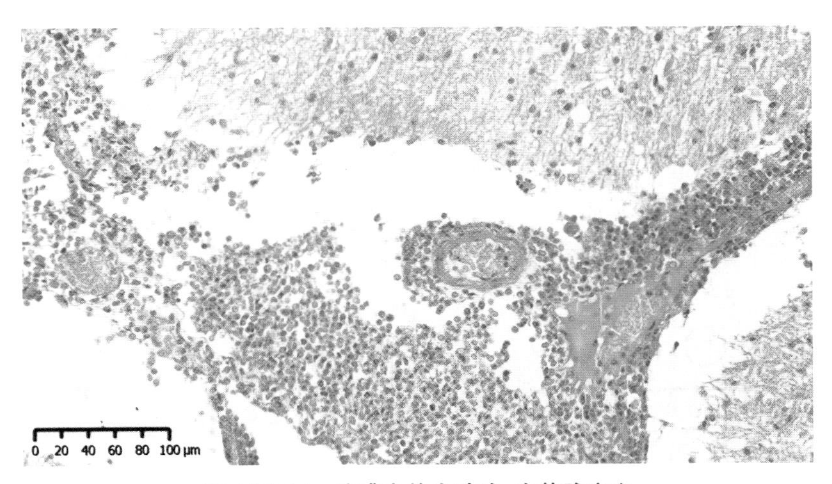

图 15-2-11　脑膜中的小动脉、小静脉充血

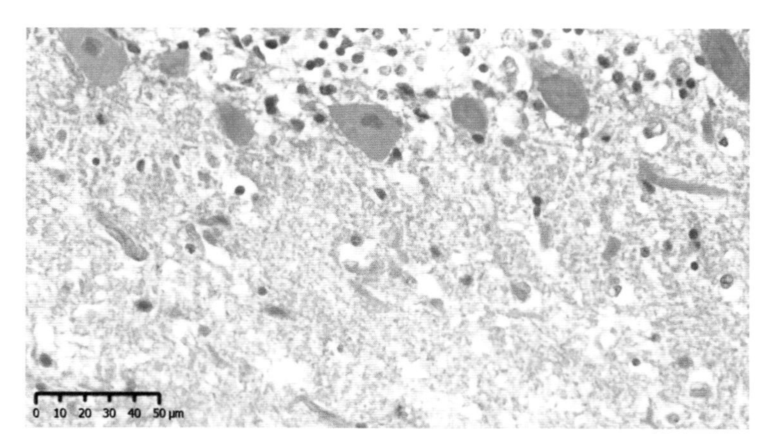

图 15-2-12　一些部位脑实质疏松水肿，有少量中性粒细胞浸润，一些浦肯野细胞体积变小、核消失

4. 脑膜脑炎(图 15-2-13 至图 15-2-15)

脑膜增宽，血管扩张充血、出血，大量炎性细胞浸润，主要是中性粒细胞、巨噬细胞和少量的淋巴细胞。血管周围见有红染的蛋白渗出液。脑膜下脑实质中见少量炎性细胞浸润。

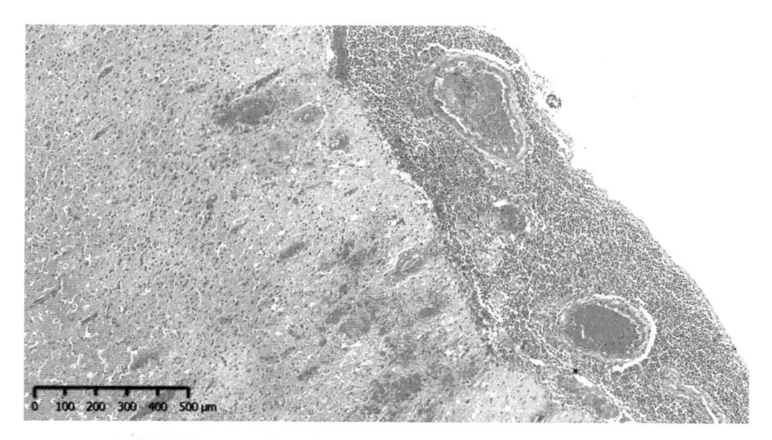

图 15-2-13　脑膜增厚，可见大量炎性细胞浸润。脑膜和脑实质的血管充血、出血

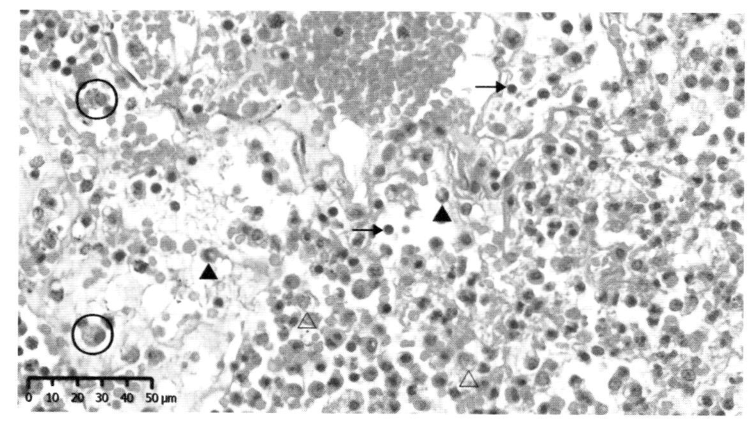

图 15-2-14　血管周围有红染的蛋白渗出液。中性粒细胞(黑色三角所示)；脓细胞(白色三角所示)；巨噬细胞，可见其有含铁血黄素(圆圈所示)；淋巴细胞(箭头所示)

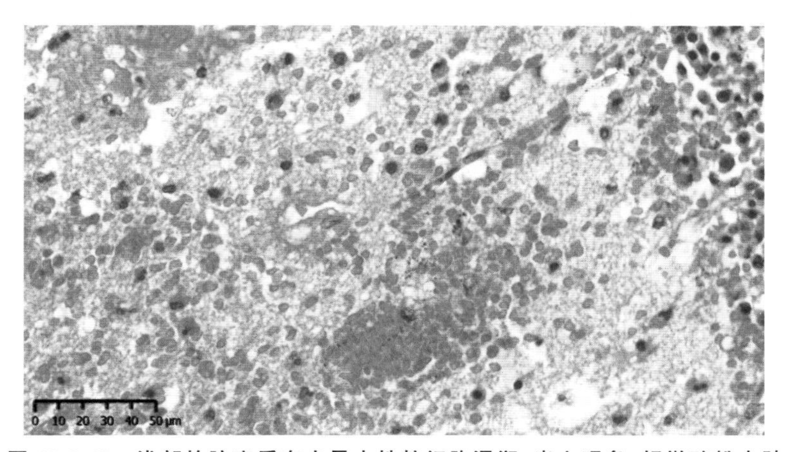

图 15-2-15　浅部的脑实质有少量中性粒细胞浸润、出血现象，轻微疏松水肿

5. 神经炎（图 15-2-16 至图 15-2-21）

神经纤维髓鞘肿胀、断裂；神经纤维间尤其血管周围淋巴细胞浸润；雪旺氏细胞增生。

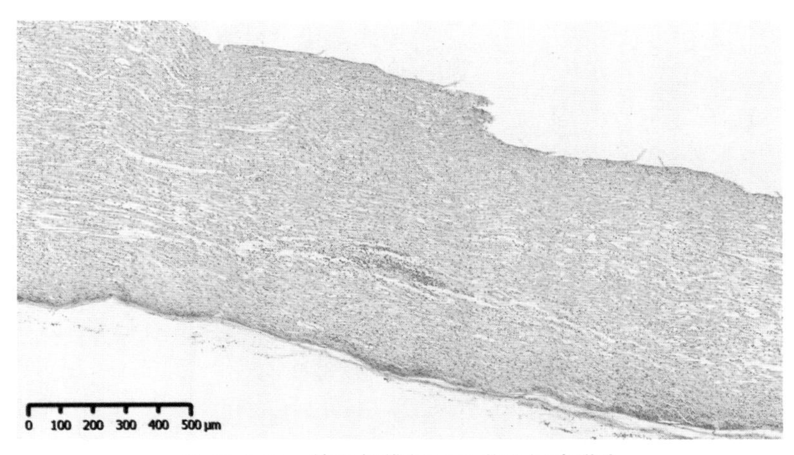

图 15-2-16　神经纤维间可见淋巴细胞增生

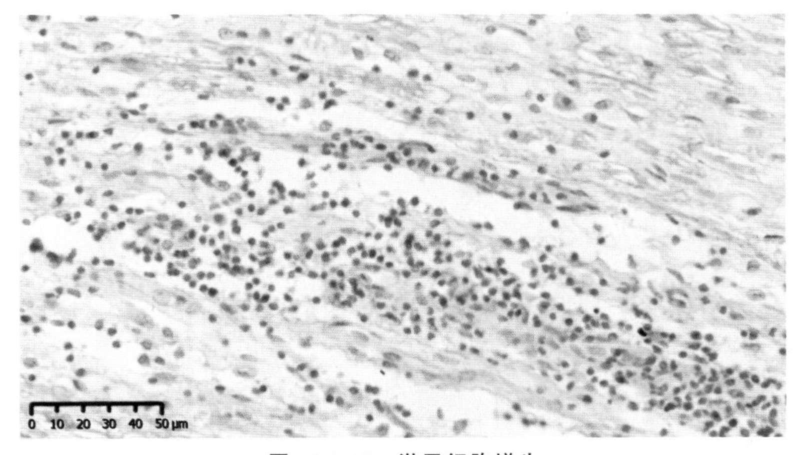

图 15-2-17　淋巴细胞增生

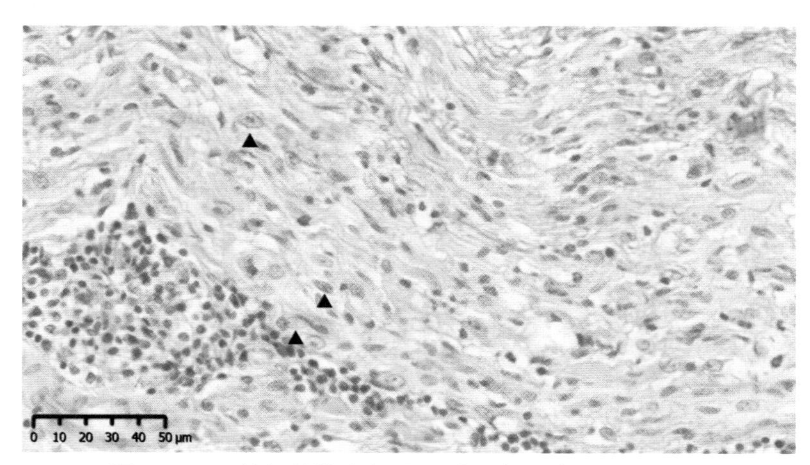

图 15-2-18　神经纤维肿胀，雪旺氏细胞（三角形所示）增生

神经纤维髓鞘肿胀、脱失或断裂；神经纤维间淋巴细胞浸润，血管周围的淋巴细胞更多；雪旺氏细胞增生；可见散在的浆细胞。

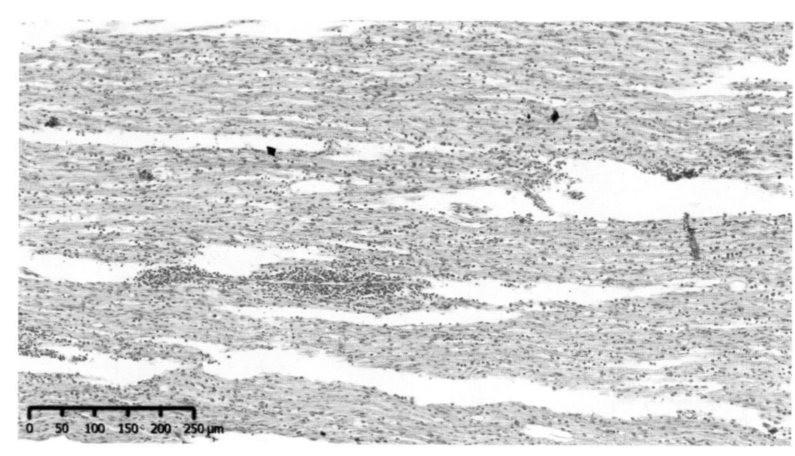

图 15-2-19　神经纤维间可见淋巴细胞增生

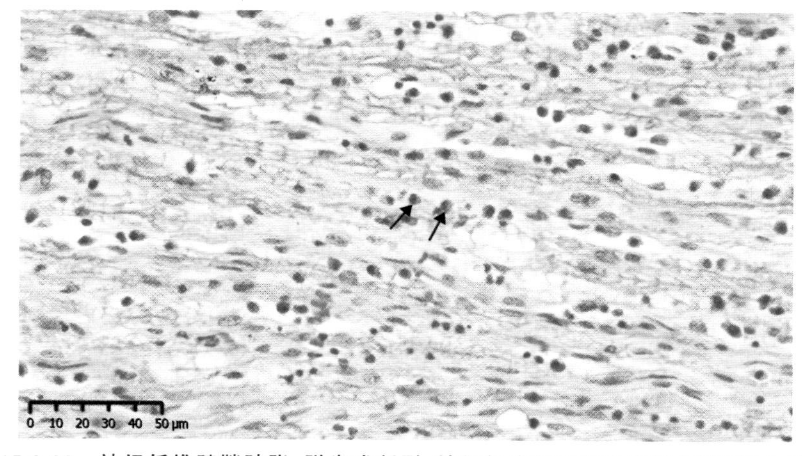

图 15-2-20　神经纤维髓鞘肿胀、脱失或断裂；神经纤维间可见散在浆细胞（箭头所示）

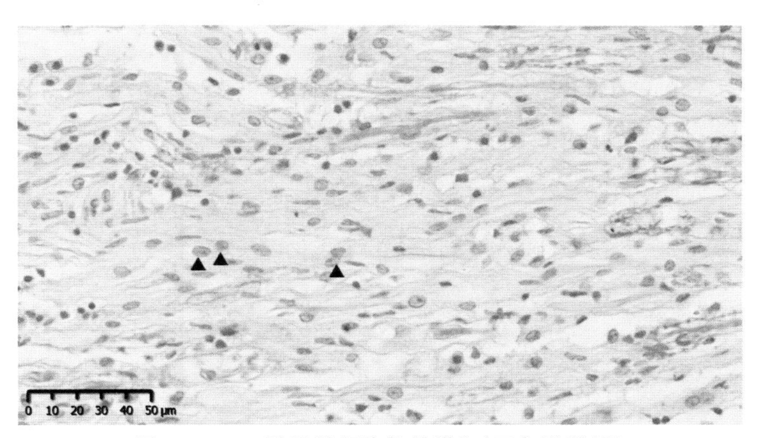

图 15-2-21　雪旺氏细胞数量增加(三角形所示)

6.脊髓炎(图 15-2-22 至图 15-2-26)

脊髓正常组织结构:脊髓横切面呈卵圆形,灰质在脊髓的中央。其主要由神经细胞构成。中央管衬以柱状的室管膜细胞。白质在灰质的外周,主要由神经纤维组成。

病理组织切片观察:脊髓膜疏松、淋巴细胞、巨噬细胞轻度浸润。白质血管周围形成淋巴样细胞性管套。灰质内神经细胞肿胀变圆,核溶解消失。胶质细胞增生,形成大小不一的结节。

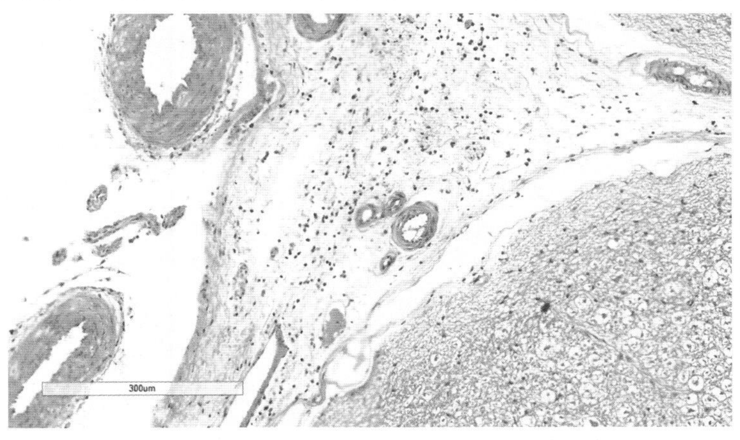

图 15-2-22　脊髓膜的结缔组织疏松水肿,炎性细胞浸润

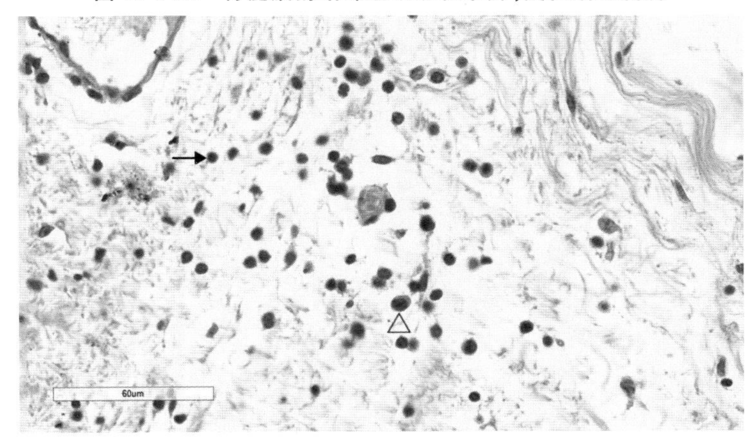

图 15-2-23　脊髓膜中淋巴细胞(箭头所示)、巨噬细胞(三角形所示)浸润

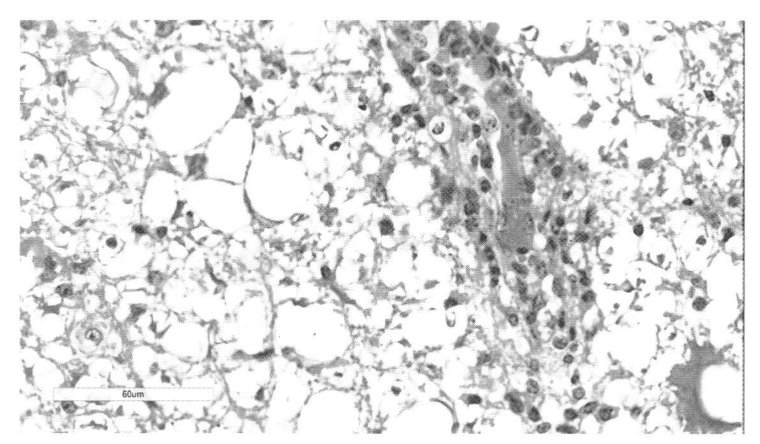

图 15-2-24　一些部位的脊髓白质疏松水肿，有的血管周围形成淋巴样细胞管套

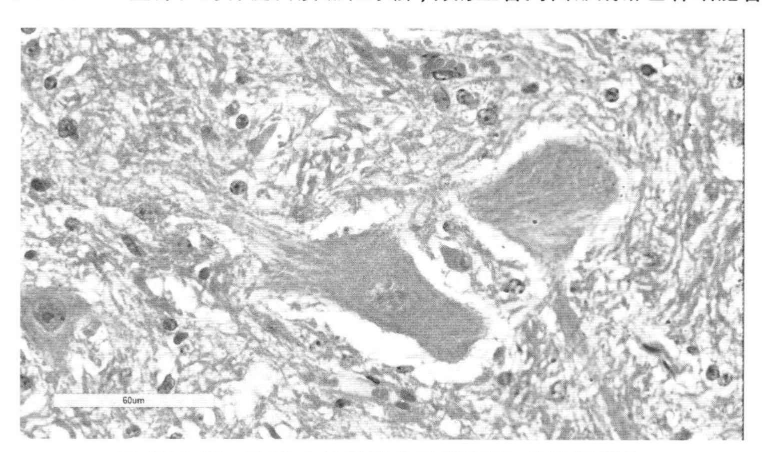

图 15-2-25　灰质内神经细胞肿胀变圆，核溶解消失

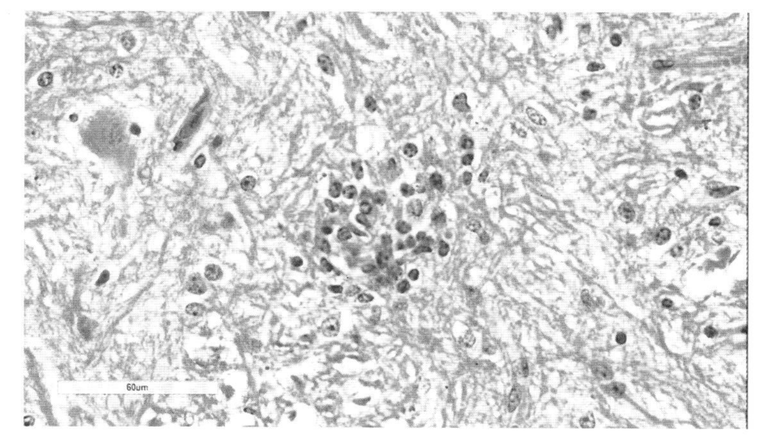

图 15-2-26　灰质内散在神经胶质结节

三、绘图作业

1. 病毒性脑炎。
2. 脊髓炎病变图。

实验十六

免疫系统病理学

【学习提要】

机体的免疫系统由免疫器官(如骨髓、脾脏、淋巴结、扁桃体、法氏囊、胸腺等)、免疫细胞(如淋巴细胞、中性粒细胞、嗜酸性粒细胞、单核细胞、肥大细胞等)和免疫活性物质(如抗体、补体、溶菌酶、干扰素、肿瘤坏死因子等)组成。其中,外周免疫器官是机体与病原体斗争的主战场,因此,在疾病过程中免疫器官、组织最容易受到损伤,病变最为明显,表现出各种各样的病理变化,其中最为重要的是炎症病变。

常见的免疫系统炎症有脾炎(splenitis)、淋巴结炎(lymphadenitis)、骨髓炎(osteomyelitis)和法氏囊炎(Fabricius bursitis)。

脾炎(splenitis)是脾脏最常见的一种病理过程,多伴发于各种传染病,也见于血原虫病。脾炎根据其病变特征和病程急缓可分为急性炎性脾肿(acute inflammatory splenomegaly)、坏死性脾炎(necrotic splenitis)、化脓性脾炎(suppurative splenitis)和慢性脾炎(chronic splenitis)。急性炎性脾肿是指伴有脾脏明显肿大的急性脾炎(acute splenitis),多见于炭疽、急性猪丹毒和急性马传染性贫血等急性败血性传染病,又称败血脾或传染性脾肿。坏死性脾炎是指脾脏以实质的变性和坏死变化为主,而渗出和增生变化轻微的炎症过程,多见于坏死杆菌病、沙门氏菌病、禽霍乱、鸡新城疫和鸡包涵体肝炎等疾病中,脾脏不肿大或轻度肿大,表面和切面可见大小不等的黄白色坏死灶。化脓性脾炎主要由其他部位化脓灶内的化脓菌经血源性感染而引起,多以大小不等的化脓灶为特征,也可能是弥漫性化脓性炎。慢性脾炎是指伴有脾脏肿大的慢性增生性脾炎,通常以不同程度的纤维化为结局。

淋巴结炎(lymphadenitis)是由各种致炎因素经血液和淋巴进入淋巴结而引起的炎症过程。按其经过分为急性淋巴结炎和慢性淋巴结炎2类。急性淋巴结炎又分为单纯性淋巴结炎(simple lymphadenitis)、出血性淋巴结炎(hemorrhagic lymphadenitis)、坏死性淋巴结炎(necrotic lymphadenitis)和化脓性淋巴结炎(suppurative lymphadenitis)。

法氏囊炎(Fabricius bursitis)主要见于鸡传染性法氏囊病、鸡新城疫、禽流感以及禽隐孢子虫病等传染病。其可见法氏囊肿大,质地硬实,潮红或呈紫红色似血肿。切开法氏囊,腔内常见灰白色黏液、血液或干酪样坏死物,黏膜肿胀、充血、出血,或见灰白色坏死点。后期法氏囊萎缩,壁变薄,黏膜褶皱消失,色变暗、无光泽,腔内含有灰白色或紫黑色干酪样坏死物。

一、目的要求

1. 重点掌握淋巴结炎病变特点。
2. 掌握脾炎及法氏囊炎的病变特点。

二、实验内容

(一)肉眼标本

1. 急性炎性脾肿(图 16-1-1)

标本取自患败血型大肠杆菌病的绵羊。脾脏明显肿大,呈黑红色,边缘钝圆,切面隆起,被膜紧张,表面散在出血斑点。

2. 急性猪丹毒脾炎(固定标本)(图 16-1-2)

脾脏肿大,边缘钝圆,切面隆起,呈暗红色,表面可见散在出血斑。

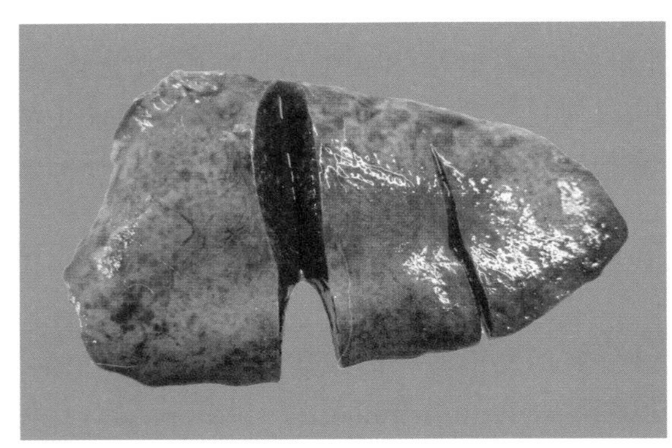

图 16-1-1 急性炎性脾肿

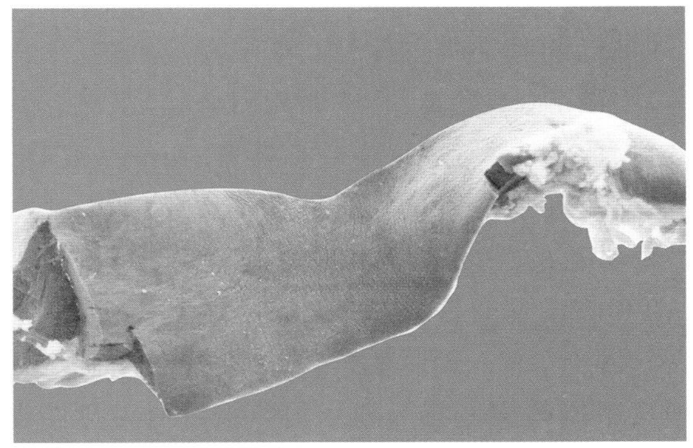

图 16-1-2 急性猪丹毒脾炎(固定标本)

3. 坏死性脾炎(图 16-1-3)

标本取自急性单纯性猪瘟死亡的猪。脾脏轻度肿大,边缘可见黑红色的坏死灶(红色梗死)。

4. 出血性淋巴结炎(图 16-1-4)

标本取自因猪瘟死亡的猪。两侧下颌淋巴结明显肿大,呈红色(右)和黑红色(左)。切面小叶结构清楚,小叶周边呈暗红色,形似大理石斑纹。

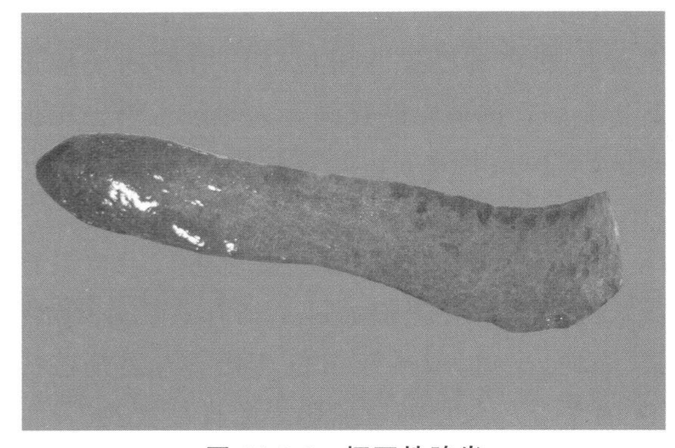

图 16-1-3 坏死性脾炎

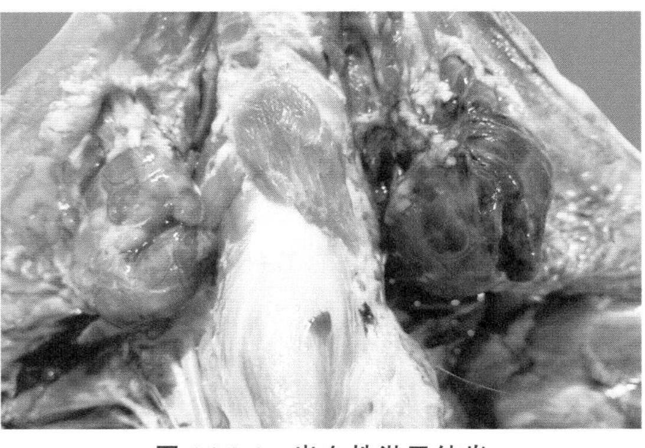

图 16-1-4 出血性淋巴结炎

5. 出血性坏死性淋巴结炎(图 16-1-5)

标本取自患猪瘟死亡的仔猪。肠系膜淋巴结明显肿大,因出血而呈深红色,切面可见大小不等的灰白色坏死灶。

6. 化脓性淋巴结炎(图 16-1-6)

标本取自病死羊。下颌淋巴结切面可见大小不等的淡黄绿色较干涸的化脓灶。

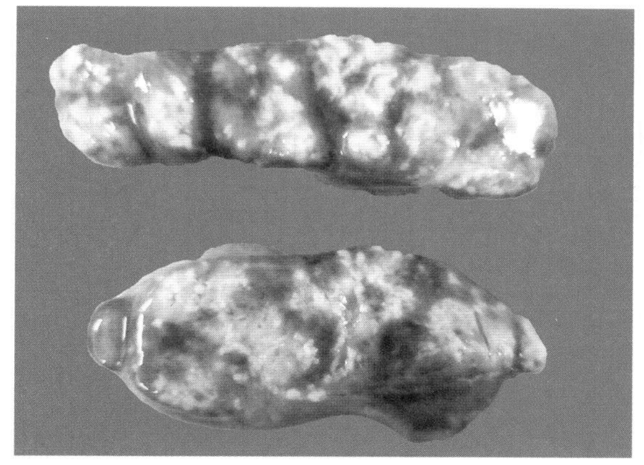

图 16-1-5　出血性坏死性淋巴结炎

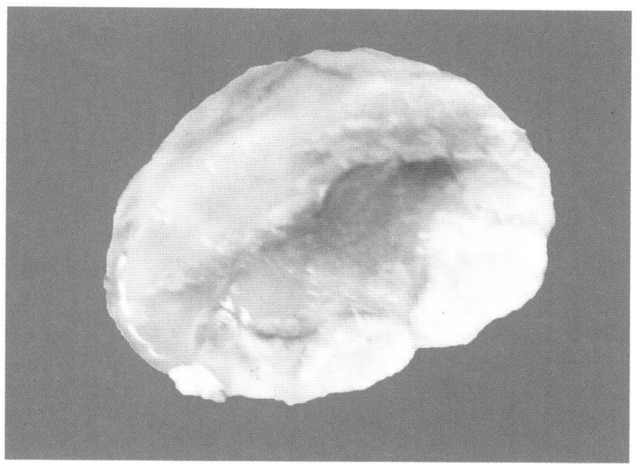

图 16-1-6　化脓性淋巴结炎

(二)组织切片

1. 猪丹毒淋巴结卡他性炎(图 16-2-1 至图 16-2-5)

猪淋巴结的组织结构与其他哺乳动物淋巴结的结构不同,皮质和髓质的分布位置相反,即淋巴小结和分布在淋巴小结之间的弥散淋巴组织位于淋巴结中央区,而相当于髓质的成分则分布在外周,称周围组织。

重点观察淋巴结的周围组织和小梁周围窦的变化。其主要变化为毛细血管充血,偶见出血;周围组织网状细胞间的基质中积有水肿液并见多量的嗜酸性粒细胞浸润;部分小梁周围窦和被膜下窦充盈淋巴细胞及巨噬细胞。

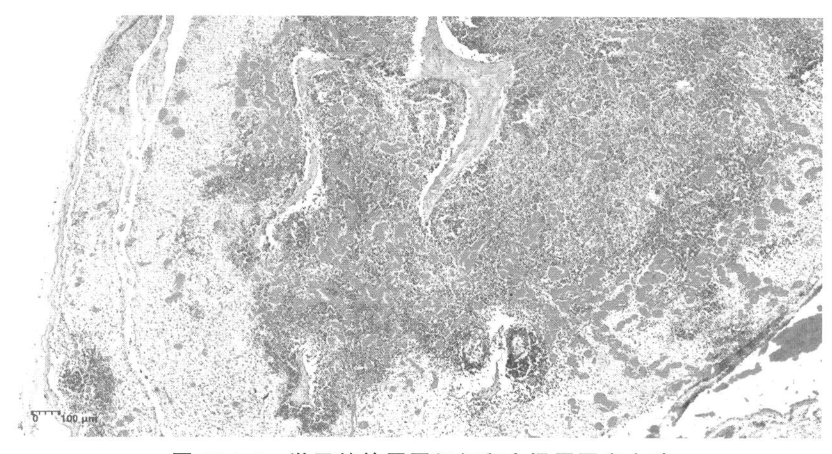

图 16-2-1　淋巴结的周围组织和小梁周围窦水肿

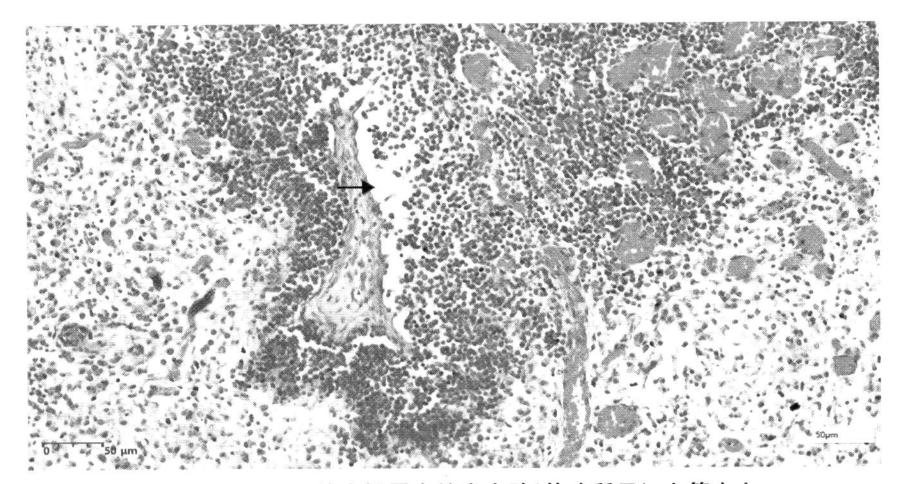

图 16-2-2　淋巴结小梁周窦扩张水肿(箭头所示)、血管充血

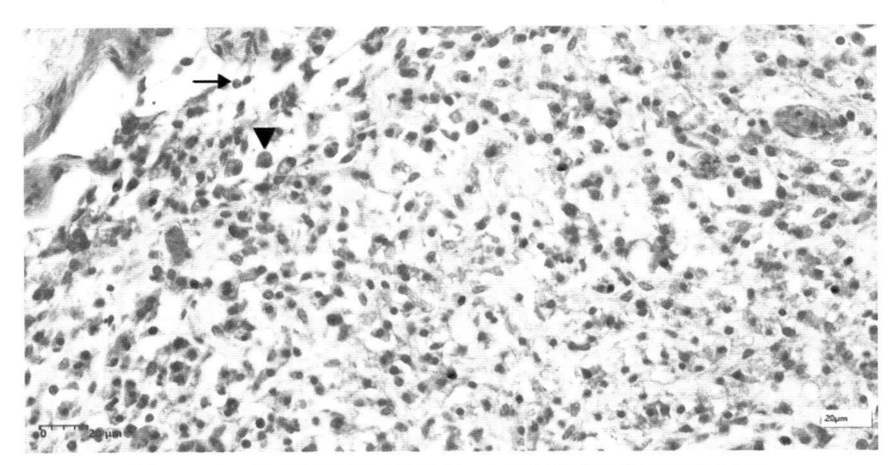

图 16-2-3　淋巴结被膜下窦水肿，充斥巨噬细胞(三角形所示)
及淋巴细胞(箭头所示)

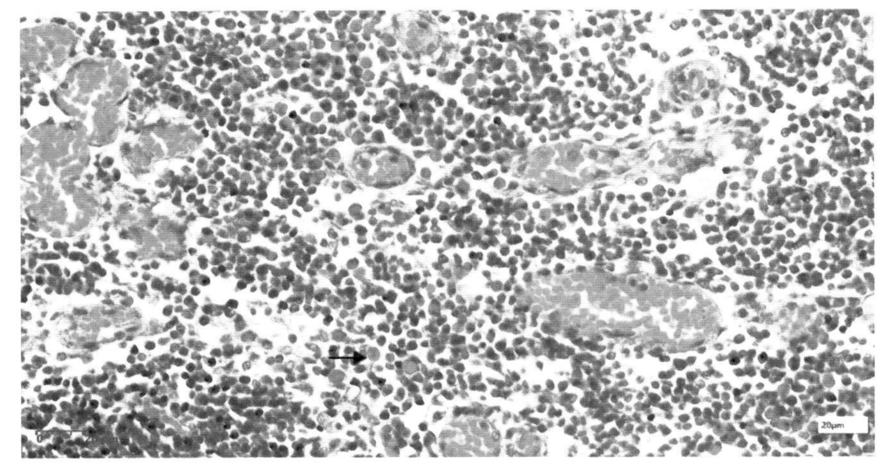

图 16-2-4　淋巴结皮质部充血，嗜酸性粒细胞(箭头所示)浸润

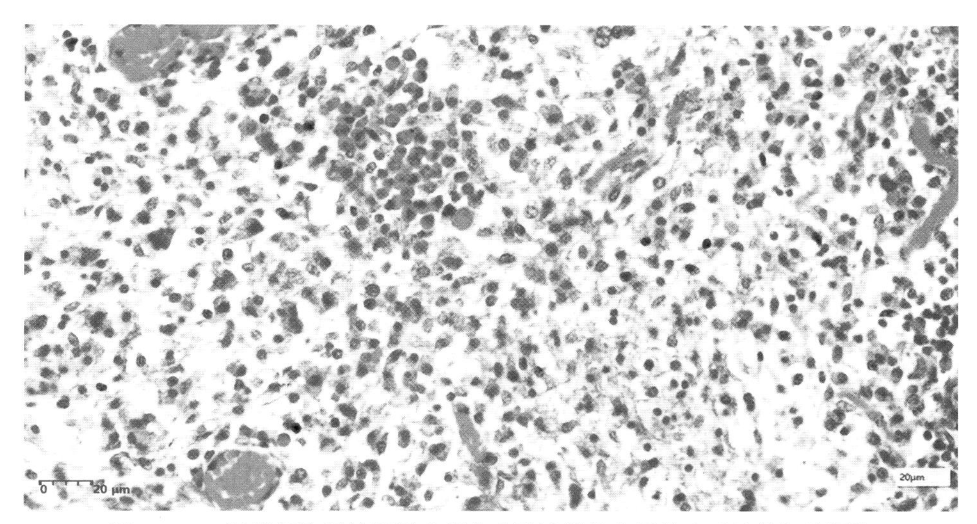

图 16-2-5　网状细胞间的基质中积有水肿液并见多量的嗜酸性粒细胞浸润

2. 牛出血性淋巴结炎（图 16-2-6 至图 16-2-10）

皮质淋巴小结结构消失，淋巴细胞减少，在淋巴细胞之间分布有很多巨噬细胞，细胞体积大，核圆形，胞质较丰富。有的部位淋巴细胞消失，完全被增生的网状细胞代替。

皮质淋巴窦扩张，网状细胞增多并变性、坏死。

髓质髓索淋巴细胞极少，网状细胞和巨噬细胞相对增多。

髓质淋巴窦明显增宽，充满大量的网状细胞和少量巨噬细胞并变性、坏死，有的在胞质内可看到被吞噬的红细胞。

血管扩张，聚积大量的红细胞。皮质和髓质淋巴细胞间出现数量不等的红细胞，髓质淋巴窦尤为明显。

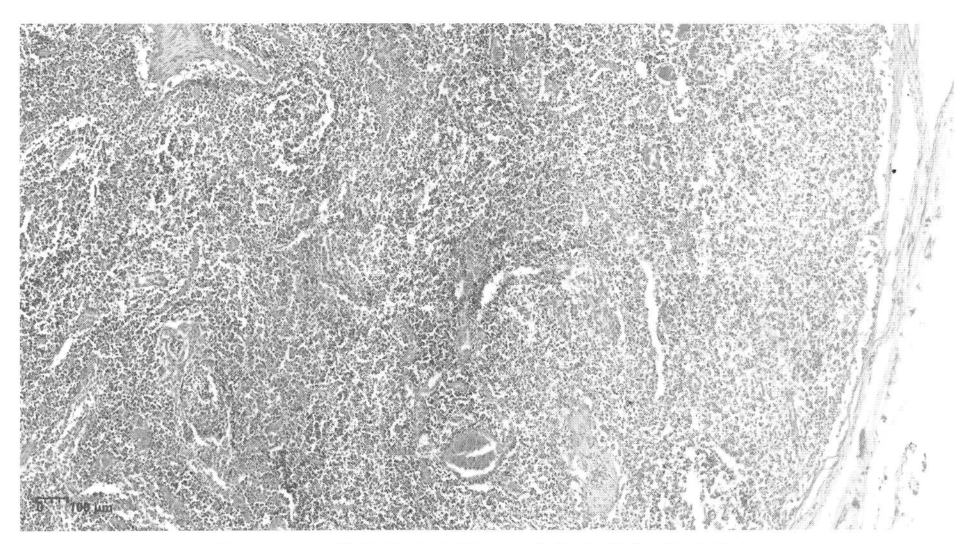

图 16-2-6　淋巴结皮质淋巴小结结构消失，散在出血

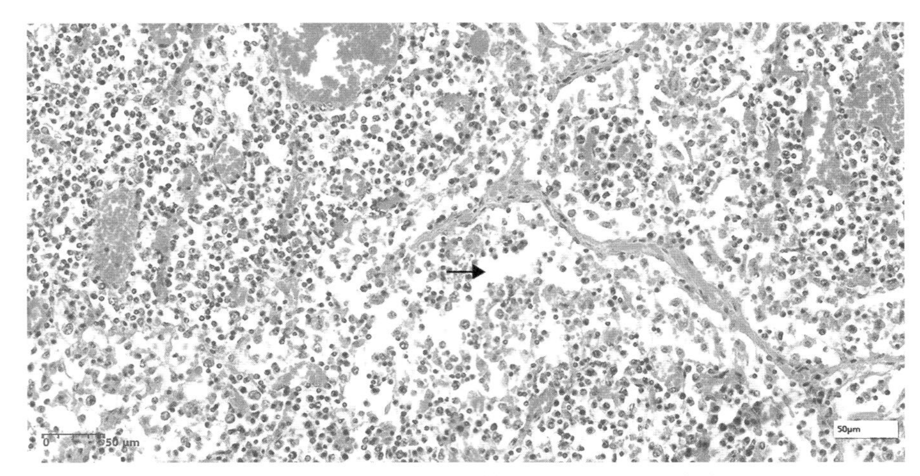

图 16-2-7　髓质淋巴窦增宽(箭头所示),淋巴细胞减少

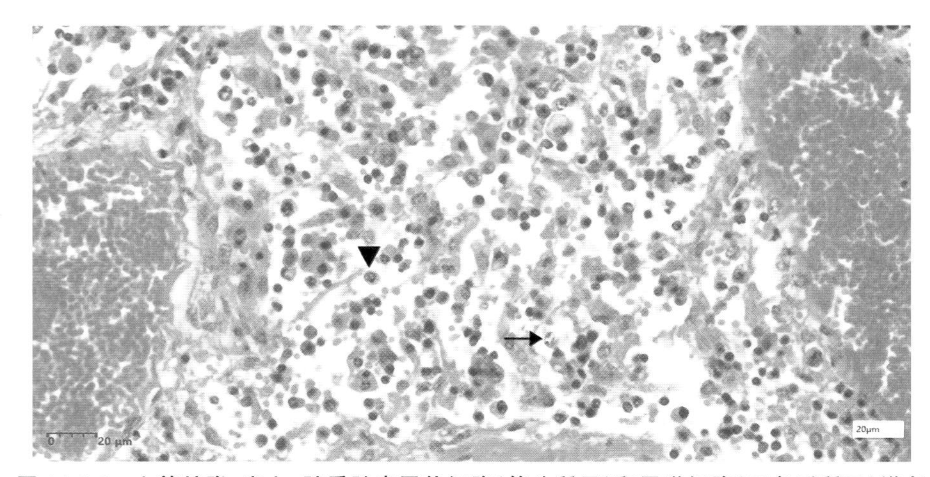

图 16-2-8　血管扩张、充血,髓质髓索网状细胞(箭头所示)和巨噬细胞(三角形所示)增多

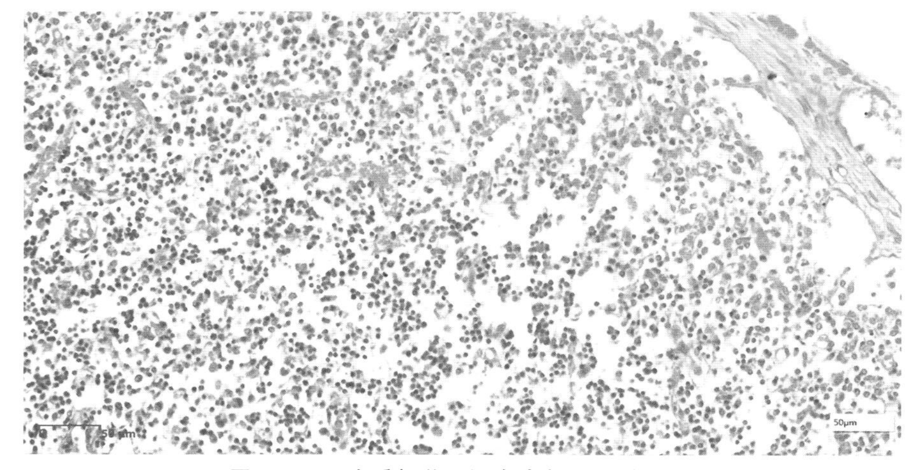

图 16-2-9　皮质部淋巴细胞减少,淋巴窦增宽

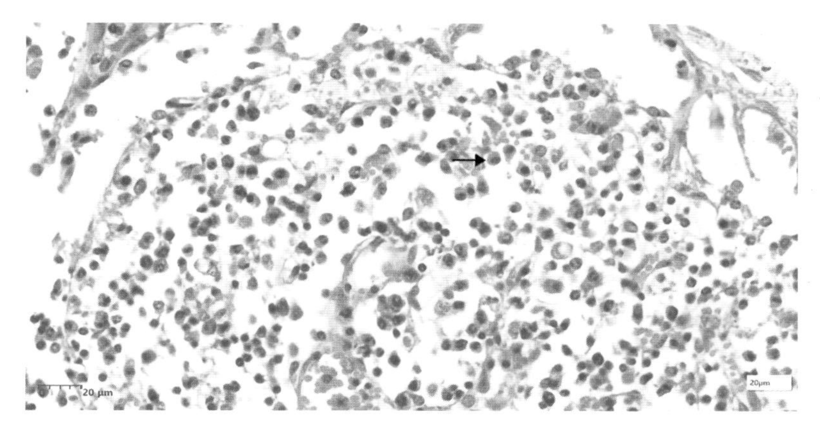

图 16-2-10 皮质淋巴细胞之间分布有许多巨噬细胞(箭头所示)

3. 出血性坏死性淋巴结炎(图 16-2-11 至图 16-2-14)

淋巴组织弥散性出血,特别是皮质淋巴窦和髓质充积大量的血液,红细胞溶解,含铁血黄素沉着,整个淋巴结结构不易分清。

皮质区散见坏死灶,其细胞崩解,呈一片红染。淋巴细胞数量减少,网状细胞和巨噬细胞增多。

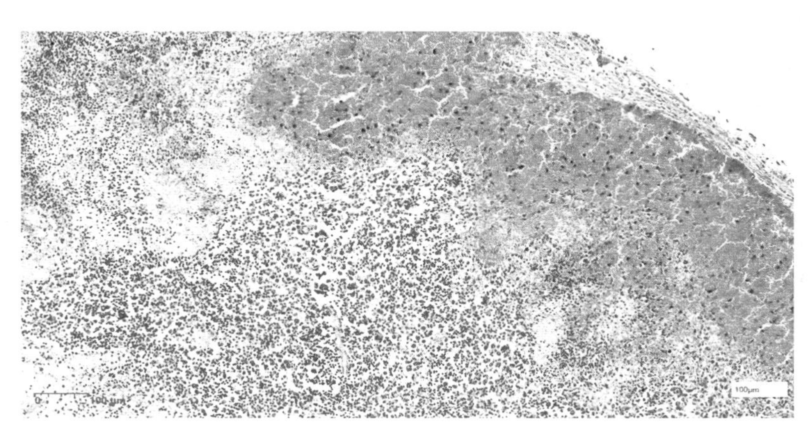

图 16-2-11 淋巴结弥散性出血

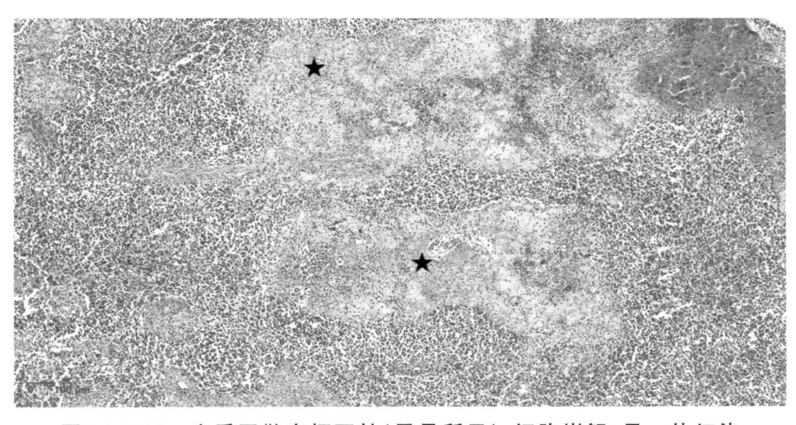

图 16-2-12 皮质区散在坏死灶(星号所示),细胞崩解,呈一片红染

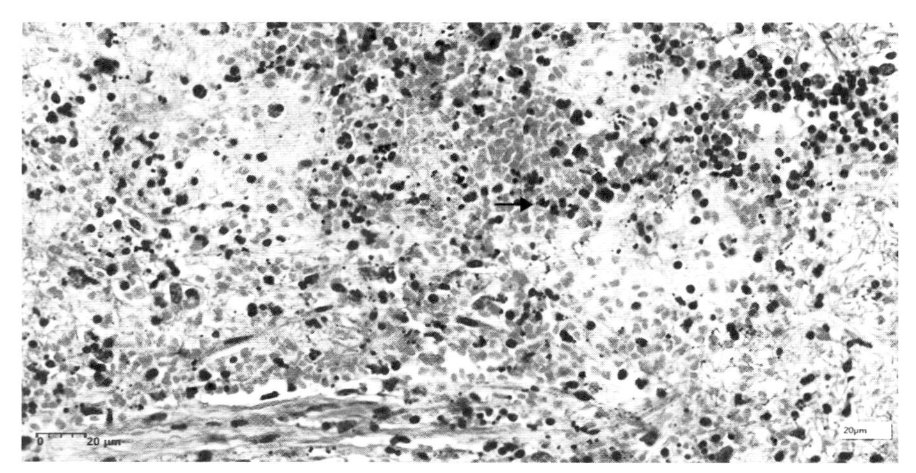

图 16-2-13 坏死灶内及周围出血，含铁血黄素沉着(箭头所示)

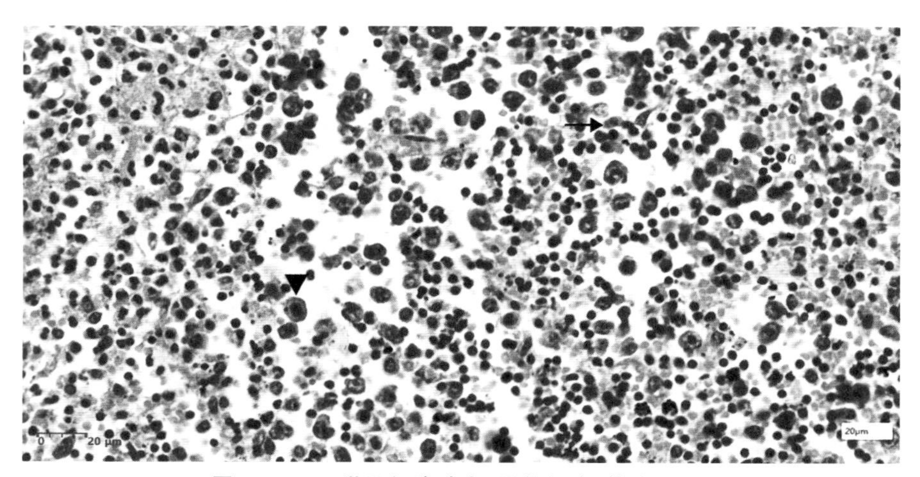

图 16-2-14 淋巴细胞减少，网状细胞(箭头所示)
和巨噬细胞(三角形所示)增多

4. 牛副结核肠系膜淋巴结增生性炎

见炎症实验。

5. 火鸡坏死性脾炎(图 16-2-15 至图 16-2-18)

坏死灶散在分布，大小不一。

坏死组织出现在白髓中央动脉周围，坏死灶内淋巴细胞、网状细胞崩解消失，呈疏松网状结构，网眼内充满红染颗粒。坏死灶内一般含有一个或数个血管，管壁疏松，内皮肿胀脱落。坏死灶周围淋巴细胞和网状细胞变性或坏死，细胞结构不清，并见多量的蛋白渗出液。

红髓血窦充满大量的红细胞，髓索淋巴细胞间有蛋白渗出液。

白髓和红髓见轻度出血。

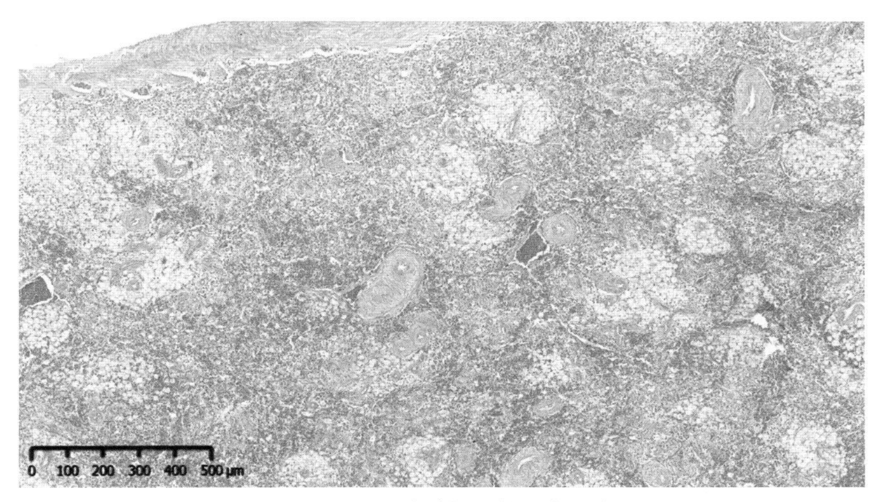

图 16-2-15　脾脏坏死灶散在分布

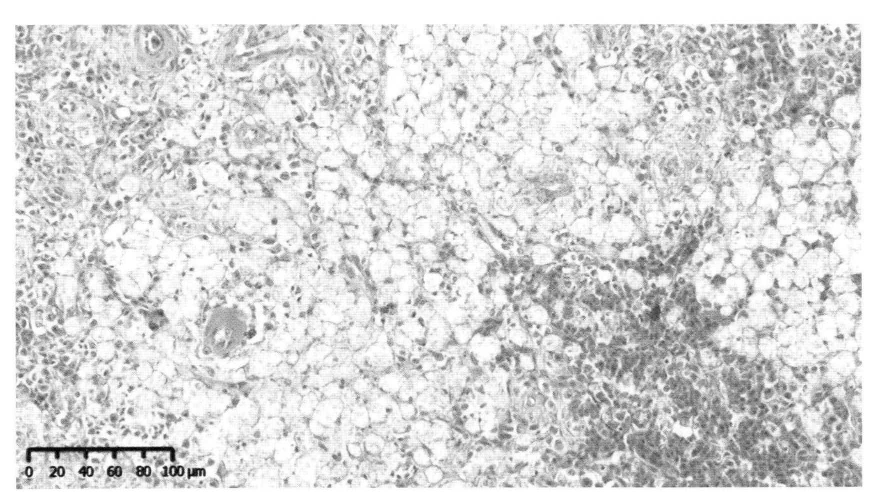

图 16-2-16　坏死灶呈疏松网状结构，细胞崩解，结构模糊不清

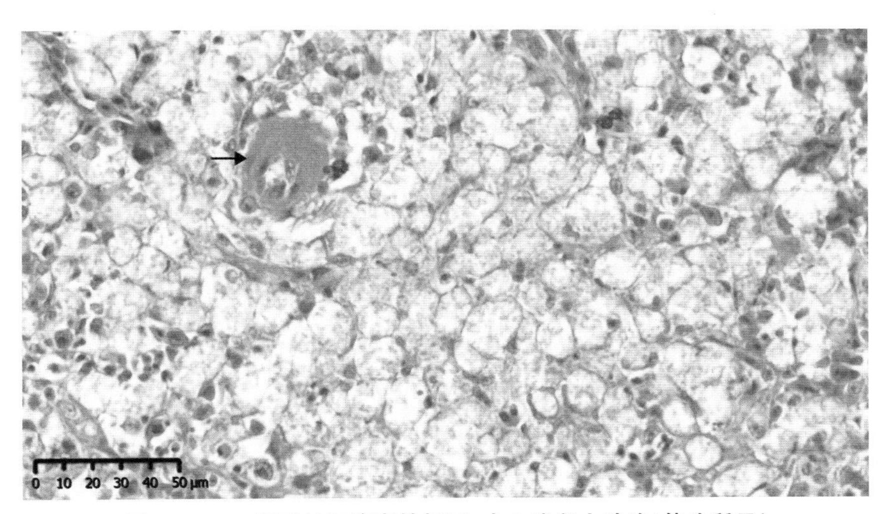

图 16-2-17　坏死灶细胞变性坏死，中心残留小动脉（箭头所示）

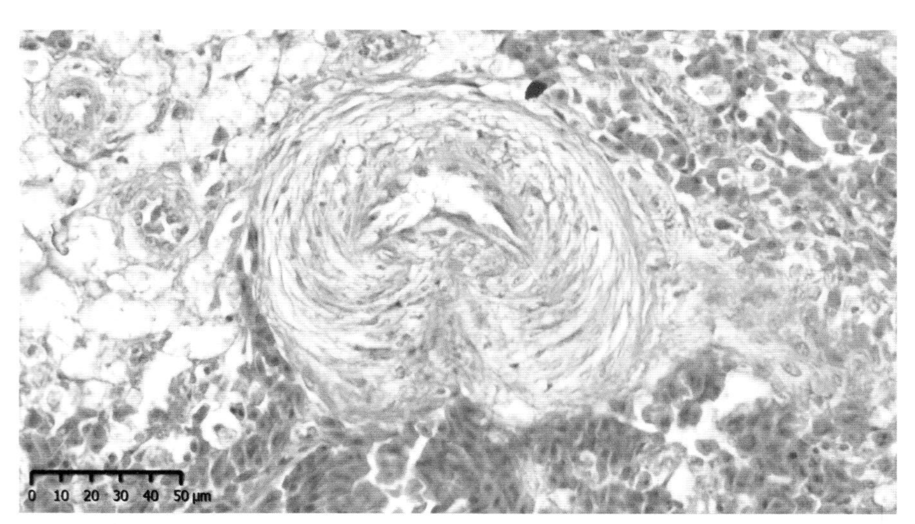

图 16-2-18　血管管壁疏松，内皮细胞肿胀脱落

6.鸡法氏囊炎(图 16-2-19 至图 16-2-23)

法氏囊组织结构：法氏囊组织结构与消化管结构相似，由黏膜层、黏膜下层、肌层和外膜构成。

黏膜上皮为假复层柱状上皮。固有膜内有大量的淋巴小结，每个淋巴小结由皮质、髓质和介于二者之间的一层未分化上皮细胞组成。

观察要点：

①黏膜固有膜内淋巴组织广泛性坏死，淋巴小结结构消失，淋巴细胞崩解，尤其髓质较严重。部分淋巴小结髓质形成无结构红染团块，皮质见网状细胞增生。

②小血管扩张，充积血液，血管周围及疏松结缔组织(黏膜下层)内可见巨噬细胞浸润。

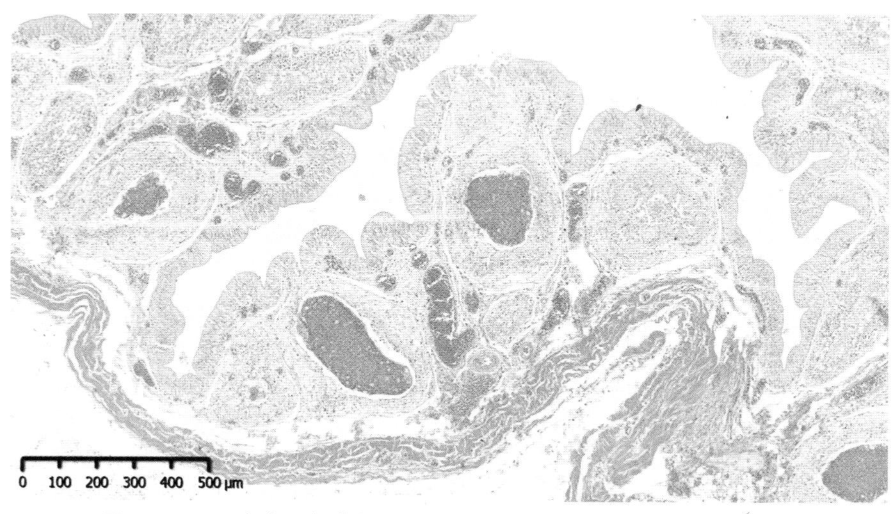

图 16-2-19　黏膜固有膜内淋巴组织广泛性坏死，淋巴小结结构消失

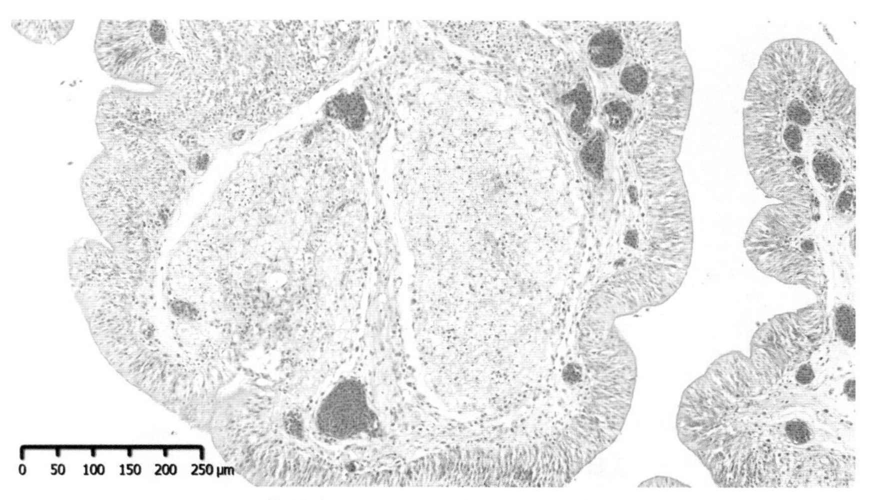

图 16-2-20 血管扩张、充血，淋巴小结结构消失，淋巴细胞崩解

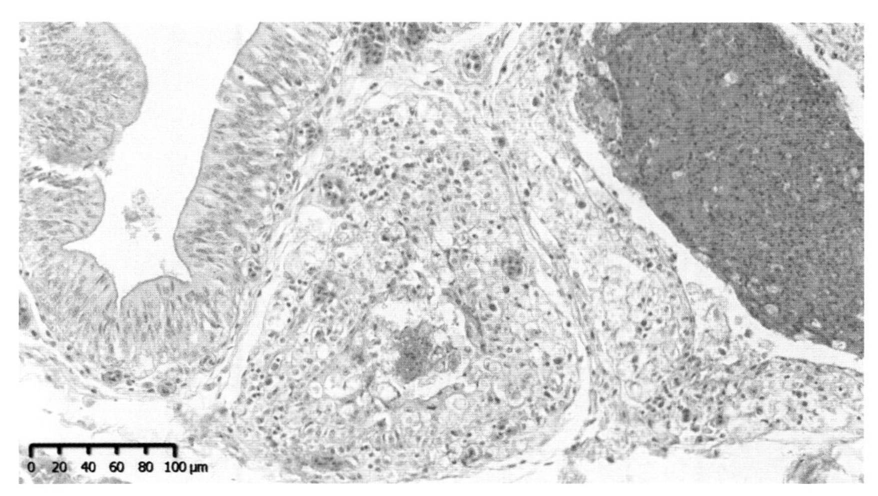

图 16-2-21 部分淋巴小结髓质形成无结构红染团块

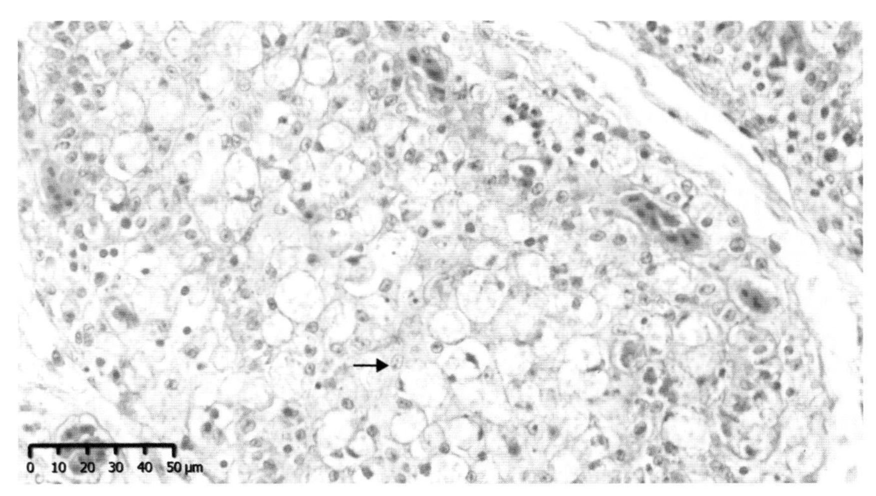

图 16-2-22 髓质多数淋巴细胞崩解，皮质可见网状细胞(箭头所示)增生

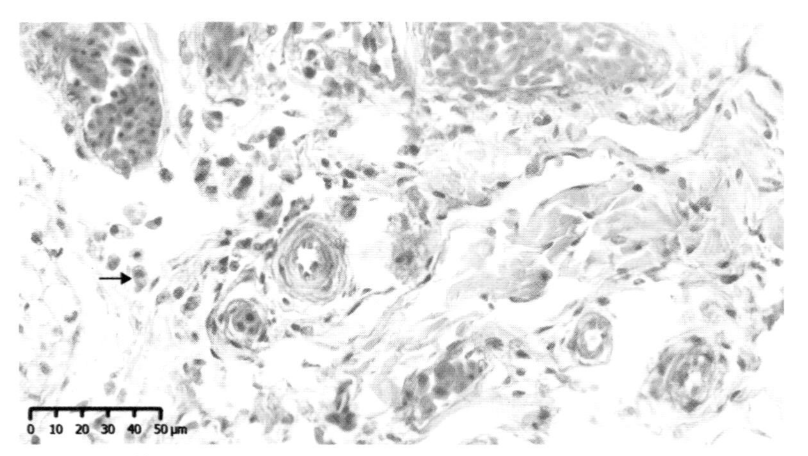

图 16-2-23　血管周围及疏松结缔组织(黏膜下层)内可见巨噬细胞(箭头所示)浸润

7. 犬淋巴结炎(图 16-2-24 至图 16-2-28)

皮质淋巴窦扩张、水肿、巨噬细胞增多,吞噬有色素或出现空泡,坏死。

皮质和髓质淋巴细胞均减少,浆细胞明显增多。

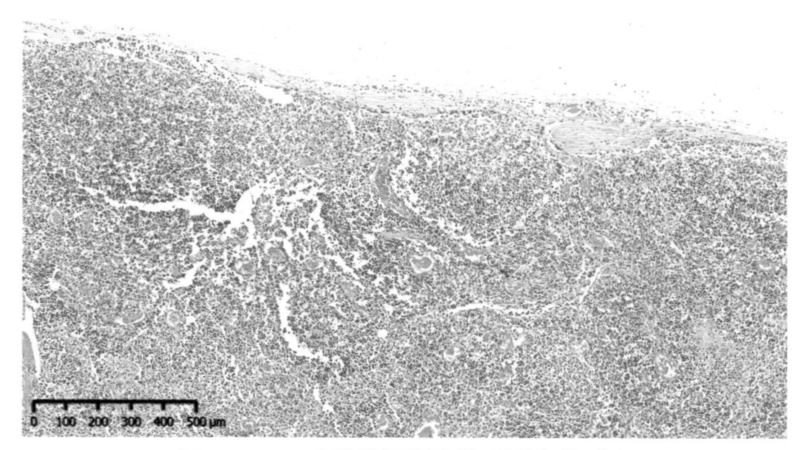

图 16-2-24　皮质淋巴窦扩张,淋巴细胞减少

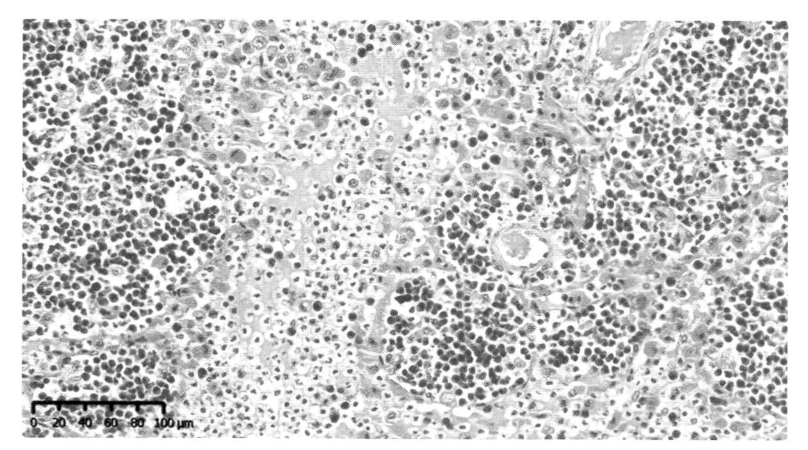

图 16-2-25　淋巴结髓质部有大量渗出物

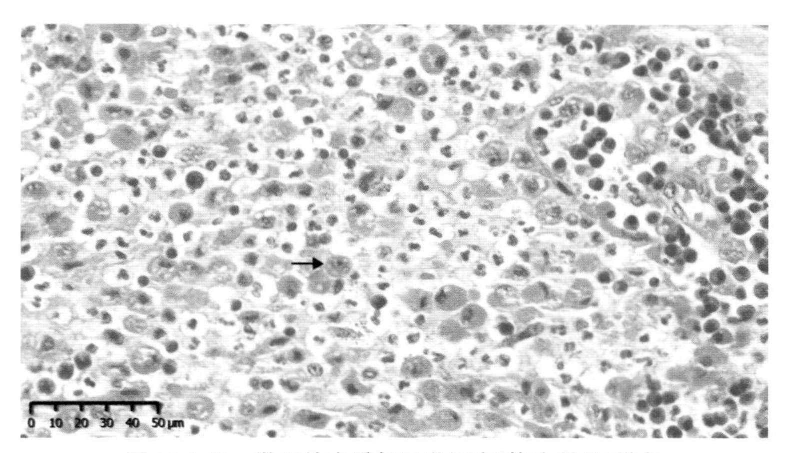

图 16-2-26　淋巴结皮质部巨噬细胞(箭头所示)增多

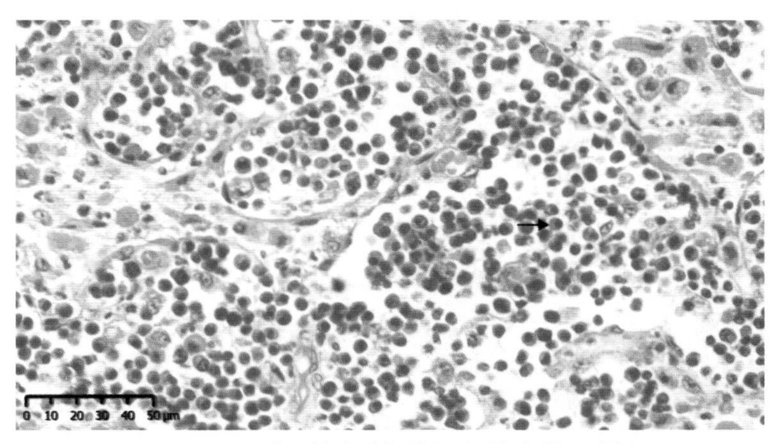

图 16-2-27　淋巴结皮质部浆细胞(箭头所示)增多

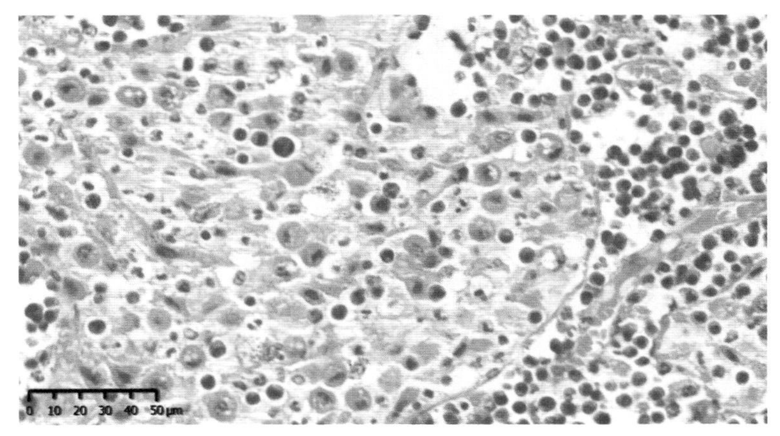

图 16-2-28　淋巴结淋巴细胞减少,浆细胞和巨噬细胞增多

三、绘图作业

1. 火鸡坏死性脾炎。
2. 出血性坏死性淋巴结炎。

参 考 文 献

[1] 周向梅,赵德明. 兽医病理学. 4 版. 北京:中国农业大学出版社，2021.

[2] 马学恩,王凤龙. 家畜病理学. 5 版. 北京:中国农业出版社，2016.

[3] 刘彦威,刘建钗,刘利强. 普通动物病理学. 北京:科学出版社，2018.

[4] 陈怀涛. 兽医病理解剖学. 北京:中国农业出版社，2006.

[5] 刘永宏,赵丽. 现代兽医病理学诊断技术. 长春:吉林科学技术出版社，2017.

[6] 陈怀涛. 动物疾病诊断病理学. 2 版. 北京:中国农业出版社，2012.

[7] 张勤文,俞红贤. 动物病理剖检技术及鉴别诊断. 北京:科学出版社，2018.

[8] 滕可导. 家畜组织学与胚胎学实验指导. 北京:中国农业大学出版社，2008.

[9] 沈霞芬,卿素珠. 动物组织学与胚胎学. 北京:中国农业出版社，2019.

[10] 李德雪,尹昕. 动物组织学彩色图谱. 长春:吉林科学技术出版社，1995.

[11] 徐镔蕊. 动物病理学彩色图谱. 北京:中国农业大学出版社，2012.

[12] 陈怀涛. 兽医病理剖检技术与疾病诊断彩色图谱. 北京:中国农业出版社，2021.

[13] 赵德明,周向梅,杨利峰,等. 动物组织病理学彩色图谱. 北京:中国农业大学出版社，2015.

[14] 刘志军,廖成水. 动物病理学实验指导彩色图谱. 北京:中国农业出版社，2018.

[15] 陈芳,邓桦. 动物组织学与动物病理学图谱. 广州:华南理工大学出版社，2020.

[16] 张旭静. 动物病理学检验彩色图谱. 北京:中国农业出版社，2003.

[17] 祁保民,王全溪. 动物组织学与病理学图谱. 北京:中国农业出版社，2018.

[18] Meuten D J. Tumors in Domestic Animals. 5th ed. Wiley-Blackwell，2017.

[19] Zachary J F. Pathologic Basis of Veterinary Disease. 6th ed. St. Louis，Missouri : Elsevier，2017.

[20] Van Dijk J E，Gruys，E，Mouwen，J M V M. Color Atlas of Veterinary Pathology. Saunders Ltd，2007.